高等学校自动化专业系列教材

计算机控制技术项目化教程

主编　裴洲奇

西安电子科技大学出版社

内容简介

本书以计算机控制技术在智能制造自动化生产线中的应用为核心，以培养学生专业的职业素养、完备的理论知识、扎实的实践操作技能和过硬的思政素质为目标，在工业以太网技术、工业机器人技术、智能视觉识别技术、PLC 技术和嵌入式触摸屏技术应用的基础上，按照工业产品智能制造过程规范化和系统化的思想进行课程开发。

全书主要包括四大部分内容：计算机控制系统的应用范例、监控组态技术在计算机控制系统中的应用、计算机控制系统上位机(通信与调度层)的应用和计算机控制系统下位机(现场控制层)的应用。各部分内容循序渐进、由浅入深，通过项目化教学的方式培养学生计算机控制技术的应用能力。

本书可作为普通高等学校机电一体化专业、自动化专业和工业机器人专业的教材，也可供计算机控制工程技术人员阅读及参考使用。

图书在版编目(CIP)数据

计算机控制技术项目化教程 /裴洲奇主编．—西安：
西安电子科技大学出版社，2020.7(2021.3 重印)
ISBN 978-7-5606-5713-4

Ⅰ.① 计…　Ⅱ.① 裴…　Ⅲ.① 计算机控制—高等学校—教材
Ⅳ.① TP273

中国版本图书馆 CIP 数据核字(2020)第 092165 号

策划编辑　高　樱
责任编辑　高　媛　王芳子
出版发行　西安电子科技大学出版社(西安市太白南路 2 号)
电　　话　(029)88242885　88201467　　邮　　编　710071
网　　址　www.xduph.com　　电子邮箱　xdupfxb001@163.com
经　　销　新华书店
印刷单位　陕西天意印务有限责任公司
版　　次　2020 年 7 月第 1 版　2021 年 3 月第 2 次印刷
开　　本　787 毫米×1092 毫米　1/16　印张　10
字　　数　231 千字
印　　数　1001～4000 册
定　　价　29.00 元
ISBN 978-7-5606-5713-4/TP
XDUP 6015001-2

前　言

工业4.0(Industry 4.0)是以计算机控制技术、先进制造技术和信息技术应用为基础，以智能制造为主导的第四次工业革命。工业4.0最显著的特点就是将信息通信技术和网络控制技术充分融入工业生产制造过程，建立一个高度灵活、个性化、数字化和信息化的智能生产模式，促进制造业向智能化转型发展。

时至今日，以通用传感器、单片机、PLC和嵌入式系统为控制核心的单体自动化技术逐渐成熟，单体自动化技术已经广泛应用于过程控制和运动控制系统中。在此基础上，我们将智能传感器技术、工业以太网技术、监控组态技术和工业机器人技术深度融入现代制造业生产中，形成信息采集更为流畅、数据采集更为精准、安全程度更高、时延与调度更加合理、生产节拍更加优化的智能制造生产过程。

在轴承去磁与清洗自动化生产线中，工业网络和主控PLC系统(上位机系统)负责轴承自动去磁与清洗生产过程的调度与控制，工业机器人则代替人力劳动在去磁与清洗工位间完成轴承工件的抓取、搬运和放置操作，现场控制器(下位机系统)主要负责轴承去磁与清洗等自动化设备的启制动运行。

企业智能制造生产岗位要求学生具备自动化生产线装调、监控组态开发、PLC编程和工业机器人示教编程等方面的实践操作能力。本书包括四个实训项目：实训项目一介绍计算机控制系统的应用范例；实训项目二通过监控组态技术在计算机控制系统中的应用，培养学生在控制系统监控组态开发方面的技能；实训项目三通过计算机控制系统上位机(通信与调度层)的应用，培养学生主控系统应用程序开发方面的技能；实训项目四通过计算机控制系统下位机(现场控制层)的应用，培养学生应用PLC实现生产设备自动控制方面的技能。同时，为了方便学生学习，本书部分任务在相应段落配有实训操作教程二维码，以使项目讲解更加立体直观。

本书由大连海洋大学应用技术学院裴洲奇主编并统稿。在编写过程中，编者多次深入ESTUN自动化有限公司、瓦房店冶金轴承集团和大连喜田科技有限公司的智能制造自动化生产线，与以上公司的电气工程师刘万嘉、自动化工程师姜楠、机器人工程师沈梓仁和机械工程师梁国杰就智能视觉识别、网络控制和计算机控制等技术的应用展开详细的讨论和研究，获取了企业实际生产经验和计算机控制技术的应用案例。在此，对所有支持本项目化教材编写的企业工程师和技术人员表示衷心的感谢！

由于编者水平有限，书中难免存在一些疏漏和不妥之处，恳请读者提出宝贵的意见和建议。

编　者

2020 年 2 月

目　录

实训项目一　计算机控制系统的应用范例

实训目的和意义

目前，我国的智能制造业企业正在按照工业 4.0 的标准，越来越多地将计算机控制、智能传感器、工业机器人和工业互联网等先进技术引入到工厂自动化生产与经营管理活动中，极大地提升了企业的生产能力与生产效率，全力推进“中国制造”向“中国创造”的转型发展，逐步实现“中国制造 2025”的发展目标。

本项目主要介绍轴承去磁与清洗自动化生产线的总体情况和重要应用，培养学生以小组合作的形式，按照自动化生产线安全操作的规程，装配主控柜电气控制系统、视觉系统、工业机器人端持器(夹抓)系统和工业互联网系统的能力，锻炼学生初步以自动控制模式完成轴承去磁与清洗任务的能力。

实训项目功能简介

本项目首先介绍 PLC 控制、视觉传感器、工业机器人和工业互联网等先进技术在轴承去磁与清洗自动化生产线中的应用。然后，在安全生产的前提下，引领学生以自动模式(低速运动)实现 PLC 基于工业互联网协调生产工序、工业机器人借助视觉技术转运轴承以及去磁机和清洗机自动完成轴承去磁与清洗的生产流程，如图 1-1 所示。

图 1-1　基于计算机控制的轴承去磁与清洗自动化生产线

本项目初步让学生了解轴承去磁与清洗自动化生产线中各控制系统安全开启的操作方法。另外，本项目重点讲解 DM-100 型去磁机和 BCM-1400 型清洗机的结构与工作原理，让学生充分掌握去磁机和清洗机在电气控制系统方面的设计方案，熟悉自动化生产线的组态与工作流程。

学生可以参照自动化生产线的安全操作手册，通过主控柜上的启动与停止按钮实现去磁机系统、清洗机系统和工业机器人系统的安全启制动操作。

实训岗位能力目标

(1) 能按照安全生产操作规程，正确检查并记录生产线中电气系统的安全接地情况、机械系统的使用情况以及工业机器人工作空间的设置情况。

(2) 能正确理解去磁机和清洗机的工作原理与控制系统的设计方案，熟悉工业机器人在 PLC 和视觉系统配合下完成轴承去磁与清洗的工作流程。

(3) 能准确设定 OMRON(欧姆龙)视觉系统的拍照流程，并合理配置生产线的初始状态。

(4) 具备小组合作、自主实现(安全速度配置)机器人完成轴承去磁与清洗的能力。

任务一 轴承去磁与清洗计算机控制系统的总体情况

任务目标

(1) 熟悉轴承去磁与清洗自动化生产线中计算机控制系统的应用情况；

(2) 了解自动化生产线实现去磁与清洗任务的轴承产品的分类情况；

(3) 掌握自动化生产线完成轴承去磁与清洗任务的必要性。

子任务 1 PLC 及嵌入式控制技术在计算机控制系统中的应用

PLC 及嵌入式控制技术的应用有效提升了轴承生产的自动化程度。西门子 S7－300 PLC(型号为 314C－2PN/DP)、S7－200 SMART PLC(型号为 SR40)及 MCGS 监控触摸屏组成轴承去磁与清洗自动化生产线的主控系统，其中，MGGS 是 Monitor & Control Generated System 的缩写，即“监督控制组态系统”。图 1－2 所示为主控柜内的 PLC 控制系统，图 1－3 所示为 MCGS 监控触摸屏的应用。

图 1－2 主控柜内的 PLC 控制系统

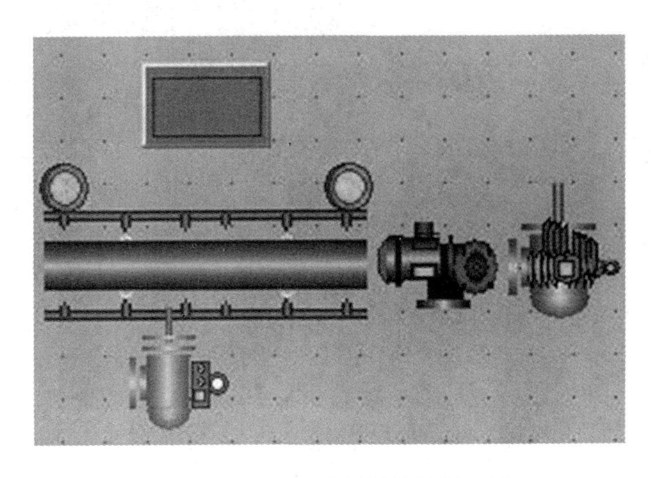

图 1-3　MCGS 监控触摸屏的应用

该主控系统可以实时监控工业机器人完成轴承自动去磁与清洗的各道工序，并可以以手动或自动模式控制轴承去磁与清洗的流程。另外，该主控系统还可以与机器人之间建立 I/O 通信，协助机器人完成轴承抓取和搬运的任务。

1. 西门子 S7-300 PLC(型号为 314C-2PN/DP)的应用

(1) S7-300 PLC 利用“PUT”指令，将由 MCGS 监控触摸屏输入的手动或自动控制指令下达给 SR40 PLC。

(2) S7-300 PLC 利用“GET”指令，采集轴承去磁与清洗流程中各传感器和各设备的工作状态，并将其准确显示在 MCGS 监控触摸屏上，以便技术人员实时监控轴承自动去磁与清洗的生产过程。

(3) S7-300 PLC 实时在线，保持与 ESTUN 机器人之间的 I/O 通信，有效协助机器人完成轴承的搬运与放置任务。

2. S7-200 SMART PLC(型号为 SR40)的应用

(1) S7-200 PLC 实时监控现场去磁机上光纤漫反射传感器的反馈信号(I0.4 和 I0.5)，并且循环扫描生产线各设备的有效输入和输出信号，可以以手动或自动模式控制轴承去磁与清洗的操作。

(2) S7-200 PLC 可以有效驱动去磁机和清洗机等设备的运行。

3. MCGS 监控触摸屏的应用

(1) 通过 MCGS 监控触摸屏，可以有效选择系统的手动或自动模式，该触摸屏上的按钮可以实现去磁机和清洗机等设备的手动控制。

(2) MCGS 监控触摸屏可以有效显示系统中各设备的工作状态。

子任务 2　智能视觉技术在计算机控制系统中的应用

去磁机的出口位置安装有如图 1-4 和图 1-5 所示的 OMRON 视觉系统，在轴承去磁完毕并且停稳后，视觉系统通过拍照分析轴承停稳位置的坐标，辅助机器人对轴承完成定位。

图 1-4 OMRON 智能视觉系统

图 1-5 OMRON 视觉系统对轴承的定位

OMRON FH1050 视觉控制器、FZ-S2M 黑白照相机及 3Z4S-LESV-0814V 镜头共三部分组成机器人的视觉系统，该视觉系统相当于机器人的眼睛，引导机器人完成轴承工件的抓取和搬运操作。

1. FH1050 视觉控制器的应用

FH1050 视觉控制器与 ESTUN 机器人 CPU 模块之间保持 EtherCAT(工业以太网)通信，该视觉控制器得到机器人的触发拍照指令后，可以触发相机完成拍照，并将轴承工件的定位信息回传给机器人控制系统。

2. OMRON 照相机和镜头组合的应用

OMRON FZ-S2M 黑白照相机和 3Z4S-LESV-0814V 镜头的组合，可以对去磁机出口处 300 mm×300 mm 正方形区域(有效视野)内停留的轴承进行 200 万像素的拍照，然后将照片对应的数字量信息直接传递给现场的照相机控制器 FH1050，进行后期处理。

子任务 3 工业机器人技术在计算机控制系统中的应用

自动化生产线中，ESTUN ER10-1600 型六轴工业机器人可以代替人力在去磁与清洗工位间完成轴承转运。机器人按照一定的生产节拍，完成轴承工件的抓取、搬运和放置等工作，如图 1-6 和图 1-7 所示。机器人的应用可大幅提高轴承去磁与清洗的生产效率。

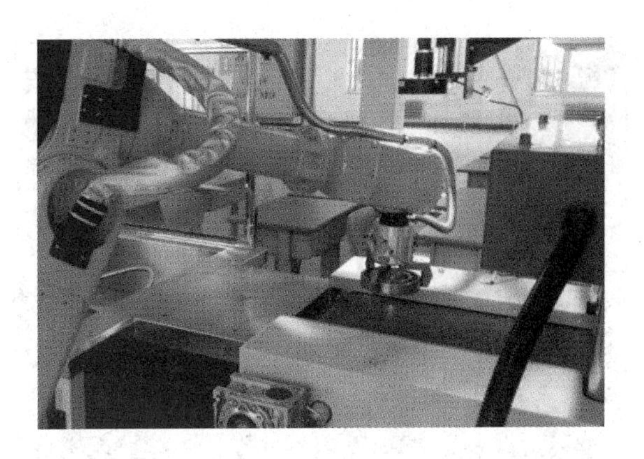

图 1-6　工业机器人抓取去磁完毕的轴承

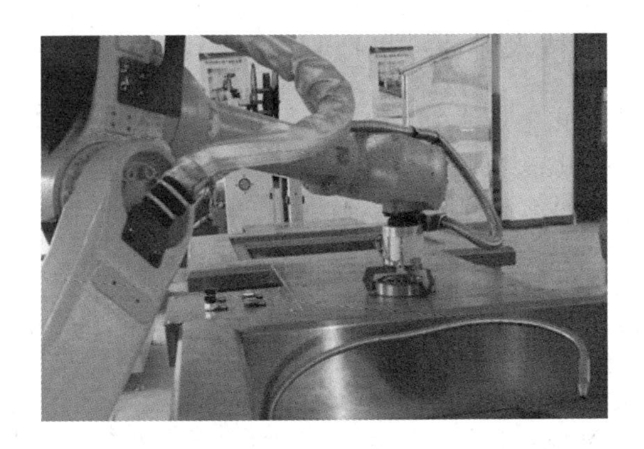

图 1-7　机器人放置清洗完毕的轴承

1. ESTUN ER10-1600 型六轴工业机器人的应用

ESTUN ER10-1600 型六轴工业机器人具备串联六轴结构，拥有六个自由度(DOF)，其作业半径约为 1600 mm，可以对质量在 10 kg 以内的轴承工件实施有效的抓取、搬运和放置等操作，其重复定位精度为 0.02 mm，满足轴承去磁和清洗工艺的要求。

2. ESTUN 工业机器人端持器(气动三瓣夹抓)的设计

轴承工件的轮廓是圆形的，且具备一定的厚度和质量。机器人的端持器——气动三瓣夹抓在空间 360°范围内均匀分布，每 120°就有一瓣手指分担轴承正常的质量，如图 1-8 和图 1-9 所示。这样的设计可以保证机器人手抓稳定地抓取和夹持轴承工件。

图 1-8　机器人三瓣夹抓稳定地抓取轴承

图 1-9 机器人夹抓平稳地搬运轴承工件

子任务 4 工业互联网技术在计算机控制系统中的应用

轴承去磁与清洗自动化生产线中，S7-300 PLC(型号为 314C-2PN/DP)、S7-200 SMART PLC(型号为 SR40)、MCGS 监控触摸屏、机器人示教器、机器人 CPU 模块及工业照相机控制器共计六台设备各自分配有 IP 地址，这些设备的 IP 地址归纳见表 1-1。

表 1-1 工业以太网中各控制设备的 IP 地址分配及功能

网 络	控制设备名称	IP 地址	控制设备功能
1# 局域网	S7-300 PLC	192.168.0.1	主站 PLC，监督和控制生产线运行
	S7-200 SMART PLC	192.168.0.4	从站 PLC，控制去磁和清洗流程
	MCGS 监控触摸屏	192.168.0.19	手/自动模式切换，监控系统状态
2# 局域网	机器人示教器	192.168.0.11	ESTUN 工业机器人示教和编程开发
	机器人 CPU 模块	192.168.0.12	控制机器人六个伺服的高精度定位
	工业照相机控制器	192.168.0.31	控制相机拍照，回传轴承位置信息

技术人员通过主控柜内部的 1# 交换机将 S7-300 PLC、S7-200 SMART PLC 和 MCGS 触摸屏三台控制器接入 1# 局域网，构成主控系统网络，用于控制现场去磁机、清洗机和工业机器人的工作状态。

同理，技术人员通过 ESTUN 机器人控制柜内部的 2# 交换机将机器人示教器、机器人 CPU 模块和工业照相机控制器 FH1050 三台设备接入 2# 局域网，形成智能视觉识别技术支持的工业机器人控制系统，用于 ESTUN ER10-1600 型六轴工业机器人对轴承工件的位置识别与精准抓取。

子任务 5 自动去磁与清洗的轴承

轴承是机械或机电设备中重要的零部件，它的主要功能是支撑机械转轴的转动，降低转轴旋转运动中的摩擦系数，保证其回转精度。

在生产和生活中，常见的数控机床、高铁客车、高精度轧机及空调主机等设备的动力机构(旋转机构)都广泛采用了如图 1-10 和图 1-11 所示的调心球轴承和圆锥滚子轴承，以实现高精度、高速度和高水平的运动控制效果。

图 1-10　调心球轴承 1209

图 1-11　圆锥滚子轴承 32216

1. 自动去磁与清洗的轴承型号

工业机器人轴承去磁与清洗自动化生产线主要对三种规格的轴承工件进行去磁和清洗操作，它们分别是调心球轴承 1209、圆锥滚子轴承 32216 和深沟球轴承 220。这三种规格轴承工件的详细参数见表 1-2，主要包括轴承的内径 d、外径 D、厚度 B 及质量 M。（注意：有些场合直接将轴承的质量称为重量。）

表 1-2　工业机器人自动去磁与清洗的轴承型号

轴承型号	内径 d/mm	外径 D/mm	厚度 B/mm	质量 M/kg
调心球轴承 1209	75	130	25	1.15
圆锥滚子轴承 32216	80	140	36	2.2
深沟球轴承 220	90	150	48	2.7

2. 轴承制造与加工中去磁环节的必要性

轴承是什么材料制造的？轴承在制造与加工过程中为什么要去磁呢？下面介绍轴承在制造与加工过程中去磁的必要性。

(1) 轴承是支撑机械转轴转动的重要部件，我们要求轴承具备较高且较均匀的硬度、耐磨性和弹性，因此大多数轴承采用高碳铬刚(含碳量 $W_C \approx 1\%$，含铬量 $W_{Cr} \approx 1.5\%$)制成，这样一来，轴承在制造与加工过程中很有可能存在剩磁。

(2) 初步完成加工的轴承，其内部剩余磁场的平均磁感应强度用 B_{rm} 来表示，一般情况下，$B_{rm} \in [0.1\ Gs, 0.36\ Gs]$，虽然轴承内部的剩余磁场比较微弱，但仍可能导致轴承的滚动体表面吸附直径约为几百微米的微小金属杂质。

(3) DM-100 型去磁机所产生的磁场，可以先统一轴承工件中剩余磁场的磁力线方向，然后利用“远离法”，逐步消除轴承工件中的剩磁，去磁完毕的轴承可以进入清洗环节。

3. 轴承制造与加工中的清洗

轴承主要由内圈、外圈和滚动体组成，其各组成部件的洁净度对轴承在运转过程中的运转精度、速度和平稳度等动态性能参数会有很大的影响。为了优化轴承的动态运行参数，延长轴承的使用寿命，有必要清除轴承内部各种金属和非金属的微小杂质。因此，轴承工件在制造与加工过程中，往往要经过超声波清洗或者喷淋清洗，以确保轴承出厂时的洁净度。需要注意的是，超声波清洗的细腻程度优于喷淋清洗。

(1) 轴承超声波清洗：轴承超声波清洗即利用超声波产生的强烈空化作用及振动将轴承工件表面的污垢剥离脱落，同时还可将油脂性的污物分解、乳化。

(2) 轴承喷淋清洗：轴承喷淋清洗即利用环保型水基清洗液，对旋转的轴承进行喷淋清洗，去除轴承工件表面的污垢和油脂等污物。

本书中，轴承清洗机主要采用环保型水基清洗液，对旋转平台上以一定速度旋转的轴承工件进行有效的喷淋清洗。BCM-1400 型清洗机对轴承实现旋转清洗时，旋转平台的安全转速 $n(K) \in [120\ r/min, 400\ r/min]$。

任务二　DM-100 型去磁机控制系统的设计与实现

任务目标

(1) 熟悉 DM-100 型去磁机的结构与工作原理；

(2) 掌握 DM-100 型去磁机自动控制系统的设计方案；

(3) 掌握 DM-100 型去磁机电气控制系统的设计方案。

子任务 1　DM-100 型去磁机的结构与工作原理

DM-100 型去磁机主要包括传送机构和去磁机构两部分。传送机构由传送电机和传送带组成，负责由上料起点到去磁终点传送，如图 1-12 所示。去磁机构由铁芯和电磁线圈组成，分布在传送带中央上、下两侧，负责产生沿传送带呈指数函数分布的交变磁场，如图 1-13 所示。它满足了对轴承工件先充磁(统一剩磁场方向)、后去磁的工作要求。

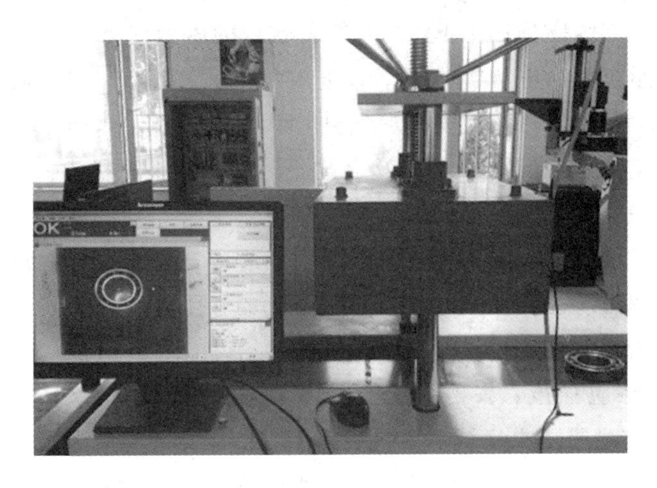

图 1-12　DM-100 型去磁机外形(正面)

图 1-13　DM-100 型去磁机外形(背面)

1. DM-100 型去磁机的结构

DM-100 型去磁机属于三相用电设备(380 V 供电)，其正常工作时会产生较强磁场。当去磁机正常上电时，该设备利用传送带中央上方和下方的电磁机构(铁芯和相应线圈)产生中间强且两边弱(呈指数函数分布)的交变磁场，如图 1-14 所示。

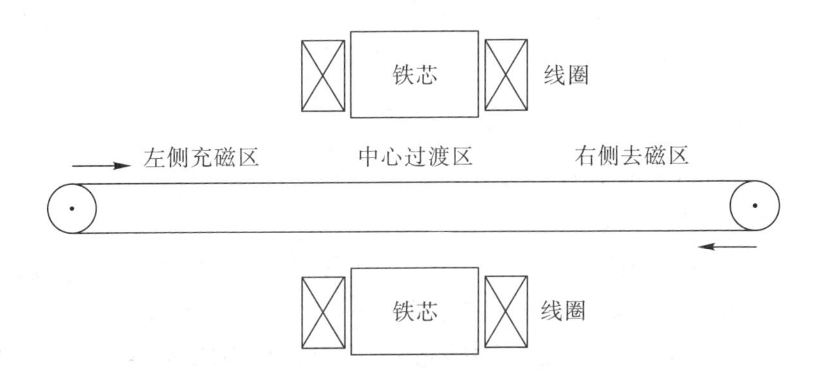

图 1-14　DM-100 型去磁机——电磁机构基本结构图(正面观察)

现在我们同时参考图 1-12 和图 1-14，从去磁机正面观察，当轴承工件由上料起点进入“左侧充磁区”，进而传送到电磁机构正下方时，交变磁场由弱变强，轴承工件此时完成充磁加工，即在外部强磁场作用下，其内部剩磁场的磁力线方向得到统一，这一步称为“磁场同化”；当轴承工件由电磁机构正下方进入“右侧去磁区”，进而传送到去磁终点时，交变磁场由强变弱，轴承工件实现去磁加工。

(1) 去磁机电磁铁芯：0.3 mm厚的冷轧硅钢片压制成电磁机构铁芯，电磁线圈均匀分布于其两侧，铁芯装置为交变磁场提供磁力线回路。

(2) 去磁机电磁线圈：电磁线圈由漆包线缠绕而成，电磁线圈中流过交流电流时，在去磁机传送带上方和下方会产生一个中间强、两侧弱，且呈指数函数衰减的交变磁场，用于轴承工件的去磁操作。

(3) 去磁机磁感应强度：去磁机交变磁场可以磁化其有效范围内的铁磁性材料，DM-100型去磁机传送带中央区域电磁机构正下方的最高磁感应强度可达800 Gs(高斯)。注意：磁场的磁感应强度 B 有两个常用单位，即特斯拉(T)和高斯(Gs)，二者之间的数学关系如下：

$$1\ \text{T}=10^4\ \text{Gs} \tag{1.1}$$

由式(1.1)可见，对于磁感应强度 B 这个物理量，特斯拉(T)是一个数量级较大的单位，而高斯(Gs)则是一个数量级较小的单位。本项目中，DM-100型去磁机的最大去磁电流为100 A，因此我们使用高斯(Gs)作为描述去磁机磁场磁感应强度的基本单位。

(4) “远离法”去磁：去磁机上电后，产生一个沿着传送带先呈指数函数增强趋势，然后呈指数函数衰减趋势分布的磁场，当传送带带动轴承工件由上料起点行至去磁机中央时，由于外部磁场磁感应强度 B 迅速增加，轴承内部剩磁场的磁力线方向得到统一，当传送带带动轴承工件由去磁机中央行至去磁终点时，由于外部磁场磁感应强度 B 迅速减小，轴承内部剩磁场的磁感应强度 B 趋近于零，从而达到“远离法”去磁的效果。

2. DM-100型去磁机的工作原理

在DM-100型去磁机中，电磁机构的最大工作电流 $I_{\text{dmax}}=100$ A，此时，去磁机传送机构中心区域的磁感应强度 B 达到最大值 $B_{\text{dmax}}=800$ Gs。

1) 去磁机磁感应强度 B 的计算

通常情况下，去磁机电磁机构的额定工作电流 $I_{\text{dm}}\in[20\ \text{A},\ 80\ \text{A}]$，这样可以保证轴承工件最佳的去磁效果。若 $I_{\text{dm}}=80$ A，根据以下公式推导：

$$\frac{I_{\text{dm}}}{B_{\text{dm}}}=\frac{I_{\text{dmax}}}{B_{\text{dmax}}}\Rightarrow\frac{I_{\text{dm}}}{B_{\text{dm}}}=\frac{100\ \text{A}}{800\ \text{Gs}} \tag{1.2}$$

由式(1.2)可得出，去磁机传送机构中心区域的磁感应强度 $B_{\text{dm}}\in[160\ \text{Gs},\ 640\ \text{Gs}]$。

2) 去磁磁场的分布

以去磁机电磁机构的额定工作电流 $I_{\text{dm}}=50$ A为例，去磁机传送机构中心区域的磁感应强度 $B_{\text{dm}}=400$ Gs(0.04 T)，如图1-15所示。

从DM-100型去磁机正面观察，左侧充磁区的磁感应强度 B_{dl} 随工件逐渐靠近中心区域呈指数函数增强趋势，左侧充磁区的总长度为1125 mm，如式(1.3)所示，其中任意一点坐标 $x\in[-1125\ \text{mm},\ 0\ \text{mm}]$，$x$ 点处的磁感应强度 $B_{\text{dl}}(x)$ 满足：

$$B_{\text{dl}}(x)=B_{\text{dm}}\cdot e^{x} \tag{1.3}$$

从 DM-100 型去磁机正面观察，右侧去磁区的磁感应强度 B_{dr} 随工件逐渐远离中心区域呈指数函数衰减趋势，右侧去磁区的总长度为 1125 mm，如式(1.4)所示，其中任意一点坐标 $x \in [0\ \text{mm}, 1125\ \text{mm}]$，$x$ 点处的磁感应强度 $B_{dr}(x)$ 满足：

$$B_{dr}(x) = B_{dm} \cdot e^{-x} \tag{1.4}$$

注意：我们同时参考图 1-14 和图 1-15，从去磁机正面观察，其传送带左半部分为充磁区，对应的磁感应强度用 $B_{dl}(x)$ 表示，而传送带右半部分为去磁区，对应的磁感应强度用 $B_{dr}(x)$ 表示。

去磁机可细分为九个工作区域，如图 1-15 所示。x 轴上Ⅰ→Ⅱ→Ⅲ→Ⅳ→0 五个区域为去磁机左侧的充磁区，从去磁机上料起点出发，随着传送带自左向右运行，该区域磁感应强度 $B_{dl}(x)$ 呈指数函数增强趋势，即 $B_{dl}(x)$ 呈现 E→D→C→B→A 的五级分段式阶梯增长趋势，且 0 区为去磁机中心区域，其磁感应强度 $B_{dm0} = 400$ Gs(对应的 $I_{dm} = 50$ A)。随着去磁机充磁区磁感应强度逐步增强，轴承内部剩磁场的磁力线方向得到统一。

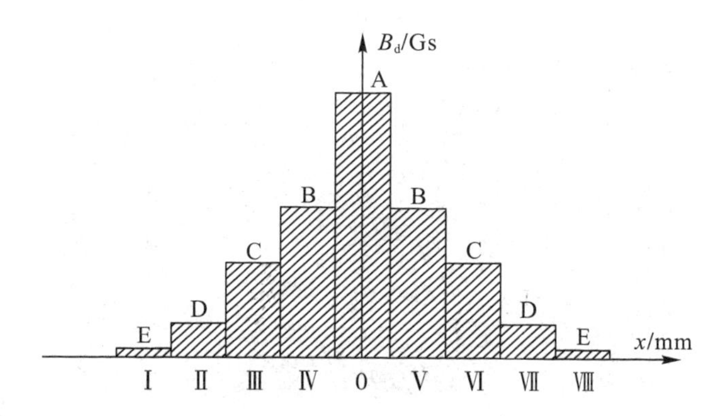

图 1-15　去磁机——电磁机构磁感应强度 $B_d(x)$ 的分布图

另外，x 轴上 0→Ⅴ→Ⅵ→Ⅶ→Ⅷ五个区域为去磁机右侧的去磁区，从去磁机传送带中央位置出发，随着传送带自左向右运行，该区域磁感应强度 $B_{dr}(x)$ 呈指数函数衰减趋势，即 $B_{dr}(x)$ 呈现 A→B→C→D→E 的五级分段式阶梯衰减趋势。当传送带运送轴承工件经过第Ⅷ区时，该区磁感应强度 $B_{dⅧ} \approx 0$ Gs，此时轴承工件远离去磁机强磁场中心区域，轴承工件去磁成功。

当去磁机工作电流 $I_{dm} = 50$ A 时，DM-100 型去磁机的九个区段分别对应交变磁场磁感应强度 $B_{dl}(x)$ 的指数阶梯增长和 $B_{dr}(x)$ 的指数阶梯衰减，去磁机额定工作状态下的磁感应强度 $B_d(x)$ 分区见表 1-3。通常，我们将轴承上料检测光纤传感器安装在去磁机Ⅰ区，将轴承去磁到位检测光纤传感器安装在去磁机Ⅷ区，形成轴承去磁过程的闭环控制。

表 1-3　去磁机额定工作状态下的磁感应强度 $B_d(x)$ 分区($I_{dm} = 50$ A)

磁场方位	左侧区域				中心	右侧区域			
$B_d(x)$分区	Ⅰ	Ⅱ	Ⅲ	Ⅳ	0	Ⅴ	Ⅵ	Ⅶ	Ⅷ
$B_d(x)$分级	E	D	C	B	A	B	C	D	E
$B_d(x)$/Gs	0	42	144	232	400	232	144	42	0

DM－100 型去磁机是三相交流用电设备，该设备的主要功能是产生磁感应强度 $B_d(x)$ 呈指数函数对称分布的交变磁场，并在该磁场中用“远离法”对轴承工件完成去磁。该设备电磁机构的铁芯部分采用含 Si∈[1.0%，4.5%]且含 C∈[0.03%，0.08%]的冷轧硅钢片叠压而成，其磁导率较高，且磁滞和磁涡流较小，有利于交变磁场的产生。

子任务 2　DM－100 型去磁机自动控制系统的设计方案

当我们从去磁机背面观察，轴承工件通常由去磁机入口处上料，运送到去磁机出口处去磁完毕，DM－100 型去磁机传送带右半部分为充磁区，而左半部分为去磁区。当人工装配轴承完成时，轴承会从图 1－16 所示的传送带右半部分入口处(上料起点)进入充磁区。此时，图 1－16 中去磁机入口处的 1# 光纤漫反射传感器(1# 亮点)可有效检测轴承进入的信号，进而通过 PLC SR40 控制传送带的自动启动和去磁过程的自动运行。

图 1－16　去磁机入口(1# 光纤检测)

同理，当轴承完成去磁时，轴承被传送带运送到去磁机的出口处，如图 1－17 所示。此时，图 1－17 中去磁机出口处的 2# 光纤漫反射传感器(2# 亮点)可有效检测轴承去磁到位的信号，进而通过 PLC SR40 控制传送带的自动停车和去磁过程的自动停止。

图 1－17　去磁机出口(2# 光纤检测)

1. 传送带自动启动和去磁过程自动开启

西门子 S7－200 SMART SR40(24DI/16DO)是控制去磁过程自动开启的现场控制器。

当充磁区的1#光纤漫反射传感器检测到有轴承进入时，SR40输入端子I0.4=1(24 V)，形成闭环反馈后，西门子PLC SR40通过运行内部程序，触发其输出端子Q0.0=Q0.1=1(24 V)。进而，SR40通过外部中间继电器KA1(传送带继电器)和KA2(去磁继电器)线圈得电，控制传送带自动启动和去磁过程自动开启，如图1-18所示。

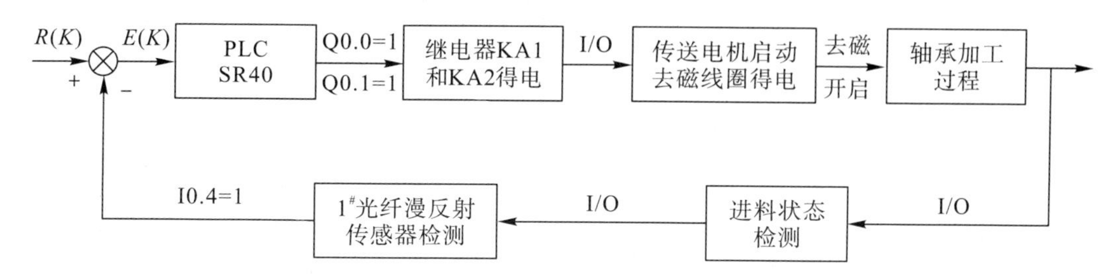

图1-18 传送带自动启动和去磁过程自动开启的流程

2. 传送带自动停车和去磁过程自动停止

西门子S7-200 SMART SR40(24DI/16DO)是控制去磁过程自动停止的现场控制器。当去磁区的2#光纤漫反射传感器检测到有轴承去磁到位时，SR40输入端子I0.5=1(24 V)，形成闭环反馈后，西门子PLC SR40通过运行内部程序，触发其输出端子Q0.0=Q0.1=0(0 V)。进而，SR40通过外部中间继电器KA1(传送带继电器)和KA2(去磁继电器)线圈失电，控制传送带自动停车和去磁过程自动停止，如图1-19所示。

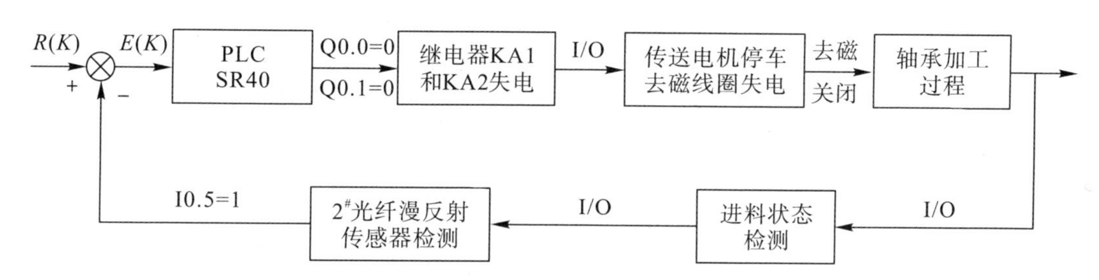

图1-19 传送带自动停车和去磁过程自动停止的流程

注意：由于传送带的传动有一定的惯性，因此由2#光纤漫反射传感器检测到有轴承去磁到位到传送带彻底停稳之间，会有一定的延迟。

3. S7-200 SMART SR40 PLC对去磁过程的I/O配置

西门子S7-200 SMART系列PLC中的SR40(24DI/16DO)是典型的继电器输入/输出型可编程控制器。SR40具备24个数字量输入和16个数字量输出引脚，且均对DC24V(逻辑“1”)有效，可以直接驱动继电器型负载。SR40使用单相AC220V电源供电，且自带AC220V/DC24V和AC220V/DC5V的变压整流装置，以满足CPU模块和I/O继电器模块的供电。

为有效检测轴承的“上料完成”和“去磁到位”信号，SR40 PLC为现场去磁过程的1#和2#光纤漫反射传感器、传送带手动/自动启停、去磁手动/自动启停等数字量信号逐一分配了I/O点，其I/O配置见表1-4。

表 1-4 SR40 PLC 对去磁过程的 I/O 配置

I/O 分类	设 备	序号	I/O 端口	含 义
输入	SR40 PLC	1	I0.1	手动启动传送带(旋钮)
		2	I0.2	手动启动去磁(按钮)
		3	I0.3	手动停止去磁(按钮)
		4	I0.4	轴承上料完成
		5	I0.5	轴承去磁到位
输出		6	Q0.0	传送带启动
		7	Q0.1	去磁机启动

注意：由于 SR40 PLC 的 I0.0 端子和 S7-300 PLC 的 I0.0 端子都将用于指示工业机器人轴承去磁与清洗自动化生产线的手/自动切换状态，因此 SR40 PLC 对去磁过程的 I/O 配置中暂时不包括 I0.0 端子，一定要注意 SR40 PLC 和 S7-300 PLC I0.0 端子的接线，以免出错。

4. S7-200 SMART SR40 PLC 对去磁操作的控制流程

当轴承去磁与清洗自动化生产线主控柜上电时，主控设备西门子 S7-300 314C-2PN/DP PLC 和现场控制器 S7-200 SMART SR40 PLC 均处于上电状态，如图 1-20 所示。此时，可以详细检查各 PLC 的运行状态和通信状态。

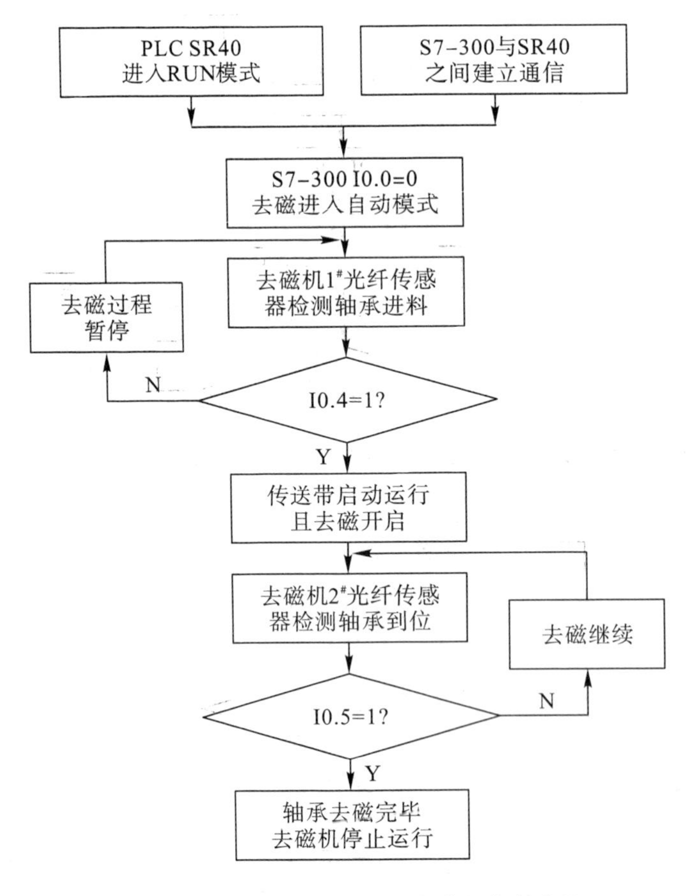

图 1-20 SR40 PLC 对去磁操作的控制流程

可以通过编程软件“STEP 7 - MicroWIN SMART”打开 SR40 PLC 去磁操作的主程序及其相关的手动和自动子程序，随即建立编程计算机与 SR40 PLC 之间的通信，将 SR40 PLC 置为“RUN”状态。

然后，再按照如下流程由 SR40 PLC 控制去磁机完成去磁：

(1) 西门子 S7 - 300 314C - 2PN/DP PLC 和 S7 - 200 SMART SR40 PLC 基于 S7 协议建立 TCP/IP 通信，S7 - 300 获取现场去磁机的工作状态，将轴承去磁过程的运行状态显示在 MCGS 触摸屏上。

(2) 现场技术人员可以通过 MCGS 触摸屏选择轴承去磁与清洗自动化生产线的操作模式。一般情况下，生产线的操作模式默认为“自动”，此时 S7 - 300 PLC 中输入端子 I0.0=0；如果按下 MCGS 触摸屏上的“手/自动切换”按钮，生产线的操作模式将切换为“手动”，此时 S7 - 300 PLC 中输入端子 I0.0=1。

(3) 当轴承工件由去磁机传送带的第Ⅰ区完成进料，并且 1# 光纤漫反射传感器检测到轴承工件时，S7 - 200 SMART SR40 PLC 的输入端子 I0.4=1(24 V)，否则 I0.4=0(0 V)。当轴承上料完成时，SR40 PLC 控制传送带电机和去磁机构同时得电(Q0.0=Q0.1=1)，轴承进入自动去磁操作流程。

(4) 当轴承完成去磁，到达去磁机第Ⅷ区，2# 光纤漫反射传感器检测到轴承去磁到位时，SR40 PLC 的输入端子 I0.5=1(24 V)，否则 I0.5=0(0 V)。当轴承去磁到位时，SR40 PLC 控制传送带电机和去磁机构同时失电(Q0.0=Q0.1=0)，轴承完成一次去磁操作。

子任务 3　DM - 100 型去磁机电气控制系统的设计方案

DM - 100 型去磁机是三相交流(U、V、W)用电设备，其名称代号中的“DM”来自英文单词“Demagnetizing”，译为“去磁”；其名称代号中的“100”表示该去磁机的最大去磁工作电流为 100 A。

DM - 100 型去磁机主要由传送机构和去磁机构组成。其传送机构应用三相交流异步电机 M(配以减速器)拖动传送带运行，为轴承去磁提供传送动力。其去磁机构通常使用 AC 380 V/[20 A，80 A]的交流电产生交变磁场，通过“远离法”使轴承有效去磁。

1. DM - 100 型去磁机传送机构电气控制系统的设计

DM - 100 型去磁机的传送机构使用 YS90L4 - 1.5 kW 的三相交流异步电机 M(配以减速器)作为动力装置，拖动传送带水平运行。图 1 - 21 为去磁机传送机构电气控制系统原理图。注意：QF1 为系统总空开，QF2 为传送机构空开，KM1 为传送电机 M 主电路的接触器。

(1) 手动模式：采用旋钮 SA1 手动控制 M 的单向启停运转。当 SA1 接通(ON)时，接触器 KM1 线圈得电，其主触点闭合，M 单向启动，传送带开始输送轴承工件；当 SA1 断开(OFF)时，M 单向停车，传送带停止输送轴承工件。

(2) 自动模式：SR40 PLC 通过执行其内部自动控制子程序，控制继电器 KA1 的常开触点闭合或断开，从而有效控制去磁机中传送电机 M 的单向启停运转，实现传送带对轴承的平稳输送。

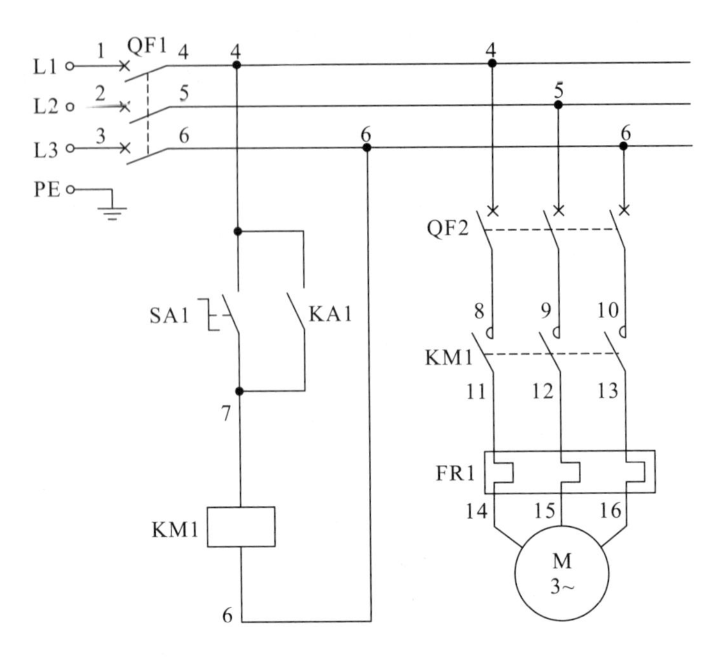

图 1-21 DM-100 型去磁机——传送机构电气控制系统的设计

2. DM-100 型去磁机传送机构的电气操作流程

(1) 生产线主控柜安全接地检查完成后，闭合断路器 QF1 和 QF2，按下控制柜门上对应的绿色按钮(带指示灯)，当按钮绿色指示灯亮起时，表明系统主电路接通，此时去磁机传送机构的电源已经安全接入。

(2) 人工装配轴承完成后，将轴承平稳推送到去磁机入口处，当 1# 光纤漫反射传感器检测到轴承上料完成时，S7-200 SMART SR40 PLC 的输入端子 I0.4=1(24 V)，执行 PLC 自动控制子程序后，SR40 PLC 的输出端子 Q0.0=1(24 V)，外部中间继电器 KA1 线圈得电，其常开触点 KA1 闭合。

(3) 随着继电器 KA1 常开触点闭合，接触器 KM1 线圈得电，主电路中接触器 KM1 的主触点随即闭合，传送带电机 M 得电，传送带拖动轴承进入去磁过程。

(4) 当轴承去磁结束时，2# 光纤漫反射传感器检测到轴承去磁到位，S7-200 SMART SR40 PLC 的输入端子 I0.5=1(24 V)，执行 PLC 程序后，SR40 PLC 的输出端子 Q0.0=0 (0 V)，外部中间继电器 KA1 线圈失电，其常开触点 KA1 断开复位，传送带电机 M 停车，去磁传送过程结束。

3. DM-100 型去磁机电磁机构电气控制系统的设计

DM-100 型去磁机的电磁机构采用电磁线圈 L 通电，然后与该机构铁芯通过电磁感应生成交变的电磁场，利用“远离法”对轴承实施去磁。如图 1-22 所示，该去磁机的电磁机构主要包括去磁控制电路、门极控制电路和去磁触发电路三部分。

注意：QF1 为系统总空开，QF3 为变压器电路和门极控制电路空开，KM2 为控制去磁的接触器，VT1 和 VT2 为双向导通的晶闸管，AP01 是 18 V 供电的门极触发电路，T 是 AC 380 V→18 V 的变压器。

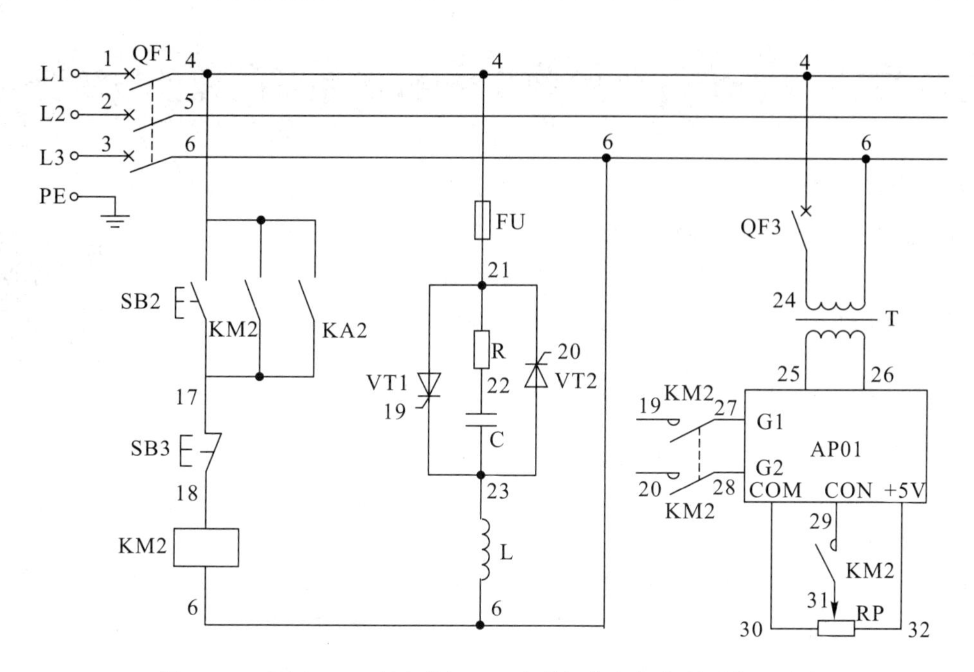

图 1-22　DM-100 型去磁机——电磁机构电气控制系统的设计

(1) 手动模式：采用按钮 SB2 手动控制去磁机电磁机构的工作。当 SB2 常开触点接通(ON)时，去磁机电磁机构得电，随即产生交变磁场，对传送中的轴承工件实施有效去磁；当 SB3 常闭点断开(OFF)时，去磁机电磁机构失电，交变磁场随即消失，轴承工件去磁操作停止。

(2) 自动模式：SR40 PLC 通过执行内部程序，控制继电器 KA2 的常开触点闭合或断开，从而有效控制去磁机电磁机构的得、失电，实现轴承工件去磁操作的自动控制。加装在去磁机入口处和出口处的 1# 和 2# 光纤传感器可以实现轴承运动位置的精确检测。轴承“上料完成”时，去磁线圈和传送电机同步得电，轴承“去磁完毕”时，去磁线圈和传送电机同步失电。

4. DM-100 型去磁机电磁机构的电气操作流程

(1) 去磁机电磁机构安全接地检查完成后，闭合断路器 QF1 和 QF3，接通去磁机电磁机构的 AC 380 V 电源，同时确保按下控制柜门上的绿色按钮(带指示灯)，当按钮的绿色指示灯亮起时，表明系统主电路接通，此时去磁机电磁机构的电源已经安全接入。

(2) 人工装配轴承完成后，当 1# 光纤漫反射传感器检测到轴承上料完成时，S7-200 SMART SR40 PLC 的输入端子 I0.4=1(24 V)，执行 PLC 程序后，SR40 PLC 的输出端子 Q0.1=1(24 V)，外部中间继电器 KA2 线圈得电，其常开触点 KA2 闭合。

(3) 随着继电器 KA2 常开触点闭合，接触器 KM2 线圈得电，门极控制电路中接触器 KM2 的主触点随即闭合，门极触发电路 AP01 的 G1 和 G2 端子输出有效，去磁触发电路中的电力电子晶闸管 VT1 和 VT2 双向导通，去磁机电磁线圈 L 得电，去磁机完成轴承工件的去磁操作。

(4) 轴承去磁结束时，2# 光纤漫反射传感器检测到轴承去磁到位后，S7-200 SMART SR40 PLC 的输入端子 I0.5=1(24 V)，执行 PLC 程序后，SR40 PLC 的输出端子 Q0.1=0(0 V)，外部中间继电器 KA2 线圈失电，其常开触点 KA2 断开复位，去磁机电磁线圈 L 失电，去磁过程结束。

任务三 BCM－1400 型清洗机控制系统的设计与实现

任务目标

(1) 熟悉 BCM－1400 型清洗机的结构与工作原理；

(2) 掌握 BCM－1400 型清洗机自动控制系统的设计方案；

(3) 掌握 BCM－1400 型清洗机电气控制系统的设计方案。

子任务 1 BCM－1400 型清洗机的结构与工作原理

轴承工件在机械加工和装配过程中，其表面往往都附着有微小固体颗粒杂质或有机污物，因此为提高轴承的运转精度，延长其使用寿命，一般使用环保型水基弱碱性清洗液对轴承进行喷淋清洗。

BCM－1400 型清洗机是三相交流(U、V、W)用电设备，其清洗平台在变频电机驱动下，能够以最高 1400 r/min 的转速对轴承工件实施拖动，同时其水泵驱动喷头喷出清洗液，对轴承实施旋转清洗。该清洗机名称代号中的“BCM”来自英文词组“Bearing Cleaning Machine”，译为“轴承清洗机”；其名称代号中的“1400”表示该清洗机旋转平台的最高转速为 1400 r/min。

1. BCM－1400 型清洗机的结构

BCM－1400 型清洗机的机械结构主要包括旋转机构和喷淋机构两个部分。旋转机构主要由三相变频电机 M3 和清洗平台(也称为旋转平台)组成，如图 1－23 所示。当机器人将轴承平稳地放置在清洗平台后，旋转机构负责带动轴承工件沿轴线方向低速旋转，以配合清洗。喷淋机构主要由水泵(也称为清洗泵)和喷头组成。当轴承工件在旋转机构带动下，沿轴线方向低速旋转时，喷淋机构负责向轴承工件喷射环保型水基弱碱性清洗液，以完成轴承工件的清洗操作。

图 1－23 BCM－1400 型清洗机的结构

BCM－1400 型清洗机的清洗平台采用三层结构设计，如图 1－24 所示。机器人可以将三种不同规格的轴承工件——调心球轴承 1209(内径 d：75 mm，外径 D：130 mm)、圆锥滚子轴承 32216(内径 d：80 mm，外径 D：140 mm)和深沟球轴承 220(内径 d：90 mm，外径 D：150 mm)平稳地放置在清洗平台上完成清洗任务。

图 1－24　清洗平台的三层结构设计

注意：工业机器人第六轴端持器(夹抓)使用的是圆柱形气缸，其活塞行程为 30 mm，即工业机器人夹抓可以夹持外径 $D\in[125\text{ mm}, 155\text{ mm}]$的轴承工件。

2. BCM－1400 型清洗机的工作原理

由于 BCM－1400 型清洗机采用小型三相变频器(VFD)驱动清洗平台旋转电机 M3(YS8024－0.75 kW)的连续旋转，因此，清洗平台可以获得较为满意的转矩和旋转速度，以保证轴承工件清洗的质量，BCM－1400 型清洗机的工作原理图如图 1－25 所示。

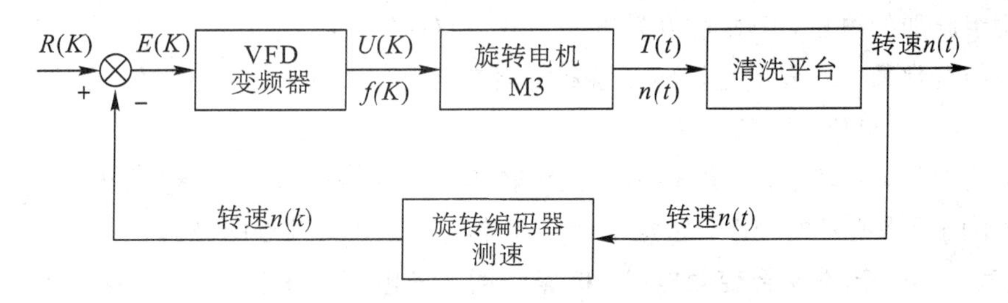

图 1－25　BCM－1400 型清洗机的工作原理图

1) 清洗平台转速的调节

轴承去磁与清洗自动化生产线中，BCM－1400 型清洗机的变频器(VFD)可以根据轴承清洗过程对旋转速度的需要，输出 $f(K)\in[1\text{ Hz}, 50\text{ Hz}]$的三相电压(U、V、W)信号，驱动旋转电机 M3 连续旋转。电机 M3 的旋转速度 $n(K)$与其定子绕组中施加的电源频率 $f(K)$之间的关系满足以下公式：

$$n(K)=\frac{60\cdot f(K)\cdot(1-s_N)}{p} \tag{1.5}$$

式中：$f(K)$和 $n(K)$分别表示系统在第 K 个采样周期里，变频电机 M3 定子绕组的电源频率和此频率下 M3 的转速，明显可以看出 $f(K)$和 $n(K)$呈正比；p 表示电机 M3 的磁极对数，本项目中 $p=2$；s_N表示电机 M3 的额定转差率，本项目中 $s_N=6.7\%$。变频电机 M3 的常用性能参数见表 1－5。

表 1-5 清洗平台变频电机 M3 的常用性能参数

性能参数	电机 M3 内部 $f(K)$ 和 $n(K)$ 的对应关系				
常见频率/Hz	$f_1=1$	$f_2=5$	$f_3=10$	$f_4=20$	$f_5=50$
$n(K)/(\mathrm{r/min})$	$n_1=28$	$n_2=140$	$n_3=280$	$n_4=560$	$n_5=1400$

由表 1-5 不难看出，在轴承去磁与清洗自动化生产线中，BCM-1400 型清洗机的变频器(VFD)可以驱动电机 M3 以五档不同的速度运转，以实现轴承的低速(n_1 和 n_2)、中低速(n_3 和 n_4)清洗以及高速(n_5)甩干。

2) 清洗平台输出转矩的调节

按照实际工业生产的要求，BCM-1400 型清洗机三层结构的清洗平台可支持三种规格型号的轴承工件完成喷淋清洗任务。下面针对清洗机的“低速清洗”模式，进行输出转矩微调的讨论。

如果清洗机变频器(VFD)的输出频率 $f_2(K)=5$ Hz，那么清洗平台的旋转速度(低速) $n_2(K)=140$ r/min。在此转速驱动下，由于三种规格型号的轴承工件质量 M 各不相同，其转动惯量 J 也各不相同，这就要求变频器(VFD)输出电压 $U(K)$ 的有效值可以在小范围内进行微调，最终使得旋转电机 M3 输出的机械转矩 T_N 可以克服不同规格型号的轴承工件的转动惯量。

若旋转电机 M3 定子电源的频率 $f_2(K)=5$ Hz，此时其产生的电磁转矩 $T_{em}(K)$ 与定子绕组电压 $U(K)$ 之间满足如下公式：

$$T_{em}(K)=C_T \cdot U^2(K) \cdot \frac{sR_2}{R_2^2+(sX_{20})^2} \tag{1.6}$$

式中：$T_{em}(K)$ 和 $U(K)$ 分别表示系统在第 K 个采样周期里，变频电机 M3 产生的电磁转矩和定子绕组施加的电压，明显可以看出 $T_{em}(K)$ 和 $U(K)$ 的平方呈正比；C_T 表示三相交流异步电机的结构常数，R_2 表示电机转子绕组的等效电阻值，X_{20} 表示电机转子不转时转子绕组的阻抗，s 表示电机 M3 的转差率。

一般情况下，旋转电机 M3 输出的机械转矩 $T_N(K)\in[0.6, 0.8]T_{em}(K)$。旋转电机 M3 针对不同规格型号的轴承，在定子电压和输出转矩方面进行的微调整见表 1-6。

表 1-6 清洗平台变频电机 M3 常见的定子电压 $U(K)$ 和输出转矩 $T_N(K)$

性能参数	M3 常见的定子电压 $U(K)$ 和输出转矩 $T_N(K)$		
轴承型号	调心球轴承 1209	圆锥滚子轴承 32216	深沟球轴承 220
轴承质量/kg	1.15	2.2	2.7
定子电压 $U(K)$/V	356	370	380
输出转矩 $T_N(K)$/N·m	4.2	4.8	5.1

子任务 2 BCM-1400 型清洗机自动控制系统的设计方案

自动化生产线中，机器人代替人力完成轴承工件在清洗平台位置的准确上料，调心球轴承 1209、圆锥滚子轴承 32216 和深沟球轴承 220 共三种轴承的自动清洗操作要依靠 ESTUN机器人、西门子 S7-300 314C-2PN/DP PLC、S7-200 SMART SR40 PLC、MCGS 触摸屏以及 BCM-1400 型清洗机之间的协调通信才能完成。

当ESTUN机器人在清洗平台上平稳放置轴承后(如图1－26所示)，其向主控PLC S7－300 314C－2PN/DP发送“放置轴承完毕”的有效反馈信号(I/O信号)，主控PLC S7－300与S7－200 SMART SR40 PLC之间通过S7协议通信，命令SR40控制现场的清洗设备完成轴承工件的清洗，如图1－27所示。

图1－26　清洗平台上平稳放置轴承

图1－27　轴承清洗完毕

1. 水泵自动启动和清洗平台自动开启

控制系统中S7－300 314C－2PN/DP PLC是主站，S7－200 SMART SR40 PLC是从站，下位机SR40负责直接控制自动清洗过程中水泵和清洗平台的开启，如图1－28所示。

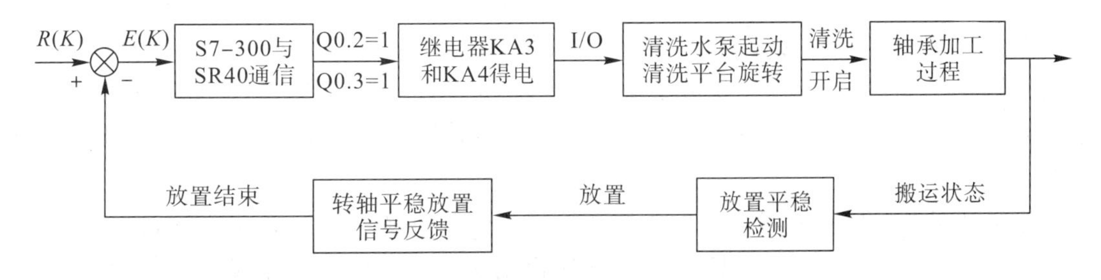

图1－28　水泵自动启动和清洗平台自动开启的流程

(1) 当ESTUN机器人(ER10－1600)抓取轴承平稳放置在清洗平台上后，机器人主控柜内CPU模块右侧的I/O扩展模块中的数字量输出端子DO17＝1(24 V)，这意味着机器人将“轴承已平稳放置”的信息反馈给主控 PLC S7-300 314C-2PN/DP。

(2) S7-300 PLC 通过“PUT 指令”，命令 PLC SR 40 启动轴承的自动清洗操作。

(3) PLC SR40 通过运行其内部程序，触发其输出端子 Q0.2=Q0.3=1(24 V)，进而触发外部中间继电器 KA3 和 KA4 同时得电。

(4) 清洗水泵电机 M2 和清洗平台旋转电机 M3 同时得电，系统进入定时时长为 10 s 的自动清洗流程，直至清洗操作完毕。

2. 水泵自动停止和清洗平台自动停车

控制系统中，轴承的自动清洗过程依靠 S7-200 SMART SR40 PLC 内部的定时器 T37 自动计时实现。一般情况下，轴承工件的清洗时间设定为 10 s，当清洗操作结束时，SR40 PLC 自动关断清洗水泵电机 M2 和清洗平台旋转电机 M3，如图 1-29 所示。

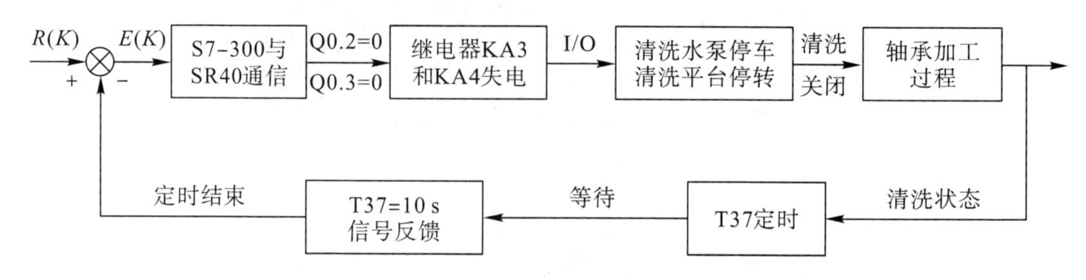

图 1-29 水泵自动停止和清洗平台自动停车的流程

(1) 当下位机 SR40 PLC 启动自动清洗操作时，会同步触发 SR40 内部的通电延时定时器 T37(T37 的定时时长为 10 s)，这样一来，清洗平台旋转且喷淋系统清洗轴承工件的时长刚好设定为 10 s。

(2) S7-300 通过“GET 指令”，将生产线中轴承的自动清洗状态，准确显示在 MCGS 触摸屏上，用于现场各设备状态的检查。

(3) 当定时器 T37 定时时间一到，其常闭点切断了输出端子 Q0.2 和 Q0.3 的得电回路，SR40 输出端子 Q0.2=Q0.3=0(0 V)，进而触发外部中间继电器 KA3 和 KA4 失电，此时轴承工件自动清洗操作结束。

(4) 从站 SR40 PLC 通过 S7 通信协议，向主站 S7-300 PLC 反馈关于自动清洗完毕的信息，以便控制系统进入下一个生产流程。

3. 计算机控制系统对清洗生产过程的 I/O 配置

主控 PLC S7-300 314C-2PN/DP 的 CPU 模块右侧配备有 16DI/16DO 的数字量 I/O 扩展模块。S7-300 通过数字量 I/O 扩展模块与 ESTUN 机器人之间保持 I/O 通信，S7-300 的输入端子 I136.0 专门接收机器人主控柜内 CPU 模块右侧的 I/O 扩展模块中的数字量输出端子 DO17 反馈的“轴承已平稳放置”的信息，从而决定是否命令 SR40 启动自动清洗。

通常情况下，我们采用 S7-300 的数字量 I/O 扩展模块中的输入端子 I136.0 接收 ESTUN 机器人数字量 I/O 扩展模块中的输出端子 DO17 的数字量反馈，当 I136.0=DO17=1(2 s 高电平脉冲)时，代表“轴承已经平稳放置”。

为有效检测 ESTUN 机器人对轴承的“平稳放置”信号，并有效实现下位机 S7-200 SMART SR40 PLC 对自动清洗过程的控制，我们针对 ESTUN 机器人数字量输出、

S7－300数字量输入、清洗水泵电机 M2 和清洗平台旋转电机 M3 的启停状态等数字量信号逐一分配了 I/O 点，其 I/O 配置见表 1－7。

表 1－7　SR40 PLC 对清洗生产过程的 I/O 配置

I/O 分类	设备	序号	I/O 端口	含　义
输入	SR40 PLC	1	I0.6	手动启动水泵电机
	SR40 PLC	2	I0.7	手动启动旋转平台电机
	S7－300 PLC	3	I136.0	轴承放置平稳反馈
输出	SR40 PLC	4	Q0.2	水泵电机启动
	SR40 PLC	5	Q0.3	旋转平台电机启动
	机器人	6	DO17	轴承放置平稳输出

注意：在实际生产过程中，为保证轴承工件喷淋清洗的质量，SR40 PLC 应当允许水泵电机启动 M2 先启动，确保清洗液有效喷出后，再允许旋转平台电机 M3 后启动。当自动清洗操作结束时，清洗水泵电机 M2 和清洗平台旋转电机 M3 同时关闭。

4. 计算机控制系统对清洗操作的控制流程

当轴承去磁与清洗自动化生产线主控柜上电时，在 S7 协议的支持下，西门子 S7－300 314C－2PN/DP PLC、S7－200 SMART SR40 PLC、MCGS 触摸屏和编程计算机之间可以通过交换机实现 TCP/IP 通信(工业以太网通信)，如图 1－30 所示。

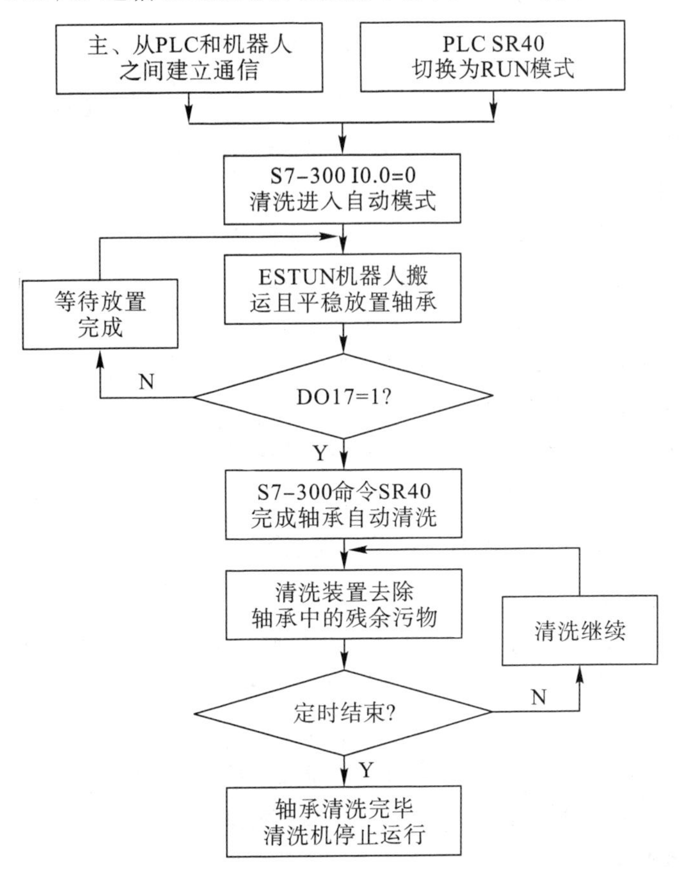

图 1－30　计算机控制系统对清洗操作的控制流程

西门子 S7-300 314C-2PN/DP PLC 作为主站，既可以控制整个轴承清洗流程，也可以监控清洗流程中各设备的工作状态。S7-300 PLC 通过合理的调度，可以有效保障轴承去磁与清洗自动化生产的工作节拍。

ESTUN 机器人可以代替人力，实现轴承工件的搬运和放置，SR40 PLC 则作为下位机直接驱动清洗水泵电机 M2 和清洗平台旋转电机 M3 的启停。

(1) 西门子 S7-300 314C-2PN/DP PLC 的数字量 I/O 扩展模块与 ESTUN 机器人的数字量 I/O 扩展模块之间保持 I/O 通信，当机器人侧 DO17=1，且 S7-300 侧 I136.0=1 时，机器人将轴承工件平稳放置于清洗平台上，且对 S7-300 形成有效反馈。

(2) S7-300 PLC 通过“PUT 指令”，将其内部位寄存器 P#DB10.DBX20.5 的有效值“1”赋予 SR40 PLC 内部变量寄存器区的 V0.5 位，从而同时自动启动清洗水泵电机 M2 和清洗平台旋转电机 M3。

(3) 通过 S7-200 SMART SR40 PLC 的通电延时定时器 T37，将自动清洗过程的定时时长设为 10 s。一般情况下，轴承以低速旋转的方式完成清洗操作。

(4) 当轴承自动清洗完成后，SR40 PLC 内部变量寄存器区的 V20.6=1(高电平持续 2 s)，S7-300 PLC 通过“GET 指令”，将 SR40 PLC 中 V20.6 的有效值“1”读回，并将该有效值赋予 S7-300 PLC 内部位寄存器 P#DB11.DBX20.6。

(5) 主控 PLC S7-300 通知 ESTUN 机器人：轴承工件自动清洗操作已经完毕，机器人可以重新回到清洗平台表面，将轴承工件抓取并搬运到半成品放置处。

子任务 3 BCM-1400 型清洗机电气控制系统的设计方案

轴承清洗是轴承加工与生产过程中的重要环节，轴承工件清洗的质量直接决定轴承在工程应用中的品质。BCM-1400 型清洗机采用喷淋的方式对清洗平台上沿轴心旋转的轴承工件实施高效的清洗操作。

BCM-1400 型清洗机主要由旋转机构和喷淋机构组成。其旋转机构中，旋转平台拖动不同规格型号的轴承以合适的速度自转，以获取最佳的清洗效果。

在喷淋机构中，喷头喷出的清洗液可以洗去轴承本体上附着的杂质与污物，为下一步涂油(喷油)操作打下良好基础，并可以保证轴承在运行过程中展现出良好的动态特性，轴承的运转性能直接决定工业产品的运行质量。

清洗机电气控制系统设计的宗旨是保证在生产线安全生产的前提下，旋转平台和喷淋机构可获得稳定、可靠的动力支持。

1. BCM-1400 型清洗机喷淋机构电气控制系统的设计

BCM-1400 型清洗机的喷淋机构使用 YS8014-0.55 kW 的三相交流异步电机 M2 作为动力装置，驱动水泵工作。图 1-31 为清洗机喷淋机构电气控制系统原理图。注意：QF4 为清洗机电控系统总空开，QF5 为喷淋机构空开，KM3 为水泵电机 M2 主电路的接触器。

(1) 手动模式：采用旋钮 SA2 手动控制水泵电机 M2 的单向启停运转。当 SA2 接通(ON)时，M2 单向启动，水泵电机开始为清洗液喷淋加压；当 SA2 断开(OFF)时，M2 单向停车，水泵电机停止工作。

(2) 自动模式：SR40 PLC 通过执行内部程序，控制继电器 KA3 的常开触点闭合或断开，从而有效控制清洗机喷淋机构中水泵电机 M2 的单向启停运转，实现水泵电机对清洗液的自动加压。

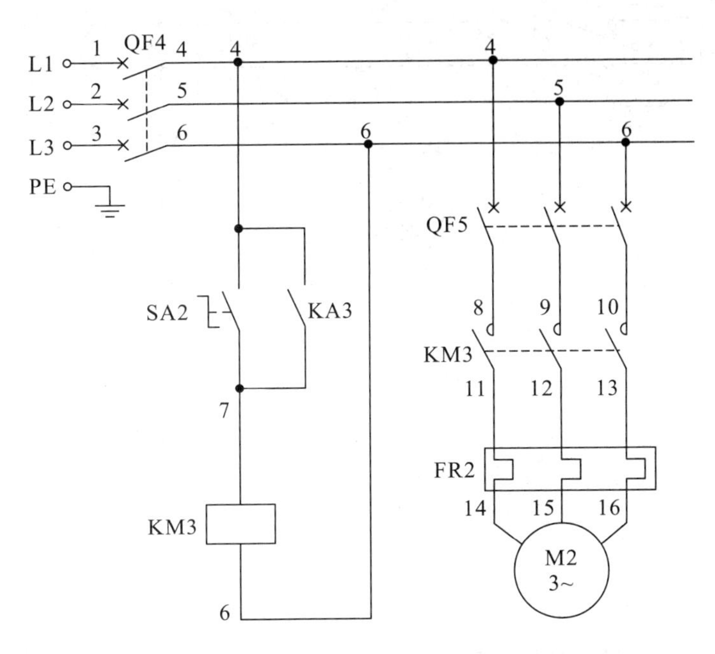

图 1-31　BCM-1400 型清洗机——喷淋机构电气控制系统的设计

2. BCM-1400 型清洗机喷淋机构的电气操作流程

（1）生产线主控柜安全接地检查完成后，闭合断路器 QF4 和 QF5，按下控制柜门上对应的绿色按钮(带指示灯)，当按钮的绿色指示灯亮起时，表明系统主电路接通，此时清洗机——喷淋机构的电源已经安全接入。

（2）确认清洗机的喷淋机构处于自动状态，当轴承平稳放置在清洗平台上后，工业机器人将此状态(DO17＝1)有效反馈给 S7-300 PLC，随后通过执行 S7-300 PLC 和 SR40 PLC 内部的通信与控制程序，SR40 PLC 的输出端子 Q0.2＝1(24 V)，外部中间继电器 KA3 线圈得电，其常开触点 KA3 闭合。

（3）随着继电器 KA3 常开触点闭合，接触器 KM3 线圈得电，主电路中接触器 KM3 的主触点随即闭合，水泵电机 M2 得电工作，清洗机喷头喷出清洗液，执行清洗任务。

（4）当轴承清洗操作定时 10 s 结束时，喷头停止喷清洗液，通过执行 SR40 PLC 内部的程序，使得 SR40 PLC 中变量寄存器区的 V20.6＝1(24 V 持续 2 s)。

（5）S7-300 PLC 通过“GET 指令”读取 SR40 PLC 内部 V20.6＝1 的状态，进而将其自身内部数据存储位 P＃DB11.DBX20.6 的状态置为“1”。

（6）通过运行 S7-300 PLC 内部的程序，S7-300 数字量 I/O 扩展模块中的输出端子 DO136.1＝1，S7-300 PLC 通知机器人：轴承清洗已完毕，可再次抓取轴承完成涂油操作。

3. BCM-1400 型清洗机旋转机构电气控制系统的设计

BCM-1400 型清洗机的旋转机构使用 YS8024-0.75 kW 的三相交流异步电机 M3 作为动力装置，驱动旋转平台工作。图 1-32 为清洗机旋转机构电气控制系统原理图。注意：QF4 为清洗机电控系统总空开，QF6 为旋转机构空开，KM4 为旋转电机 M3 主电路的接触器。

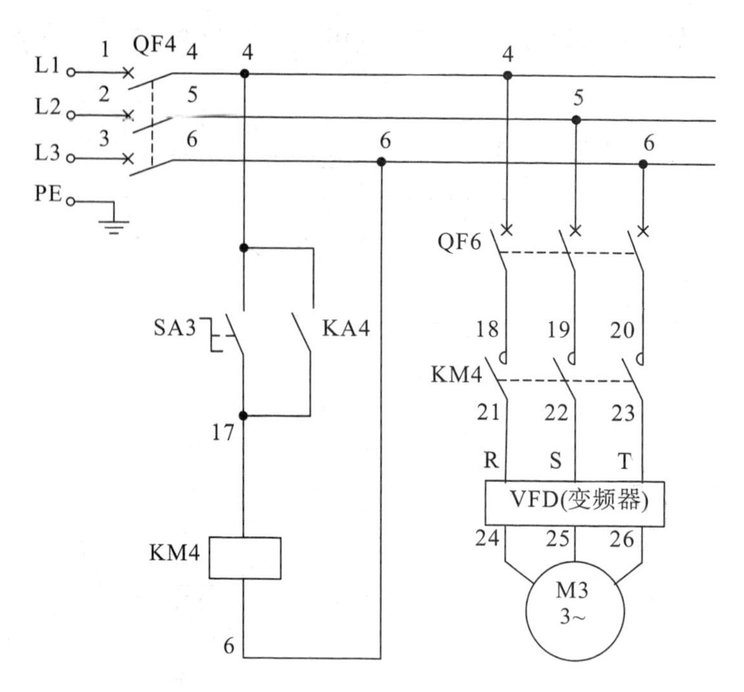

图 1-32 BCM-1400 型清洗机——旋转机构电气控制系统的设计

(1) 手动模式：采用旋钮 SA3 手动控制变频器(VFD)的启制动，令其输出端子U(24)、V(25)和 W(26)输出特定频率的三相电压信号，从而有效控制旋转电机 M3 的单向启停运转。当 SA3 接通(ON)时，变频器根据轴承负载转动惯量的大小，以适当的频率$f(K)$输出三相电压信号$U(K)$，驱动旋转电机 M3 平滑启动，这里变频器输出的三相电频率 $f(K)\in[4.0\ \text{Hz},14.3\ \text{Hz}]$；当 SA3 断开(OFF)时，变频器停止输出，M3 单向停车，旋转电机停止工作。

(2) 自动模式：SR40 PLC 通过执行内部程序，控制继电器 KA4 的常开触点闭合或断开，从而有效控制变频器(VFD)根据轴承负载的转动惯量，以适当的频率 $f(K)$输出三相电压信号$U(K)$，驱动旋转电机 M3 平滑启制动，实现旋转电机的自动控制。旋转电机 M3 的转速 $n(K)\in[120\ \text{r/min},400\ \text{r/min}]$，这样可以保证轴承最佳的旋转清洗效果。

4. BCM-1400 型清洗机旋转机构的电气操作流程

(1) 首先检查生产线主控柜电气接地是否安全，其次确认清洗平台上没有其他未清洗的轴承工件，最后闭合断路器 QF4 和 QF6，按下控制柜门上对应的绿色按钮(带指示灯)，当按钮绿色指示灯亮起时，表明系统主电路接通，此时清洗机旋转机构的电源已经安全接入。

(2) 确认清洗机的旋转机构处于自动状态，当轴承平稳放置在清洗平台上后，机器人将此状态有效反馈给 S7-300 PLC，通过执行 S7-300 PLC 和 SR40 PLC 内部的程序，SR40 PLC 的输出端子 Q0.3=1(24 V)，外部中间继电器 KA4 线圈得电，其常开触点 KA4 闭合。

(3) 随着继电器 KA4 常开触点闭合，接触器 KM4 线圈得电，主电路中接触器 KM4 的主触点随即闭合，旋转电机 M3 得电工作，旋转平台拖动轴承工件以安全的速度自转，执行清洗任务。

（4）当轴承清洗操作定时 10 s 结束时，旋转电机停车，通过执行 SR40 PLC 内部的程序，使得 SR40 PLC 中变量寄存器区的 V20.6＝1(24 V 持续 2 s)。

（5）S7－300 PLC 通过“GET 指令”读取与 SR40 PLC 内部 V20.6 对应的数据存储位 P＃DB1.DBX20.6 的状态，进而将其内部数据块 GET[DB11]中存储位 P＃DB11.DBX20.6 的状态置为“1”(与喷淋机构同步)。

（6）在 S7－300 PLC 内部的程序中，数据位 P＃DB11.DBX20.6 的状态直接映射给予输出端子 DO136.1，当 DO136.1＝1 时，轴承清洗完毕，机器人可再次抓取轴承完成涂油操作。

任务四　轴承去磁与清洗计算机控制系统的组态与流程

任务目标

（1）熟悉轴承去磁与清洗自动化生产线的组态与功能；

（2）掌握轴承去磁与清洗自动化生产线的工作流程。

工业机器人轴承去磁与清洗自动化生产线主要应用工业机器人技术、PLC 技术、智能视觉技术、嵌入式技术和网络技术完成轴承工件的自动去磁、自动清洗、搬运及放置等任务。该生产线主要包括五大自动控制系统和两个操作工位，如图 1－33 所示。主控 PLC S7－300 通过高效的调度，使机器人以合理的节拍进行轴承的去磁与清洗生产。

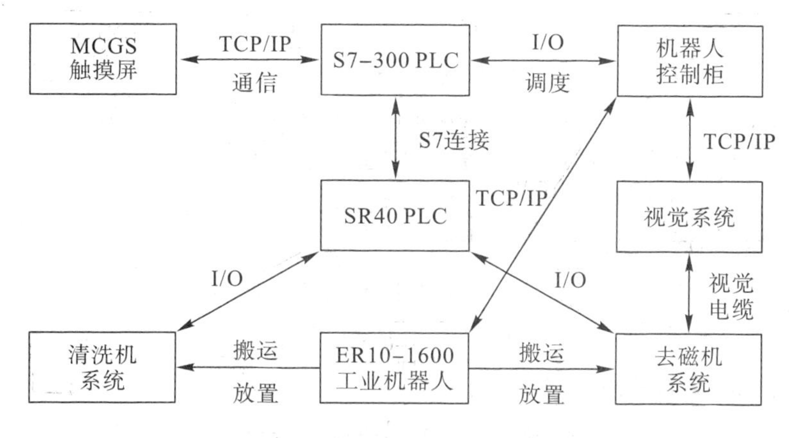

图 1－33　轴承去磁与清洗自动化生产线的组态与通信

子任务 1　轴承去磁与清洗自动化生产线的组态与功能

工业机器人轴承去磁与清洗自动化生产线中，自动去磁机可以完成轴承的自动检测、传输、定位与去磁操作。当去磁完成时，ESTUN 机器人可以根据视觉系统对轴承工件的精确定位，将轴承由去磁工位搬运至清洗工位；当自动清洗完成后，ESTUN 机器人再将轴承搬运至半成品放置处(准备进入涂油工序)。

1. PLC 主控系统的组成与功能

工业机器人轴承去磁与清洗自动化生产线的 PLC 主控系统主要包括西门子 S7－300 314C－2PN/DP PLC、S7－200 SMART SR40 PLC、MCGS 触摸屏和编程计算机等。以上控制器之间可以通过网络交换机实现 TCP/IP 通信，如图 1－33 所示。

(1) S7－300 314C－2PN/DP PLC 主要装载通信及部分 I/O 控制指令，并主要负责准确收集生产线各设备的状态信息、传送“手/自动切换”控制指令、保障 PLC 与机器人之间的 I/O 通信。

(2) S7－200 SMART SR40 PLC 主要装载轴承工件去磁和清洗的主程序、手动控制子程序和自动控制子程序，主要负责轴承工件的自动检测、去磁和清洗操作。

(3) MCGS 触摸屏作为嵌入式控制系统主要装载系统手动控制的子程序，并主要负责工业机器人轴承去磁与清洗自动化生产线的“手/自动切换”控制、手动控制指令输出以及系统各设备运行状态的显示。

2. 工业机器人视觉系统的组成与功能

工业机器人视觉系统负责精确分析轴承停稳之后的位置信息，该视觉系统主要包括 OMRON FH1050 型视觉控制器(视觉系统主机)、FZ－S2M 型黑白照相机(200 万像素)、3Z4S－LE SV－0814V 型镜头(有效视野为 300 mm×300 mm)等器件，如图 1－33 所示。

(1) 当去磁机对轴承工件完成去磁操作时，轴承工件会直接停在去磁机传送带末端有效视野为 300 mm×300 mm 的方形区域内，然后 S7－300 PLC 和 ESTUN 工业机器人会触发视觉系统拍照，OMRON FH1050 型视觉控制器可以直接对轴承位置图片进行处理，提取轴承工件在传送带表面沿 x 轴和 y 轴的坐标信息。

(2) FH1050 型视觉控制器可以将轴承位置坐标信息通过 TCP/IP 通信，直接回传给 ESTUN 工业机器人的 CPU 模块，引导机器人识别轴承的位置。

3. ESTUN 六轴工业机器人系统的组成与功能

ESTUN ER10－1600 型机器人具备串联机械结构，该机器人系统主要包括机器人主控柜、机器人本体、示教器和轴承专用端持器(机器人夹抓)等。

(1) ESTUN ER10－1600 型六轴工业机器人可以代替人力劳动，完成轴承工件的位置识别、抓取、搬运和放置等基本操作。

(2) ESTUN ER10－1600 型六轴工业机器人端持器的最大载荷为 10 kg，其作业半径为 1600 mm，可以与 S7－300 PLC 进行 I/O 通信，实现轴承去磁与清洗流程的自动控制。

4. 自动去磁机系统的组成与功能

自动去磁机系统主要包括光纤漫反射传感器检测机构、电动机传送机构、去磁机构及电流调节机构等。

(1) 1# 光纤漫反射传感器检测到轴承工件“进料完成”后，将进料有效的检测信号(I/O 信号)直接反馈给 SR40，SR40 同步启动自动传送与去磁机构，实施轴承自动去磁。

(2) 2# 光纤漫反射传感器检测到轴承工件“去磁到位”后，将到位有效的检测信号(I/O 信号)直接反馈给 SR40，SR40 同步停止自动传送与去磁机构，结束轴承自动去磁。

5. 自动清洗机系统的组成与功能

自动清洗机系统主要包括轴承喷淋清洗池、水泵电动机、旋转电动机、三层清洗平台及清洗喷头等。

(1) 当 ESTUN 工业机器人平稳地在旋转平台上放置好轴承后，“放置完毕”的 I/O 信号反馈至 S7－300 PLC，随后 S7－300 PLC 控制 SR40 PLC 自动启动旋转和喷淋清洗操作，自动清洗的定时时间可调(一般选为 10 s)。

（2）当轴承自动清洗结束后，S7-300 PLC 通知 ESTUN 工业机器人再次抓取并搬运轴承到半成品放置处。

子任务 2　轴承去磁与清洗自动化生产线的工作流程

当工程技术人员进入到工业机器人轴承去磁与清洗自动化生产线时，首先要完成电气系统安全接地检查，必须确认自动化生产线中各设备可靠接地，这样可以避免工程技术人员在操作过程中发生意外触电危险，也可避免电气设备的损坏。所有检查完成后，要注意填写自动化生产线设备检查与维护清单。

其次，工程技术人员要对各生产设备的运行和维护状态进行详细检查，确保所有机电装备和机械设备的零部件均安装牢固，并处于正确的位置与姿态。此外，工程技术人员操作机器人时，要确保机器人位于操作人员身体前方可视范围内。

最后，工程技术人员应对 ESTUN 机器人的工作空间进行检查，确保机器人的工作空间有安全围栏保护，以防止机器人错误动作可能给操作人员带来的人身伤害。接下来，我们按照安全生产操作规程启动生产线的运行，如图 1-34 所示。

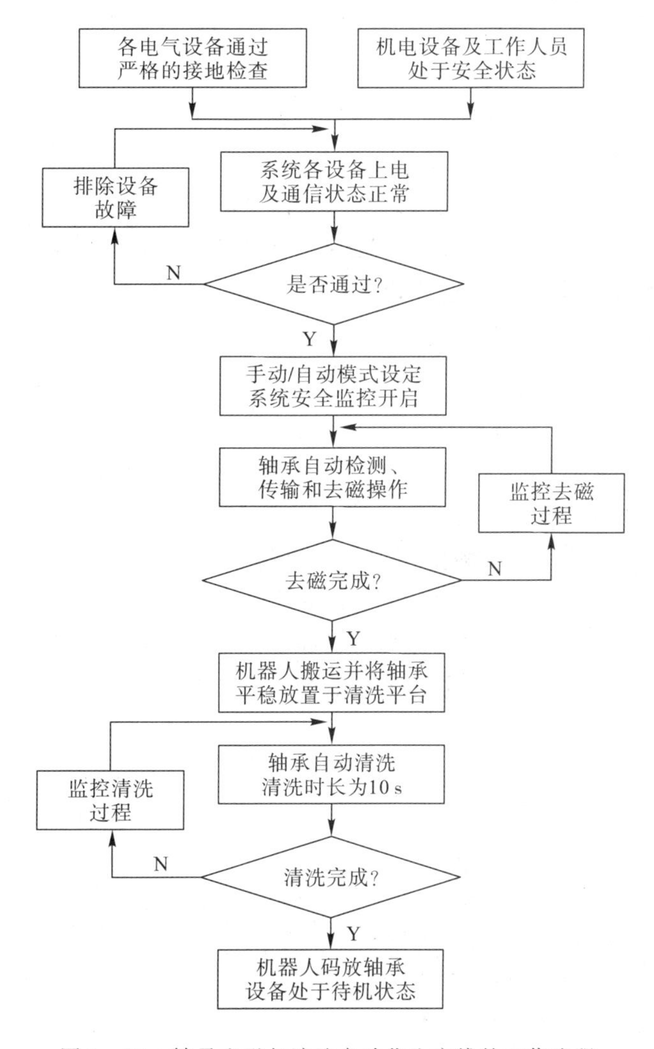

图 1-34　轴承去磁与清洗自动化生产线的工作流程

(1) 技术人员开启 S7-300、SR40、MCGS 触摸屏及交换机等控制设备，将其状态置为“RUN”，随即通过交换机检查各控制器的通信状态，确保各控制器能正常工作，若出现控制器运行或通信故障，应及时予以排除。

(2) 技术人员继续开启视觉系统、机器人系统、去磁机系统和清洗机系统，随即检查机器人与其视觉系统的通信状态及配套电气设备的运行状态，若出现电气设备运行或机器人通信故障，应及时予以排除。

轴承去磁与清洗自动化生产线在启动和运行过程中常见的故障及其排除方法见表1-8。

表 1-8 自动化生产线常见的故障及其排除方法

序号	设备	故障现象	故障排除方法
1	SR40 PLC	运行状态为“STOP”	通过编程软件，置为“RUN”
2	机器人系统	机器人伺服报错	伺服旋转编码器重新设置
3	视觉系统	照相机未及时触发拍照	轴承工件重新上料

(3) 技术人员通过 MCGS 触摸屏切换系统的手动/自动运行状态，一般情况下，将生产线设为“自动”状态，并开始对生产线各设备进行实时安全监控。

(4) 去磁机以自动模式完成轴承工件的位置检测、传送和去磁操作，并初步将去磁完毕的轴承工件定位于传送带的第Ⅷ区。

(5) S7-300 和机器人共同触发视觉系统以拍照的方式对轴承工件进行精确定位，然后视觉系统引导机器人抓取、搬运轴承，机器人随即将轴承平稳地放置于清洗平台。

(6) S7-300 确认轴承工件平稳放置后，命令 SR40 启动轴承工件的自动清洗过程，自动清洗的定时时间为 10 s。

(7) 轴承自动清洗完毕后，S7-300 通知机器人抓取清洗好的轴承，并将其放置于半成品放置区域，等待下一步的涂油操作。

(8) 自动化生产线中本次的轴承去磁与清洗操作完成，系统返回主程序，等待下一个轴承工件进入去磁和清洗流程。

工程技术人员安全开启并正确运行工业机器人轴承去磁与清洗自动化生产线的工作流程见表1-9。该流程详细描述了正确启用工业机器人轴承加工生产线中 PLC 主控系统、智能视觉系统、工业机器人系统、去磁机系统和清洗机系统的步骤与方法，并记录了自动去磁、自动清洗及工业机器人自动抓取与搬运轴承等工作流程。

表 1-9　工业机器人轴承去磁与清洗自动化生产线的工作流程

步骤	系统总体状态	工作流程
第一步	 图 1-35　控制系统及工作空间全面的安全检查	如图 1-35 所示，操作前要详细检查系统的电气接地、机械安装和安全围栏等情况，确保系统具备安全运行的条件
第二步	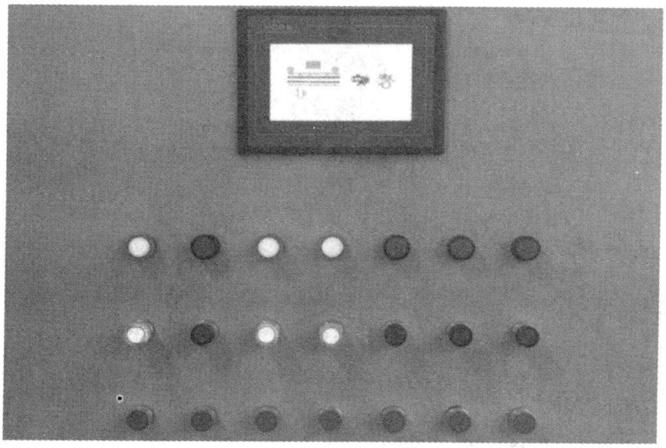 图 1-36　生产线各控制系统安全上电	1. 主控系统、工业机器人系统、去磁机和清洗机依次上电(380 V/220 V)，如图 1-36 所示； 2. 检查各系统的供电、运行和通信的基本情况是否正常
第三步	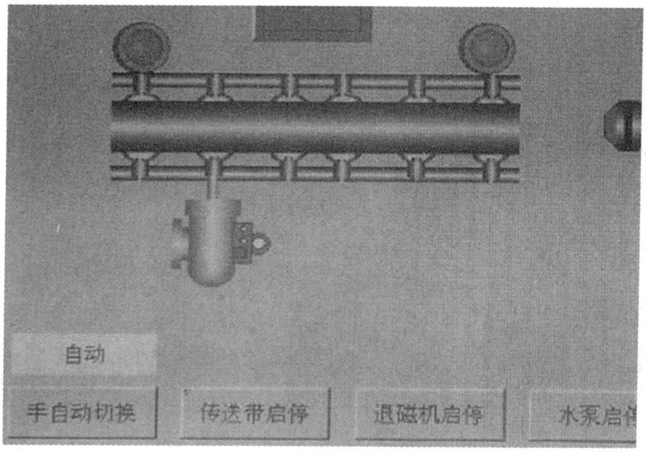 图 1-37　生产线控制模式切换为“自动”模式	1. SR40 和 S7-300 PLC 切换为“RUN”模式且打开 PLC 软件中的程序状态监控； 2. 通过 MCGS 触摸屏将系统切换为“自动”模式，如图 1-37 所示

续表一

步骤	系统总体状态	工作流程
第四步	 图 1-38　去磁机入口处轴承工件“上料完成”	1. 去磁机入口处的1# 光纤漫反射传感器检测到轴承工件上料完成，如图 1-38 所示； 2. “上料完成”的I/O信息(I0.4=1)及时、有效地反馈至SR40 PLC
第五步	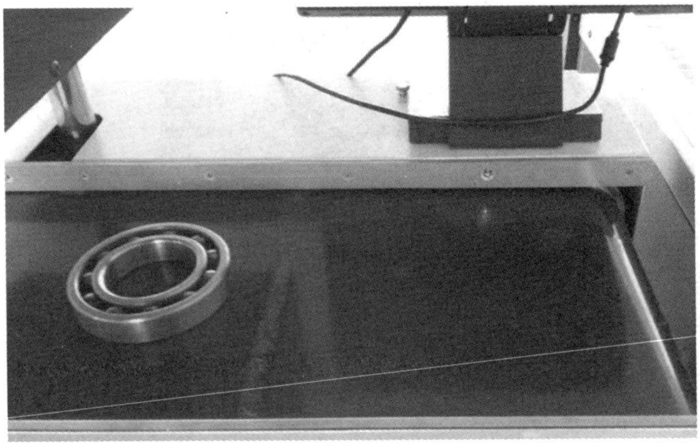 图 1-39　去磁机完成轴承传送与去磁	1. 现场控制器SR40 PLC控制去磁机的自动传送与去磁功能同步开启； 2. 轴承工件在传送过程中自动实现“远离法”去磁，如图 1-39 所示
第六步	 图 1-40　去磁机出口处轴承工件“去磁到位”	1. 去磁机出口处的2# 光纤漫反射传感器检测到轴承工件去磁完毕，如图 1-40 所示； 2. “去磁完毕”的I/O信息(I0.5=1)及时、有效地反馈至SR40 PLC

续表二

步骤	系统总体状态	工作流程
第七步	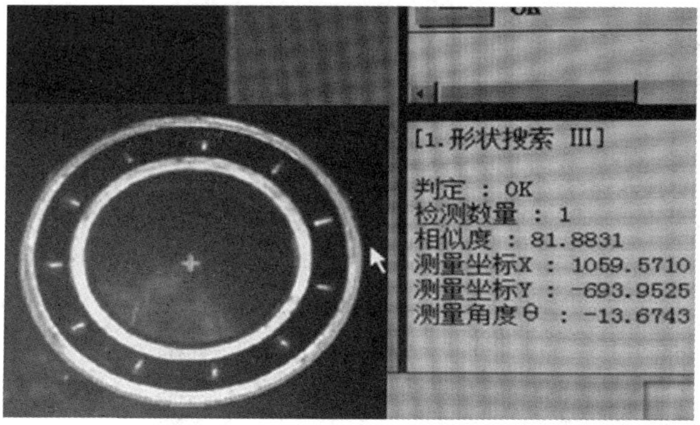 图 1-41　智能视觉系统对轴承进行拍照定位	1. 主控 PLC S7-300 通知工业机器人轴承工件已经去磁到位； 2. 工业机器人直接触发照相机进行轴承工件拍照定位，如图 1-41所示
第八步	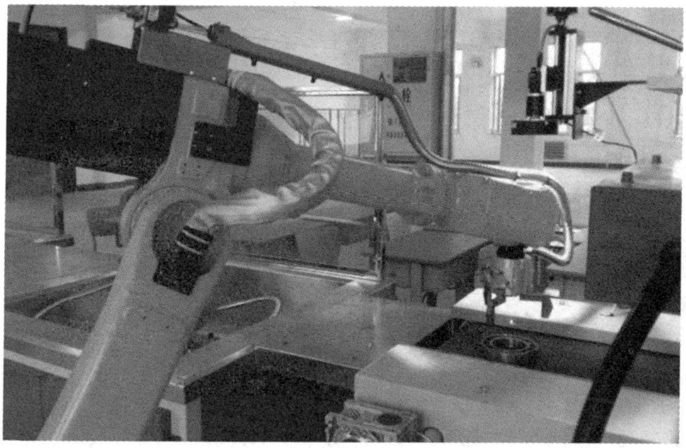 图 1-42　智能视觉系统引导机器人抓取轴承	1. 工业机器人 CPU 模块得到轴承工件的相应位置坐标（x 和 y 轴坐标）； 2. 智能视觉系统引导机器人直接抓取轴承工件，如图 1-42 所示
第九步	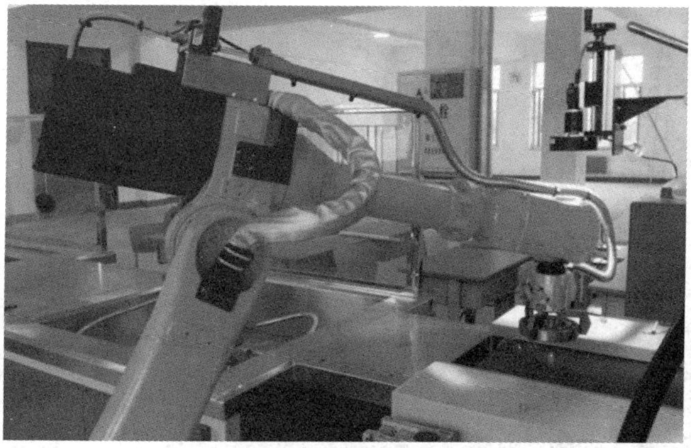 图 1-43　ESTUN 机器人成功抓取轴承	1. 机器人端持器抓牢传送带第Ⅷ区中停稳的轴承工件，如图 1-43所示； 2. 工业机器人抓牢并将轴承工件缓慢提离传送带台面，到达约 90 mm 的高度

续表三

步骤	操作界面	工作流程
第十步	 图 1-44　ESTUN 机器人搬运轴承至清洗平台上方	1. 工业机器人沿着水平方向自右向左搬运轴承以低速行进约 1005 mm 的距离； 2. 工业机器人搬运轴承来到清洗平台正上方，如图 1-44 所示
第十一步	 图 1-45　ESTUN 机器人将轴承平稳放置于清洗平台	1. 工业机器人将轴承工件平稳地放置于清洗平台的第一层，如图 1-45 所示； 2. 工业机器人端持器松开，并提升至空中一定的高度，等待轴承清洗完毕
第十二步	 图 1-46　清洗机自动清洗轴承工件	1. 机器人将轴承平稳放置的信息反馈给主控 PLC S7-300； 2. 主控 PLC S7-300 命令 SR40 PLC 启动 10 s 的轴承自动清洗，如图 1-46 所示

续表四

步骤	操作界面	工作流程
第十三步	 图 1-47 ESTUN 机器人抓取清洗完毕的轴承	1. 主控 PLC S7-300 通知工业机器人轴承工件已经清洗完毕； 2. 工业机器人直接到清洗平台上抓取清洗完毕的轴承工件，如图 1-47 所示
第十四步	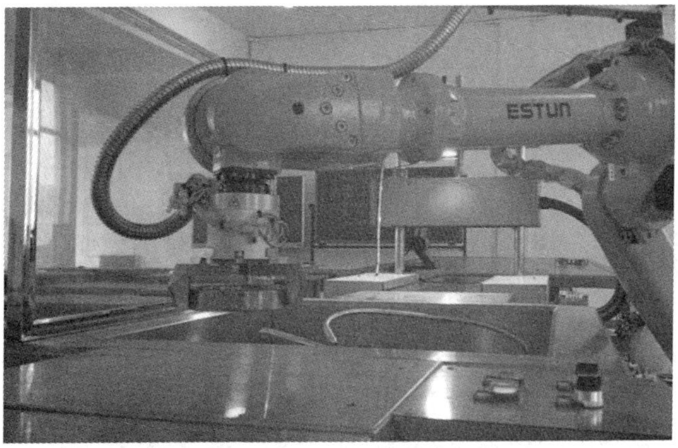 图 1-48 ESTUN 机器人抓取并搬运轴承到半成品收集处	1. 工业机器人抓起轴承，并沿着水平方向向左搬运轴承行进约 850 mm 的距离； 2. 工业机器人搬运轴承来到半成品放置位置正上方，如图 1-48所示
第十五步	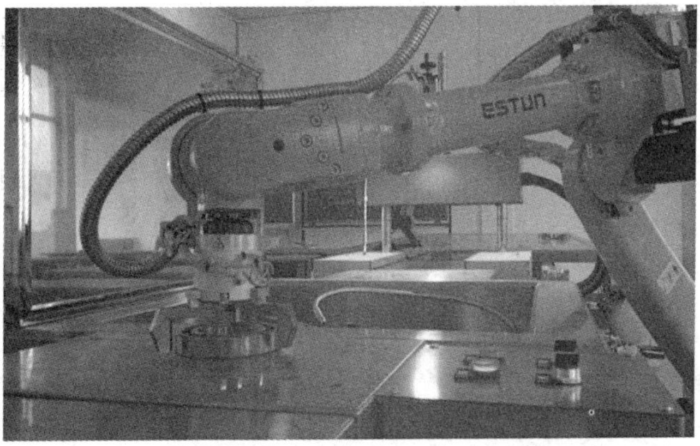 图 1-49 ESTUN 机器人平稳地放置轴承工件	工业机器人将清洗完毕的轴承工件平稳地放置在半成品收集处，如图 1-49 所示

习　题　一

1. 简要说明轴承去磁与清洗自动化生产线中 PLC、MCGS 触摸屏、工业照相机和工业机器人技术有哪些重要的应用。

2. 简要总结轴承去磁与清洗自动化生产线的工业互联网中 S7－300 PLC、SR40 PLC、MCGS 触摸屏、机器人示教器、机器人 CPU 模块和照相机控制器的 IP 地址分配情况。

3. 简要分析 DM－100 型去磁机的结构与工作原理。

4. 简要分析 S7－200 SMART SR40 PLC 对去磁操作的控制流程。

5. 简要分析 BCM－1400 型清洗机的结构与工作原理。

6. 简要分析 S7－200 SMART SR40 PLC 及变频器对清洗操作的控制流程。

7. BCM－1400 型清洗机的旋转电机 M3(三相交流异步电机)采用变频器(VFD)驱动，M3 的磁极对数 $p=2$，额定转差率 $s_N=1.7\%$，当变频器输出 $f(K)=0.85$ Hz 时，试计算 M3 的实际转速 $n(K)$。

8. 结合图 1－50 中工业机器人轴承去磁与清洗自动化生产线的组态与通信模式，回答下列问题：

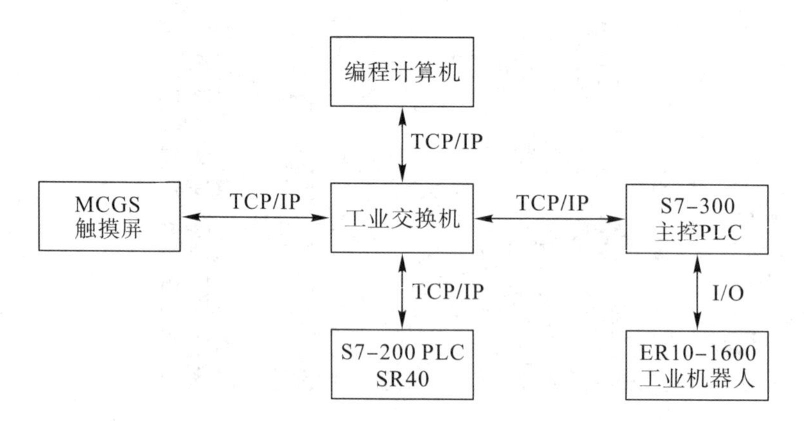

图 1－50　轴承去磁与清洗自动化生产线的组态与通信模式

(1) S7－300 PLC、SR40 PLC 和 MCGS 触摸屏之间的网络通信如何实现？

(2) 工业机器人视觉系统如何完成轴承工件定位？

(3) 轴承去磁与清洗过程中工业机器人主要完成哪些任务？

实训项目二　监控组态技术在计算机控制系统中的应用

实训目的和意义

本项目介绍网络版、通用版和嵌入版 MCGS 监控组态系统各自的性能特点及它们在自动化生产线中的应用，让学生重点了解 MCGS 7.7 嵌入版监控组态软件的组态环境和运行环境在轴承去磁与清洗自动化生产过程中的应用。

本项目重点培养学生以小组合作的形式，采用 MCGS 嵌入式触摸屏 TPC7062Ti，在 MCGS 7.7 嵌入版监控组态开发环境中，创建轴承去磁与清洗生产过程监督控制组态系统，并对该监控组态系统展开脱机与联机调试的能力。

实训项目功能简介

轴承去磁与清洗生产过程的监控组态系统由轴承去磁与清洗生产流程的“显示界面”和“人工控制界面”组成。其中生产流程的“显示界面”负责监控轴承位置的检测信息、去磁机运行过程中的 I/O 信息；而“人工控制界面”负责控制生产线的手动/自动模式切换和生产设备的手动启停，如图 2-1 所示。本项目重点培养学生在监控组态界面创建与组态下载调试等方面的应用能力。

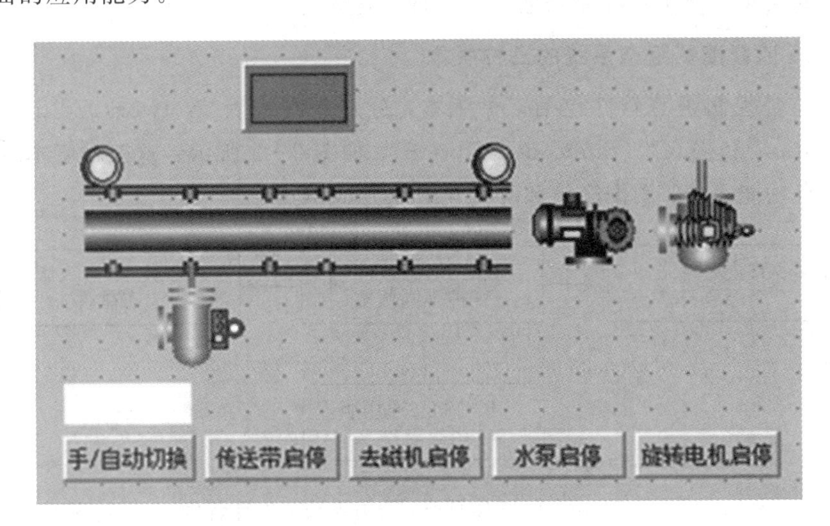

图 2-1　MCGS 嵌入式触摸屏 TPC7062Ti 用于轴承去磁与清洗生产

注意：在实际生产过程中，MCGS 嵌入式触摸屏 TPC7062Ti 安装于自动化生产线主控系统的电气控制柜上，便于对生产过程进行安全监控。

实训岗位能力目标

（1）了解网络版、通用版和嵌入版 MCGS 监控组态软件在自动控制系统组态创建、调试和运行中发挥的重要作用。

（2）能正确应用 MCGS 7.7 嵌入版监控组态软件中的开发工具，创建并优化轴承去磁与清洗自动化生产线的监督控制系统。

（3）能在编程计算机、S7－300 PLC、SR40 PLC 和 MCGS 嵌入式触摸屏组成的主控系统中正确下载、调试和运行自动化生产线的监控组态系统。

（4）能正确应用 MCGS 嵌入式触摸屏完成系统手动/自动控制模式的切换，并能实现轴承去磁与清洗设备的手动控制。

任务一　MCGS 监督控制组态系统的应用

任务目标

（1）了解 MCGS 监督控制组态系统的基本情况；

（2）熟悉 MCGS 监督控制组态系统在轴承去磁与清洗中的应用。

子任务 1　了解 MCGS 监督控制组态系统的基本情况

MCGS 的英文全称是 Monitor & Control Generated System，译为“监督控制组态系统”。它是一套运行于 Windows 平台，主要用于快速构建和生成上位计算机监控系统的组态软件系统。通常情况下，MCGS 可以运行于 WIN7 或 WIN10 操作系统中，主要完成工业现场数据的采集与监测和控制器数据的处理与传输。

1. MCGS 监督控制组态系统的三种版本

MCGS 监督控制组态软件包括三种版本，分别是网络版（Network Edition）、通用版（Custom Edition）和嵌入版（Embedded Edition），如图 2－2 所示。这三种版本的监督控制组态软件具有功能完善、操作简捷和可视化效果好的特点。

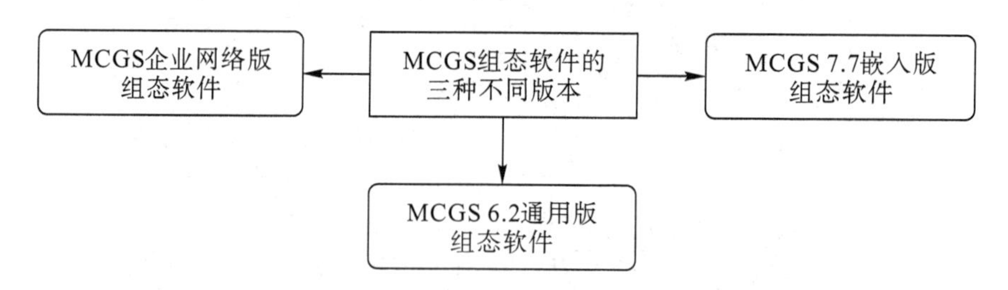

图 2－2　MCGS 监督控制组态系统的三种版本

（1）MCGS 6.2 网络版（Network Edition）组态软件具有先进的 Client/Server（客户端/服务器）架构，工程技术人员（客户端）可以使用标准的 IE 浏览器在网络服务器的数据支持下，浏览和监控轴承工件的自动加工过程。

（2）MCGS 6.2 通用版（Custom Edition）组态软件运行于 WIN7 或 WIN10 操作系统中，支持轴承去磁与清洗自动化生产线中西门子 PLC、变频器及智能传感器等设备及元件的组态与监控，并可以根据西门子 PROFINET 网络或者 S7 网络的要求，生成轴承加工与制造过程的实时数据采集与存储系统。

(3) MCGS 7.7 嵌入版(Embedded Edition)组态软件专门应用于嵌入式计算机监控系统的开发中，该嵌入版组态软件主要包括组态环境和运行环境两部分，其组态环境运行于32位及以上 Windows 平台，以动画显示、报警处理及流程控制等方式为工程技术人员提供轴承自动加工生产工程的组态方案；其运行环境则工作于实时多任务嵌入式操作系统 RTOS(Real Time Operating System)中，用于对组态后的工程进行监控和调试。技术人员在 MCGS 7.7 嵌入版组态环境中创建轴承去磁与清洗自动化生产线的监控组态系统。

MCGS 网络版组态软件可以借助工业互联网将企业内部各车间各工位的生产流程、生产工艺和设备性能参数等实时信息收集于网络服务器终端，然后由用户根据监控需要，调用和修正服务器中生产过程的相关数据。

MCGS 通用版和嵌入版组态软件则是利用主控编程计算机和嵌入式控制系统采集并存储工业现场的实时数据，然后实施现场生产过程的有效监控。

2. 基于 MCGS 监督控制组态技术构建轴承去磁与清洗的主控系统

结合实际生产，本项目中我们以嵌入版 MCGS 触摸屏、主控 PLC S7－300 314C－2PN/DP、S7－200 SMART SR40 PLC、网络交换机和编程计算机为主体，构建如图 2－3 所示的轴承去磁与清洗自动化生产线的主控系统，实现轴承去磁与清洗生产过程中实时数据的采集、信息的处理及生产设备的控制。

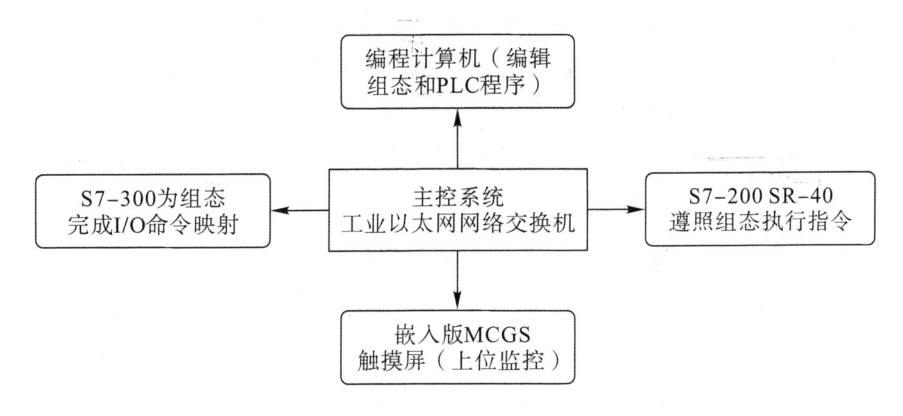

图 2－3　轴承去磁与清洗自动化生产线的主控系统

轴承去磁与清洗自动化生产线中，工程技术人员在 MCGS 监控组态环境中调用光纤漫反射传感器、传送带、电动机、电磁线圈、按钮及指示灯等设备的动画模型，通过模块化的组态，生成轴承去磁与清洗自动化生产线的上位机监控系统，监督和控制轴承工件的去磁与清洗操作。

子任务 2　MCGS 监督控制组态系统在轴承自动去磁和清洗中的应用

在工业机器人轴承去磁与清洗自动化生产线的主控系统中，工程技术人员采用网络交换机建立起如图 2－4 所示的 MCGS 触摸屏 TPC7062Ti、主控 PLC S7－300 314C－2PN/DP 及 S7－200 SMART SR40 PLC 之间的 TCP/IP 通信网络，同时采用 I/O 通信实现 SR40 PLC 对轴承去磁与清洗设备的自动控制。

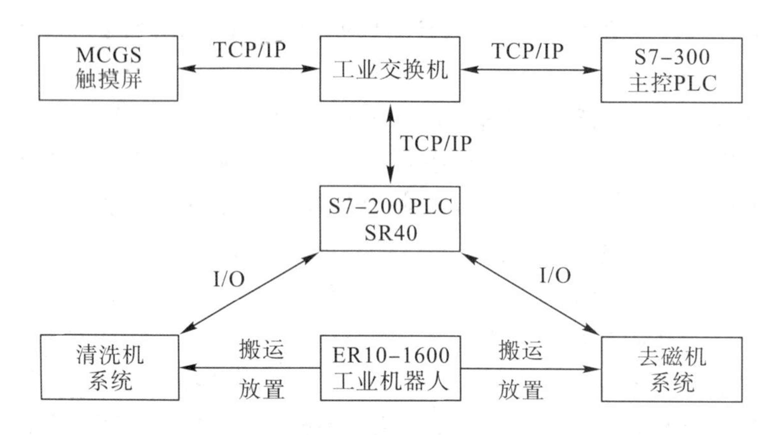

图 2-4 工业机器人轴承去磁与清洗自动化生产线的主控系统

1. 轴承去磁与清洗自动化生产线主控系统的应用

MCGS 触摸屏、主控 PLC S7-300 及现场控制器 SR40 PLC 之间借助上述 TCP/IP 网络实现通信，实时采集并显示生产过程中智能传感器、传送带、去磁机和清洗机等电气设备的工作状态信息，并可以实现轴承去磁与清洗生产过程的手动/自动控制。

(1) S7-200 SMART SR40 PLC 负责循环扫描光纤漫反射传感器的有效检测信号，传送电机、去磁机构、旋转机构及喷淋机构的工作状态，并通过交换机将上述实时数据传送给主控 PLC S7-300 314C-2PN/DP。

(2) 主控 PLC S7-300 314C-2PN/DP 通过交换机将轴承去磁与清洗生产过程中的实时信息映射到 MCGS 触摸屏组态程序中预留的 I/O 存储器中，MCGS 触摸屏作为人机交互界面完成对生产过程各环节的监督和控制。

(3) 工程技术人员通过在 MCGS 触摸屏上预设的控制按钮，可以实现轴承去磁与清洗操作流程的手/自动切换和手动控制。

2. MCGS 触摸屏在自动化生产线主控系统中的应用

本项目中工程技术人员将 MCGS 嵌入式一体化触摸屏 TPC7062Ti 安装于自动化生产线主控系统的电控柜柜门上，如图 2-5 和图 2-6 所示，应用 MCGS 触摸屏完成对轴承去磁与清洗生产过程的实时监控、手/自动切换和手动控制。

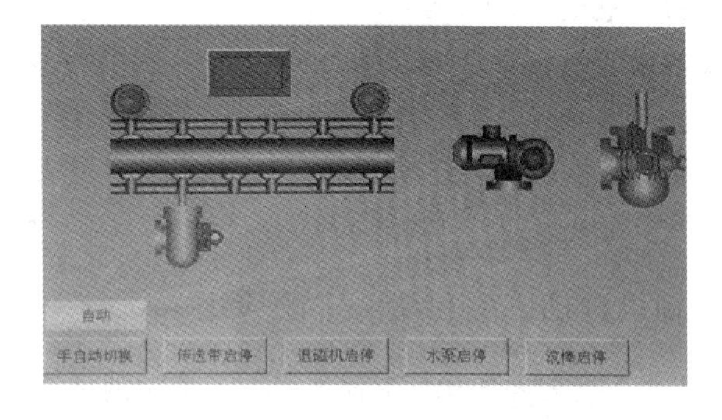

图 2-5 MCGS 触摸屏 TPC7062Ti 的正面

图 2-6 MCGS 触摸屏 TPC7062Ti 的背面

MCGS 嵌入式一体化触摸屏 TPC7062Ti 内置嵌入版组态软件，工程技术人员可以在 Windows 平台上，利用动画图标，以模块化的方式绘制和编辑轴承去磁与清洗自动化生产线的组成状态；并可以在实时多任务系统(RTOS)中运行和监控生产线的组态。

(1) 工程技术人员通过编程计算机将本地 MCGS 触摸屏的 IP 地址设为 192.168.0.19，将远端主控 PLC S7-300 的 IP 地址设为 192.168.0.1，建立 MCGS 触摸屏与主控 PLC S7-300 之间的 TCP/IP 通信。

(2) 工程技术人员在 Windows 平台上，通过 MCGS 触摸屏的编辑窗口，在 MCGS 的元件库中调用传送带、电磁线圈、电动机、按钮和指示灯等元件的动画模型，绘制自动化生产线的组态，并设置相关元件的显示属性和动作属性，创建轴承自动去磁与清洗生产过程的人机交互界面。

(3) 主控系统开启以后，主控 PLC S7-300 通过网络交换机，将轴承去磁与清洗生产过程中光纤传感器、传送带、去磁机构、旋转机构及喷淋机构的 I/O 状态逐一映射到 MCGS 触摸屏内部对应的位存储器中，MCGS 触摸屏作为人机交互界面可以有效监控自动化生产线的安全运行。

(4) MCGS 触摸屏可以通过交换机的手/自动切换和手动控制将指令逐一映射到主控 PLC S7-300 内部对应的位存储器中，MCGS 触摸屏可以代替现场生产设备上的实际按钮完成生产线的手动控制。

3. MCGS 嵌入式触摸屏 TPC7062Ti 的主要性能参数

MCGS 嵌入式触摸屏 TPC7062Ti 是一款可以实现网络通信(TCP/IP 网络通信或 S7 网络通信)的高性能嵌入式控制器，TPC7062Ti 的主要性能参数见表 2-1，其控制系统核心是 Cortex-A8 CPU，主频速度可达 600 MHz。

表 2-1　MCGS 嵌入式触摸屏 TPC7062Ti 的主要性能参数

序号	参数名称	性能参数指标
1	处理器	Cortex-A8 CPU，600 MHz
2	运行内存	128 M，DDR2 内存
3	系统存储	128 M，NAND Flash 型存储器
4	以太网接口	10 M～100 M 自适应
5	组态软件	MCGS 7.7 嵌入版
6	穿行通信口	COM1(RS232)，COM2(RS485)
7	USB 接口	2 个，1 主 1 从
8	液晶屏分辨率	7 英寸 TFT，800×480
9	触摸屏	电阻式
10	I/O 通信扫描周期 T_s	$T_s \in [20\ \text{ms}, 100\ \text{ms}]$

TPC7062Ti 触摸屏采用 7 英寸高亮度 TFT(薄膜晶体管技术)液晶显示屏显示轴承去磁与清洗生产过程的组态，其分辨率可达 800×480，满足人机交互界面显示的需要。

TPC7062Ti 触摸屏内置有嵌入版组态软件(客户端)，其运行内存可达 128 M，系统程序与数据存储器也为 128 M，另外，该触摸屏采用 65535 真彩色的 LED 背光灯显示技术，满足复杂性控制系统的状态监控。

任务二　MCGS 监控组态系统的创建

任务目标

（1）掌握 MCGS 监控组态系统的 I/O 配置；

（2）掌握 MCGS 监控组态系统的创建流程。

子任务 1　MCGS 监控组态系统的 I/O 配置

MCGS 嵌入式触摸屏 TPC7062Ti 安装在自动化生产线主控柜的柜门外侧，便于工程技术人员对生产过程开展监督与控制，该触摸屏通过以太网交换机与主控 PLC S7 - 300 314C - 2PN/DP 实现网络连接。作为人机交互界面，触摸屏 TPC7062Ti 在主控 PLC S7 - 300 的配合下完成多项监督控制任务，如图 2 - 7 所示：

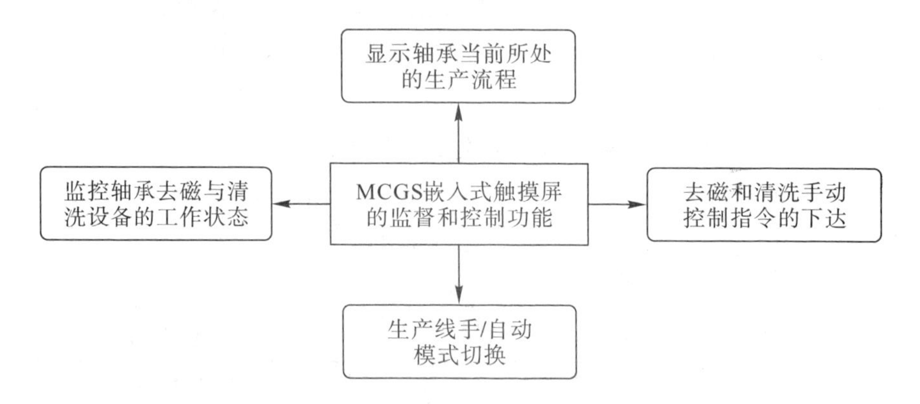

图 2 - 7　MCGS 嵌入式触摸屏主要的监控功能

（1）MCGS 嵌入式触摸屏上应当准确显示轴承工件当前所处的生产流程，以及传送机构、去磁机构、旋转机构和喷淋机构各自的工作状态。

（2）当轴承工件到达“上料起点”和“去磁终点”时，触摸屏上对应的 1# 和 2# 光纤漫反射传感器指示灯亮起，用于显示工件所处的位置。

（3）当轴承工件进入去磁流程时，触摸屏上对应的传送电机和去磁线圈的指示灯亮起，表明轴承在传送中实现去磁；当轴承工件进入清洗流程时，触摸屏上对应的旋转电机和水泵电机的指示灯亮起，表明轴承在旋转中实现清洗。

（4）操作人员可以通过 MCGS 嵌入式触摸屏，合理选择轴承去磁与清洗生产流程的控制模式，并可以使用触摸屏上的按钮直接手动控制轴承去磁与清洗的操作。

1. 主控 PLC S7 - 300 与 MCGS 触摸屏输出变量的 I/O 设置

为将现场光纤漫反射传感器的检测信号、去磁和清洗机构的工作状态等 I/O 信息准确地采集回主控 PLC S7 - 300，并将上述信息准确地映射到 MCGS 触摸屏的输出位寄存器（Q0.0～Q0.5），进而显示在触摸屏上。我们建立了如表 2 - 2 所示的主控 PLC S7 - 300 和 MCGS 触摸屏中输出变量（Q0.0～Q0.5）的 I/O 设置。

表 2-2　主控 PLC S7-300 和 MCGS 触摸屏中输出变量的 I/O 设置

序号	输出变量	GET 目标寄存器	GET 源寄存器	含义
1	Q0.0	P#DB11.DBX20.0	P#DB1.DBX20.0	轴承上料完成
2	Q0.1	P#DB11.DBX20.1	P#DB1.DBX20.1	轴承去磁完毕
3	Q0.2	P#DB11.DBX20.2	P#DB1.DBX20.2	传送带启动
4	Q0.3	P#DB11.DBX20.3	P#DB1.DBX20.3	去磁装置启动
5	Q0.4	P#DB11.DBX20.4	P#DB1.DBX20.4	水泵电机启动
6	Q0.5	P#DB11.DBX20.5	P#DB1.DBX20.5	旋转电机启动

(1) 输出变量 Q0.0 和 Q0.1 用于指示现场光纤漫反射传感器的有效检测信号，而 Q0.2～Q0.5 用于指示现场传送电机、去磁装置、水泵电机和旋转电机的工作状态。

(2) 输出变量 Q0.0～Q0.5 是主控 PLC S7-300 与 MCGS 触摸屏内部的输出位寄存器，并非 S7-300 PLC 和触摸屏的实际 I/O 输出端子；定义输出变量 Q0.0～Q0.5 共六个输出位寄存器的目的是为了在主控 PLC S7-300 与 MCGS 触摸屏之间有效映射生产过程中的传感器、去磁和清洗设备的 I/O 状态。

2. 主控 PLC S7-300 与 MCGS 触摸屏输入变量的 I/O 设置

为了在人机交互界面 MCGS 触摸屏上有效选择自动化生产线的运行状态，同时通过触摸屏有效向主控 PLC S7-300 下达轴承去磁与清洗的手动控制指令，进而将上述指令信息准确地映射到 S7-300 PLC 的输入位寄存器(I0.0～I0.4)中。我们建立了如表 2-3 所示的主控 PLC S7-300 和 MCGS 触摸屏中输入变量(I0.0～I0.4)的 I/O 设置。

表 2-3　主控 PLC S7-300 和 MCGS 触摸屏中输入变量的 I/O 设置

序号	输入变量	PUT 源寄存器	PUT 目标寄存器	含义
1	I0.0	P#DB10.DBX20.0	P#DB1.DBX0.0	手/自动切换
2	I0.1	P#DB10.DBX20.1	P#DB1.DBX0.1	传送带启停
3	I0.2	P#DB10.DBX20.2	P#DB1.DBX0.2	去磁装置启停
4	I0.3	P#DB10.DBX20.3	P#DB1.DBX0.3	水泵电机启停
5	I0.4	P#DB10.DBX20.4	P#DB1.DBX0.4	旋转电机启停

(1) 输入变量 I0.0 表示轴承去磁与清洗自动化生产线的“手动/自动控制状态”切换，当 I0.0=0 时，该生产线处于自动控制状态；当 I0.0=1 时，该生产线处于手动控制状态。

(2) 输入变量 I0.1～I0.4 分别用于控制生产线中的以下四个装置：传送带电机、去磁装置、水泵电机和旋转电机(辊棒电机)的手动启停。

(3) 输入变量 I0.0～I0.4 是主控 PLC S7-300 与 MCGS 触摸屏内部的输入位寄存器，并非 S7-300 PLC 和触摸屏的实际 I/O 输入端子；定义输入变量 I0.0～I0.4 共五个输入位寄存器的目的是为了在主控 PLC S7-300 与 MCGS 触摸屏之间有效传递生产过程中的手/自动切换和手动控制的指令信号。

编程人员可以在主控 PLC S7-300 内部建立两个数据块：PUT[DB10]和 GET

[DB11]。数据块 PUT[DB10]用于承接 MCGS 触摸屏上发出的手/自动切换和手动控制指令，并将上述手动指令逐一映射到 SR40 内部的寄存器位 V0.0～V0.4 中；数据块 GET[DB11]则用于存储现场各设备和传感器的工作状态，并且准确映射到 MCGS 触摸屏中。

子任务 2 MCGS 监控组态系统的创建流程

工程技术人员使用交换机组建由编程计算机、主控 PLC S7-300 和 MCGS 触摸屏 TPC7062Ti 组成的局域网(TCP/IP 通信网络)，并在编程计算机的 Windows 平台上打开 MCGS 7.7 嵌入版(Embedded Edition)组态软件的开发环境。在该开发环境中，逐步打开“设备工具箱”→“设备管理”→“西门子 CP443-1 以太网模块” 等选项卡，并将本地 MCGS 触摸屏的 IP 地址设为 192.168.0.19，远端主控 PLC S7-300 的 IP 地址设为 192.168.0.1，完成上述网络连接后，工程技术人员逐步在新建的“工程窗口”中构建轴承去磁与清洗自动化生产线的组态。

1. 轴承去磁与清洗生产过程组态的创建

工程技术人员在 MCGS 7.7 嵌入版组态软件的开发环境里新建的“工程窗口”中，按照如图 2-8 所示的流程，通过在元件库中逐个调用传送带、指示灯和电动机等动画模型，初步创建轴承去磁与清洗生产过程的二维动画模型组态界面。

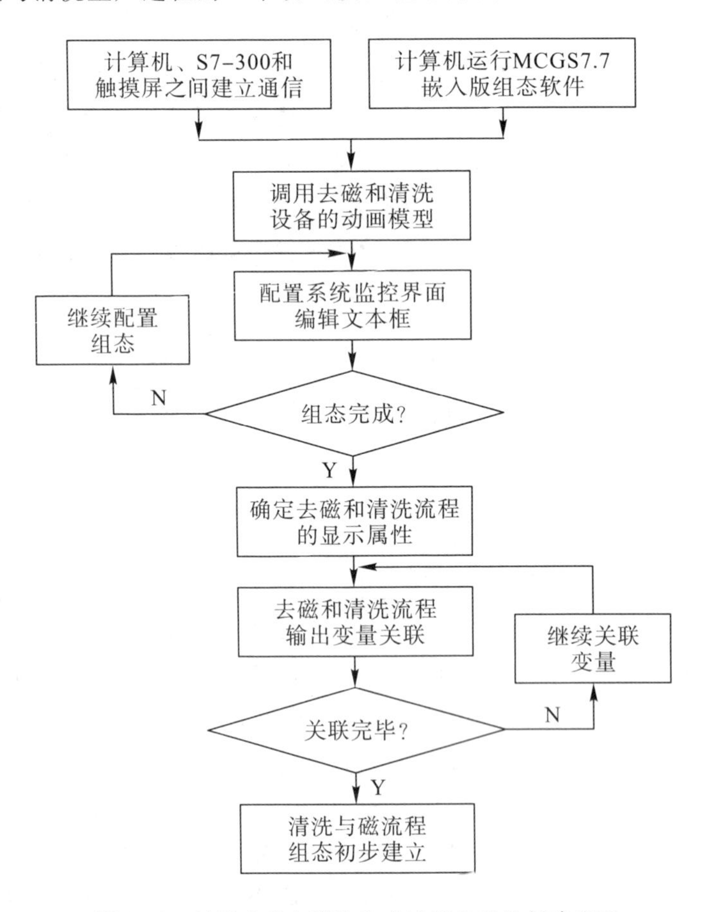

图 2-8 轴承去磁与清洗生产过程组态的创建流程

然后，在该组态界面中，为去磁机入口和出口处的1#和2#光纤传感器、传送电机、去磁线圈、水泵电机和旋转电机编辑相应的文本信息和显示属性，并为轴承去磁与清洗流程关联输出变量(Q0.0～Q0.5)，以便让生产过程中的传感器检测信号和设备运行状态能正确反映到触摸屏上，生成可用的轴承去磁与清洗自动化生产线的监控组态界面。

(1) 在新建的"工程窗口"中，打开元件库，首先调用传送带二段，用来表示去磁机的输送机构；然后调用两个双色圆形指示灯和一个双色方形指示灯，用来表示1#和2#光纤传感器及去磁机的电磁线圈；最后调用三台电动机，用来表示传送电机、水泵电机和旋转电机。

(2) 适当整理轴承去磁与清洗流程的动画界面，为每个元件和设备添加文本信息，标明其具体的功能与作用。

(3) 准确定义轴承去磁与清洗流程中每个元件和设备的显示属性，然后为相关元件和设备建立与系统输出变量(Q0.0～Q0.5)之间的关联关系。

2. 轴承去磁与清洗手动控制组态的创建

工程技术人员在已经组态好的轴承去磁与清洗流程的操作界面中，按照如图2-9所示的流程，通过在元件库中连续调用五个方形按钮，初步建立轴承去磁与清洗的手动控制界面。控制系统"手动控制"模式多用于自动化生产线正式投产前的复位操作与调整操作，这些操作可保证轴承生产线在安全情况下投入全自动运行。

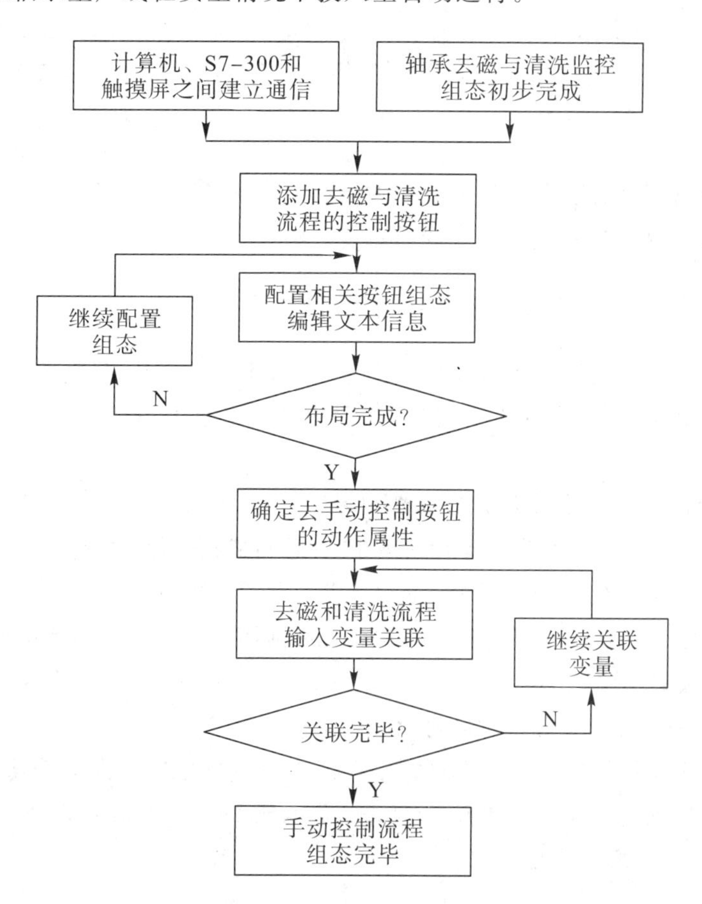

图2-9　轴承去磁与清洗手动控制组态的创建流程

然后，在该组态界面下，为轴承去磁与清洗的每个手动控制步骤编辑文本信息和按钮动作属性，最终在为去磁与清洗的手动控制流程关联完输入变量(I0.0～I0.4)以后，生成可用的轴承去磁与清洗的手动控制界面。

(1) 在轴承去磁与清洗流程的操作界面中，打开元件库，连续调用五个方形控制按钮，分别表示“手/自动切换”“传送带启停”“去磁装置启停”“水泵启停”和“旋转电机启停”(“辊棒电机启停”)。为了方便起见，在调用完第一个控制按钮“手/自动切换”以后，可以通过“复制”操作获得其余四个手动控制按钮的模板。

(2) 适当整理轴承去磁与清洗手动控制的动画界面，为每个按钮和元件添加文本信息，标明每个按钮的手动控制功能。

(3) 准确定义轴承去磁与清洗手动控制流程中每个按钮的动作属性，注意：这些按钮相当于带机械自锁功能的按钮，只有在按下并抬起时，相关生产设备的工作状态才能取反。例如，当控制系统处于手动模式时，首次按下“传送带启停”按钮后，去磁机的传送带单向启动运行，再次按下“传送带启停”按钮后，去磁机的传送带停车。

(4) 为每个手动控制按钮建立与系统输入变量(I0.0～I0.4)之间的关联关系，轴承去磁与清洗自动化生产线的全部组态建立完成后，需要在当前窗口下对工程进行及时保存。

任务三　MCGS 监控组态系统的调试

任务目标

(1) 掌握 MCGS 监控组态系统的脱机调试；

(2) 掌握 MCGS 监控组态系统的联机调试。

子任务 1　MCGS 监控组态系统的脱机调试

当轴承去磁与清洗监控组态系统初步建完后，工程技术人员首先通过编程计算机，将监控组态系统下载至 MCGS 触摸屏，然后分别开启主控 PLC S7-300 与 MCGS 触摸屏的脱机和联机调试模式。

为了准确监视和控制轴承去磁与清洗自动化生产线的运行，监控组态工程需要经过“在线仿真”→“脱机调试”→“联机调试”三个阶段的调试和运行，才能最终应用于工业机器人轴承去磁与清洗自动化生产过程中，调试流程如图 2-10 所示。

(1) 在监控组态系统的脱机调试过程中，先后强制 SR40 PLC 程序中的“上料完成”有效(I0.4=1)、“去磁到位”有效(I0.5=1)和“放置完毕”有效(V0.5=1)，观察监控组态系统中的去磁过程和清洗过程能否顺利进行。

(2) 在监控组态系统的脱机调试过程中，通过 MCGS 触摸屏上的按钮，在手动控制模式下，依次手动启动传送电机、去磁机构、水泵电机和旋转电机等设备，仔细观察 SR40 PLC 相应的 I/O 点状态是否正常。

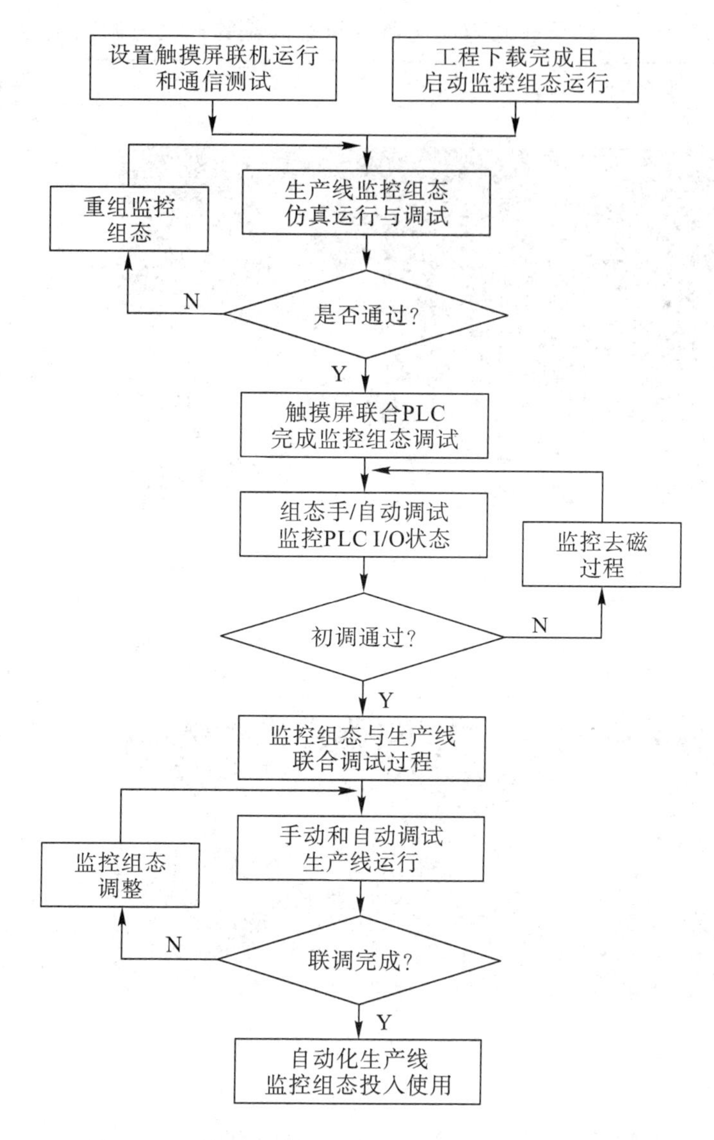

图 2-10　轴承去磁与清洗监控组态系统的调试流程

子任务 2　MCGS 监控组态系统的联机调试

控制系统投入运行前，技术人员将生产线设为手动控制状态，确保生产线中各设备单独运转正常，然后在联机调试过程中，生产线设为自动控制状态，仔细观察轴承自动去磁，机器人抓取、搬运、放置轴承以及轴承自动清洗的全过程中传感器和生产设备的运行情况是否满足生产工艺的要求，若不满足要求，可对监控组态进行适当地修正；若满足要求，则可以保存和运行现有的组态工程。

表 2-4 详细描述了轴承去磁与清洗自动化生产线监控组态系统开发、制作、下载和调试的全过程，请仔细观察和总结 MCGS 触摸屏在自动化生产中的应用。

表 2-4 轴承去磁与清洗监控组态系统的开发与调试流程

步骤	轴承去磁与清洗监控组态系统的开发与调试流程	相关操作
第一步	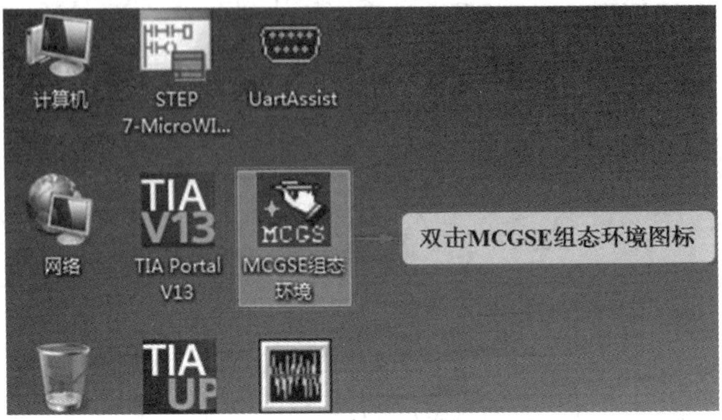 图 2-11 打开 MCGSE 到主界面	1. 左键双击 MCGSE 组态环境的图标，完整打开 MCGSE 的主界面，如图 2-11 所示； 2. 查看软件状态，准备建立轴承去磁与清洗监控组态系统
第二步	 图 2-12 软件打开时 MCGS 组态环境主界面	1. 软件打开时，正式进入 MCGS 组态环境，准备进行组态； 2. 左键单击“文件”—“新建工程”，进入“新建工程设置”界面，如图 2-12 所示
第三步	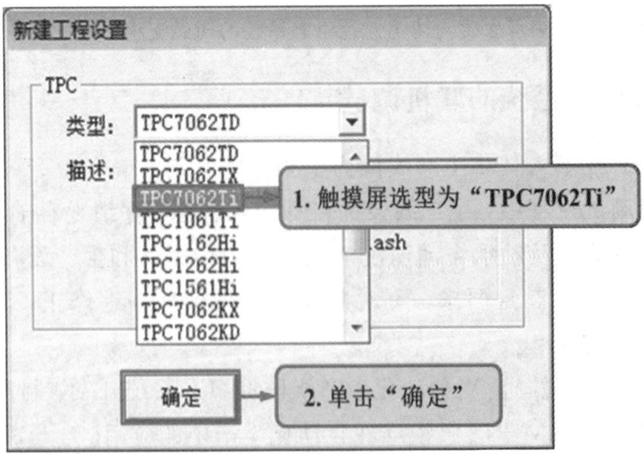 图 2-13 触摸屏选型定为 TPC7062Ti	1. 根据现场设备的使用情况，触摸屏选型为“TPC7062Ti”； 2. 单击“确定”，如图 2-13 所示。注意：触摸屏选型应与实际使用的触摸屏型号对应

续表一

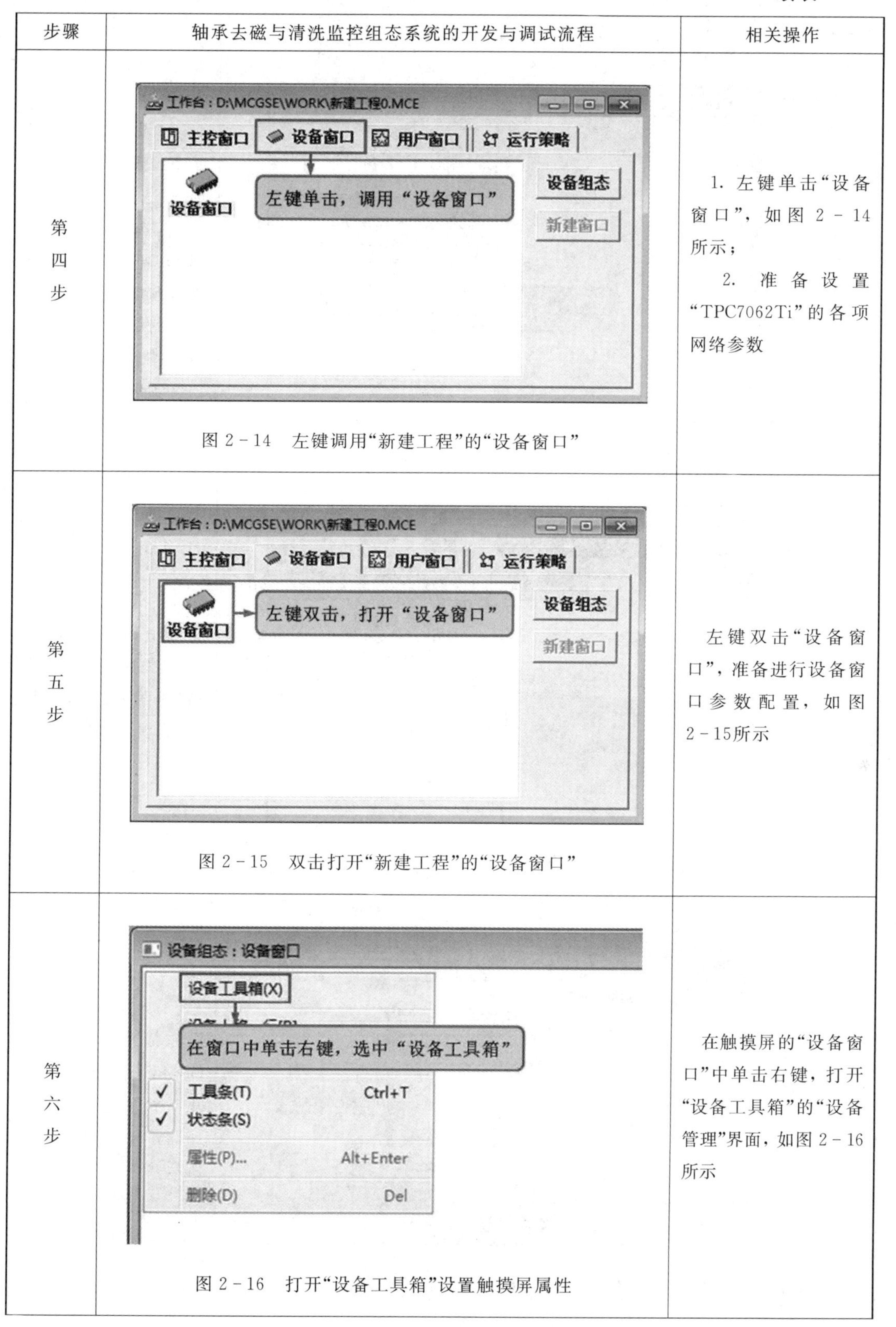

步骤	轴承去磁与清洗监控组态系统的开发与调试流程	相关操作
第四步	图 2－14　左键调用“新建工程”的“设备窗口”	1. 左键单击“设备窗口”，如图 2－14 所示； 2. 准备设置“TPC7062Ti”的各项网络参数
第五步	图 2－15　双击打开“新建工程”的“设备窗口”	左键双击“设备窗口”，准备进行设备窗口参数配置，如图 2－15所示
第六步	图 2－16　打开“设备工具箱”设置触摸屏属性	在触摸屏的“设备窗口”中单击右键，打开“设备工具箱”的“设备管理”界面，如图 2－16 所示

续表二

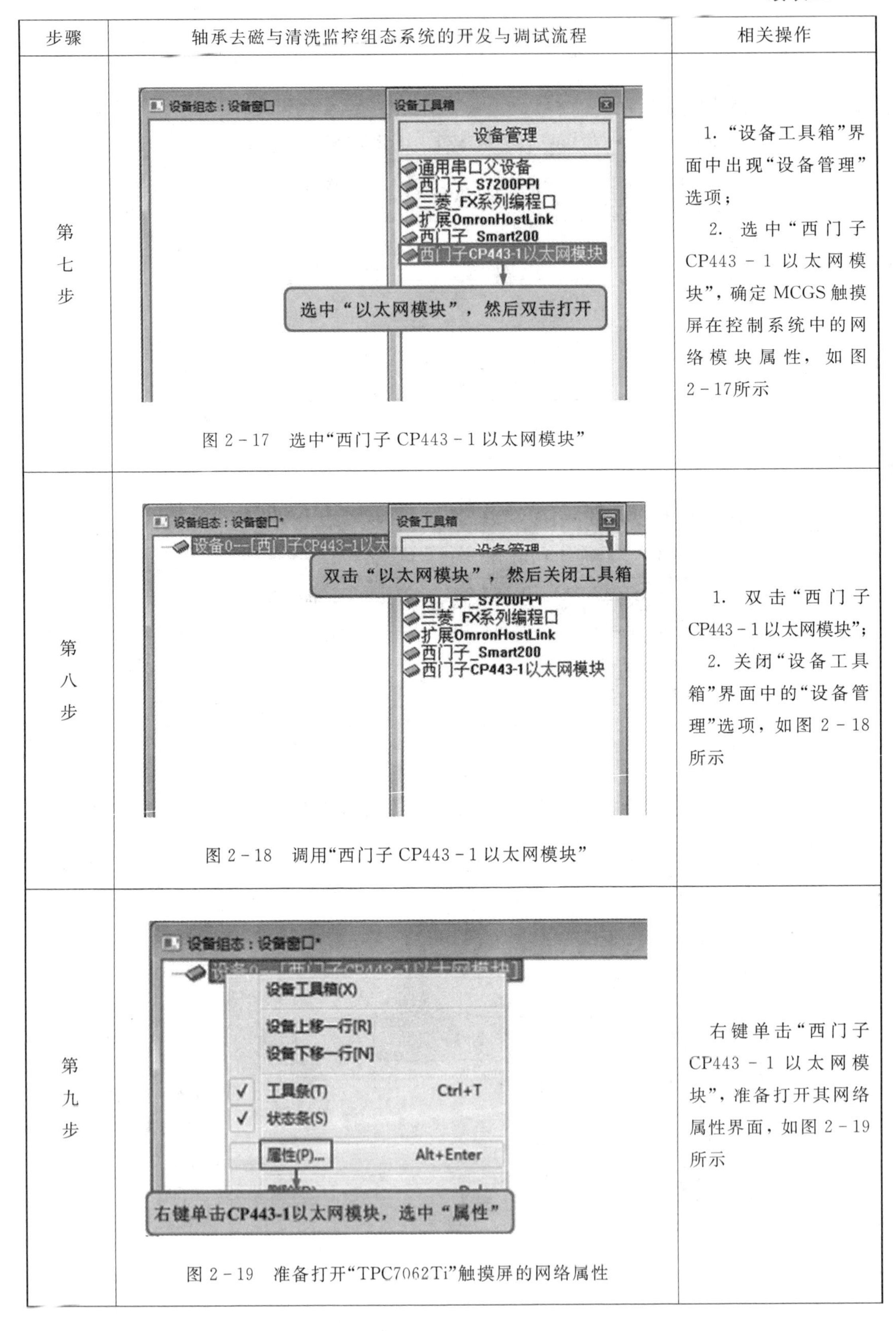

步骤	轴承去磁与清洗监控组态系统的开发与调试流程	相关操作
第七步	图 2-17　选中“西门子 CP443-1 以太网模块”	1. “设备工具箱”界面中出现“设备管理”选项； 2. 选中“西门子 CP443-1 以太网模块”，确定 MCGS 触摸屏在控制系统中的网络模块属性，如图 2-17所示
第八步	图 2-18　调用“西门子 CP443-1 以太网模块”	1. 双击“西门子 CP443-1 以太网模块”； 2. 关闭“设备工具箱”界面中的“设备管理”选项，如图 2-18 所示
第九步	图 2-19　准备打开“TPC7062Ti”触摸屏的网络属性	右键单击“西门子 CP443-1 以太网模块”，准备打开其网络属性界面，如图 2-19 所示

续表三

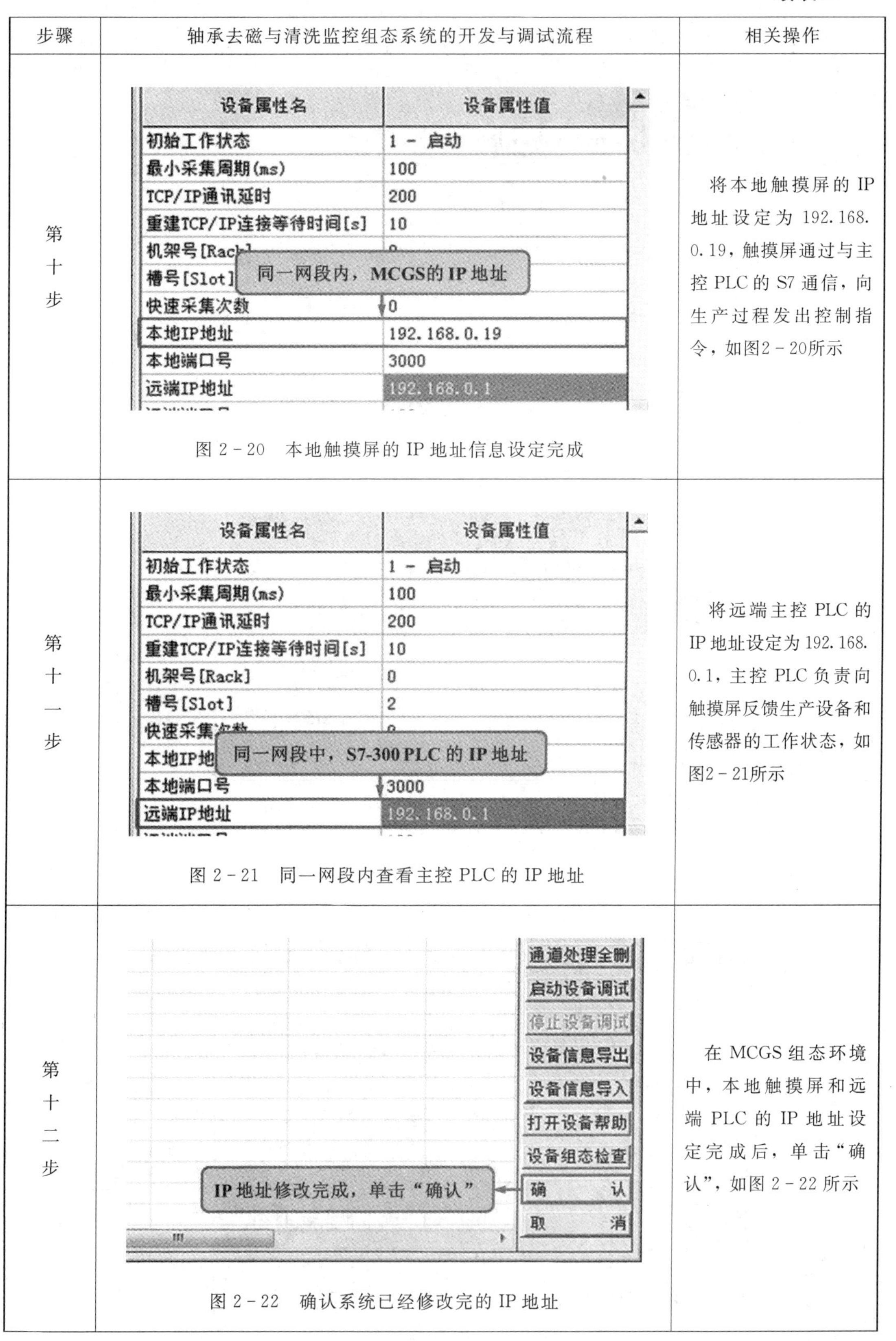

步骤	轴承去磁与清洗监控组态系统的开发与调试流程	相关操作
第十步	图 2-20　本地触摸屏的 IP 地址信息设定完成	将本地触摸屏的 IP 地址设定为 192.168.0.19，触摸屏通过与主控 PLC 的 S7 通信，向生产过程发出控制指令，如图2-20所示
第十一步	图 2-21　同一网段内查看主控 PLC 的 IP 地址	将远端主控 PLC 的 IP 地址设定为 192.168.0.1，主控 PLC 负责向触摸屏反馈生产设备和传感器的工作状态，如图2-21所示
第十二步	图 2-22　确认系统已经修改完的 IP 地址	在 MCGS 组态环境中，本地触摸屏和远端 PLC 的 IP 地址设定完成后，单击“确认”，如图 2-22 所示

续表四

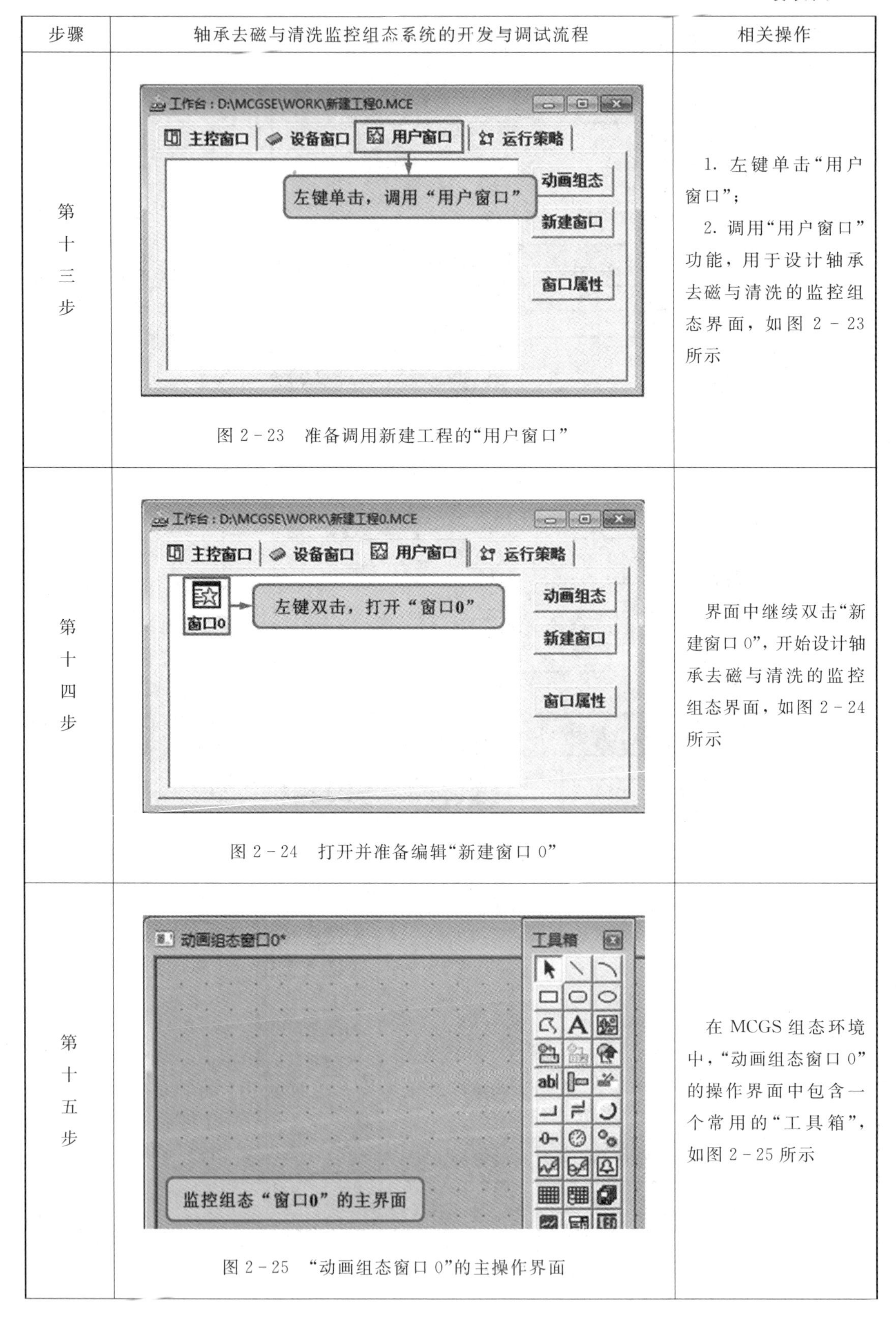

步骤	轴承去磁与清洗监控组态系统的开发与调试流程	相关操作
第十三步	图 2-23　准备调用新建工程的“用户窗口”	1. 左键单击“用户窗口”； 2. 调用“用户窗口”功能，用于设计轴承去磁与清洗的监控组态界面，如图 2-23 所示
第十四步	图 2-24　打开并准备编辑“新建窗口 0”	界面中继续双击“新建窗口 0”，开始设计轴承去磁与清洗的监控组态界面，如图 2-24 所示
第十五步	图 2-25　“动画组态窗口 0”的主操作界面	在 MCGS 组态环境中，“动画组态窗口 0”的操作界面中包含一个常用的“工具箱”，如图 2-25 所示

续表五

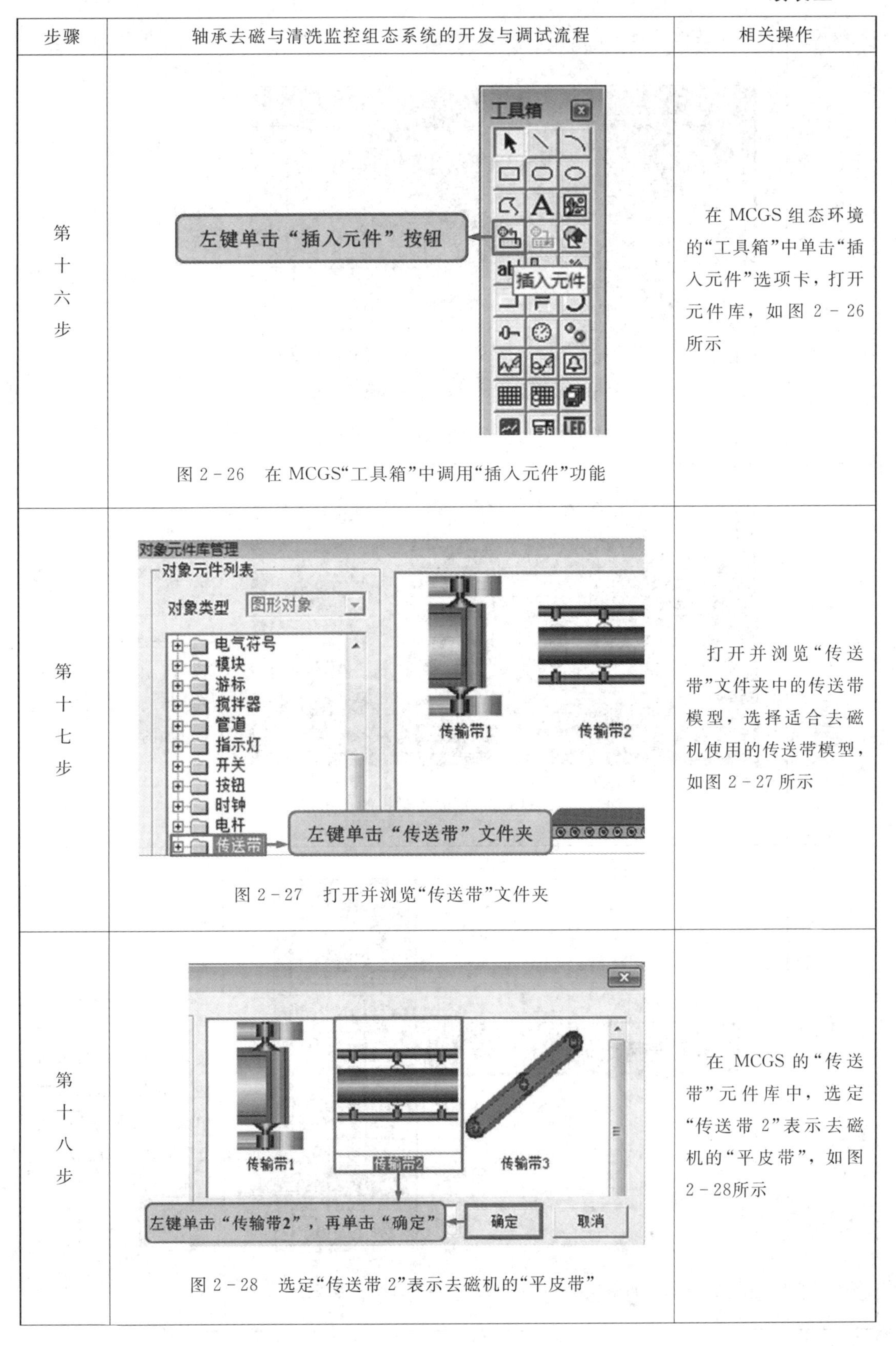

步骤	轴承去磁与清洗监控组态系统的开发与调试流程	相关操作
第十六步	图 2-26　在 MCGS“工具箱”中调用“插入元件”功能	在 MCGS 组态环境的“工具箱”中单击“插入元件”选项卡，打开元件库，如图 2-26 所示
第十七步	图 2-27　打开并浏览“传送带”文件夹	打开并浏览“传送带”文件夹中的传送带模型，选择适合去磁机使用的传送带模型，如图 2-27 所示
第十八步	图 2-28　选定“传送带 2”表示去磁机的“平皮带”	在 MCGS 的“传送带”元件库中，选定“传送带 2”表示去磁机的“平皮带”，如图 2-28所示

续表六

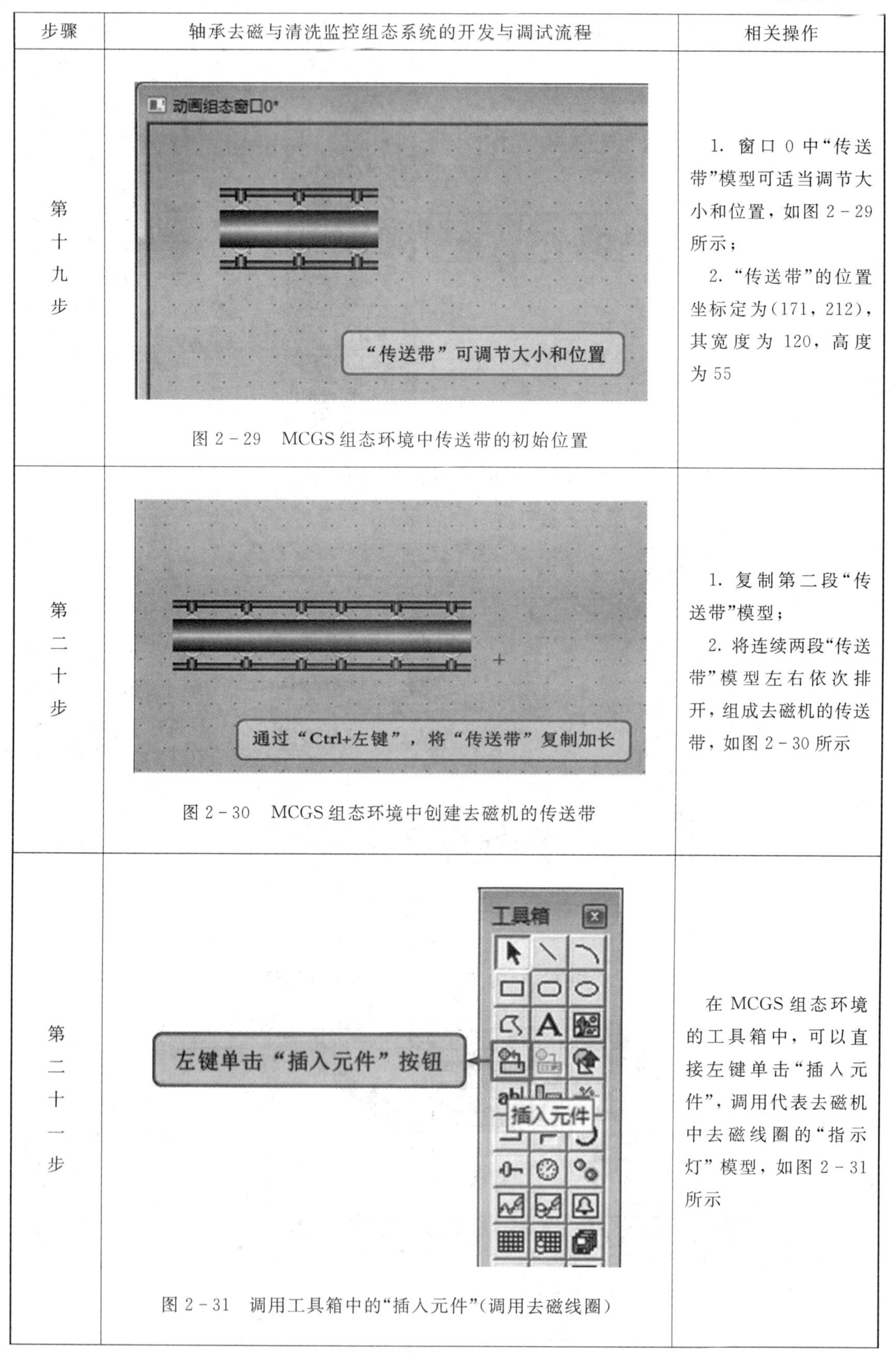

步骤	轴承去磁与清洗监控组态系统的开发与调试流程	相关操作
第十九步	动画组态窗口0* “传送带”可调节大小和位置 图 2-29 MCGS 组态环境中传送带的初始位置	1. 窗口 0 中“传送带”模型可适当调节大小和位置，如图 2-29 所示； 2. “传送带”的位置坐标定为(171，212)，其宽度为 120，高度为 55
第二十步	通过“Ctrl+左键”，将“传送带”复制加长 图 2-30 MCGS 组态环境中创建去磁机的传送带	1. 复制第二段“传送带”模型； 2. 将连续两段“传送带”模型左右依次排开，组成去磁机的传送带，如图 2-30 所示
第二十一步	工具箱 左键单击“插入元件”按钮 插入元件 图 2-31 调用工具箱中的“插入元件”(调用去磁线圈)	在 MCGS 组态环境的工具箱中，可以直接左键单击“插入元件”，调用代表去磁机中去磁线圈的“指示灯”模型，如图 2-31 所示

续表七

步骤	轴承去磁与清洗监控组态系统的开发与调试流程	相关操作
第二十二步	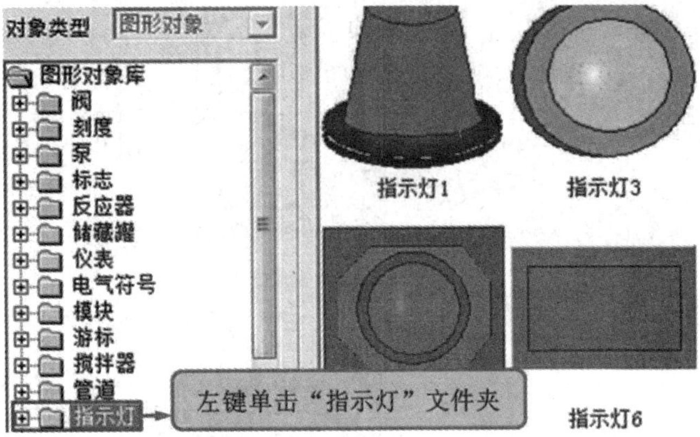 图 2-32 MCGS 组态环境中选择“指示灯”文件夹	打开并浏览“指示灯”文件夹中的各种指示灯模型，选择能够准确表示“去磁线圈”的指示灯模型，如图 2-32所示
第二十三步	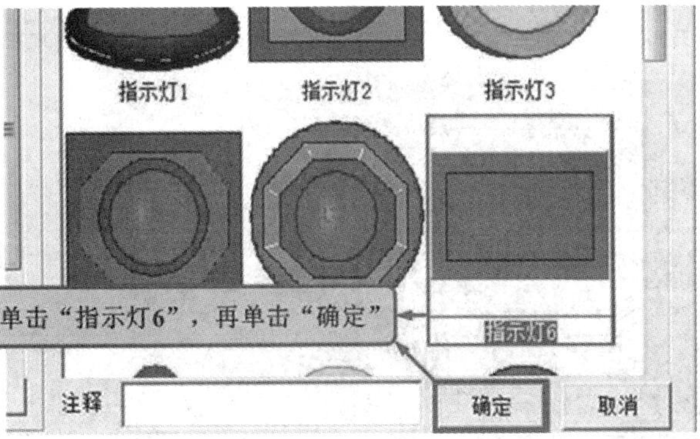 图 2-33 选定“指示灯 6”表示去磁机的“去磁线圈”	在 MCGS 的“指示灯”元件库中，选定“指示灯 6”表示去磁机的“去磁线圈”，如图 2-33 所示
第二十四步	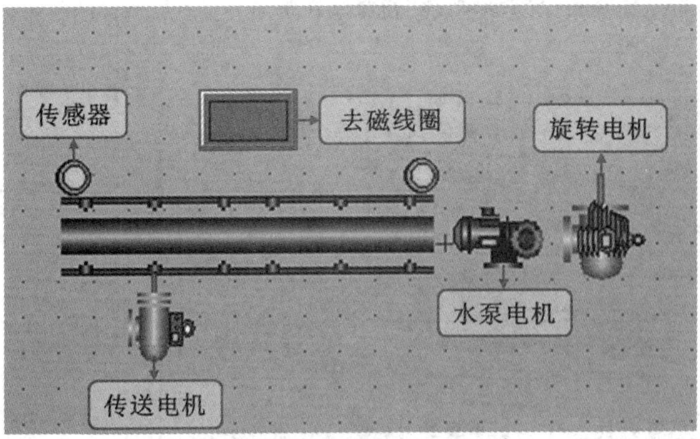 图 2-34 MCGS 组态环境中去磁机和清洗机的布置	在 MCGS 组态环境中，依次将去磁机和清洗机的关键零部件画出，从而明确轴承去磁与清洗自动化生产线各部分的功能与组成状态，如图 2-34 所示

续表八

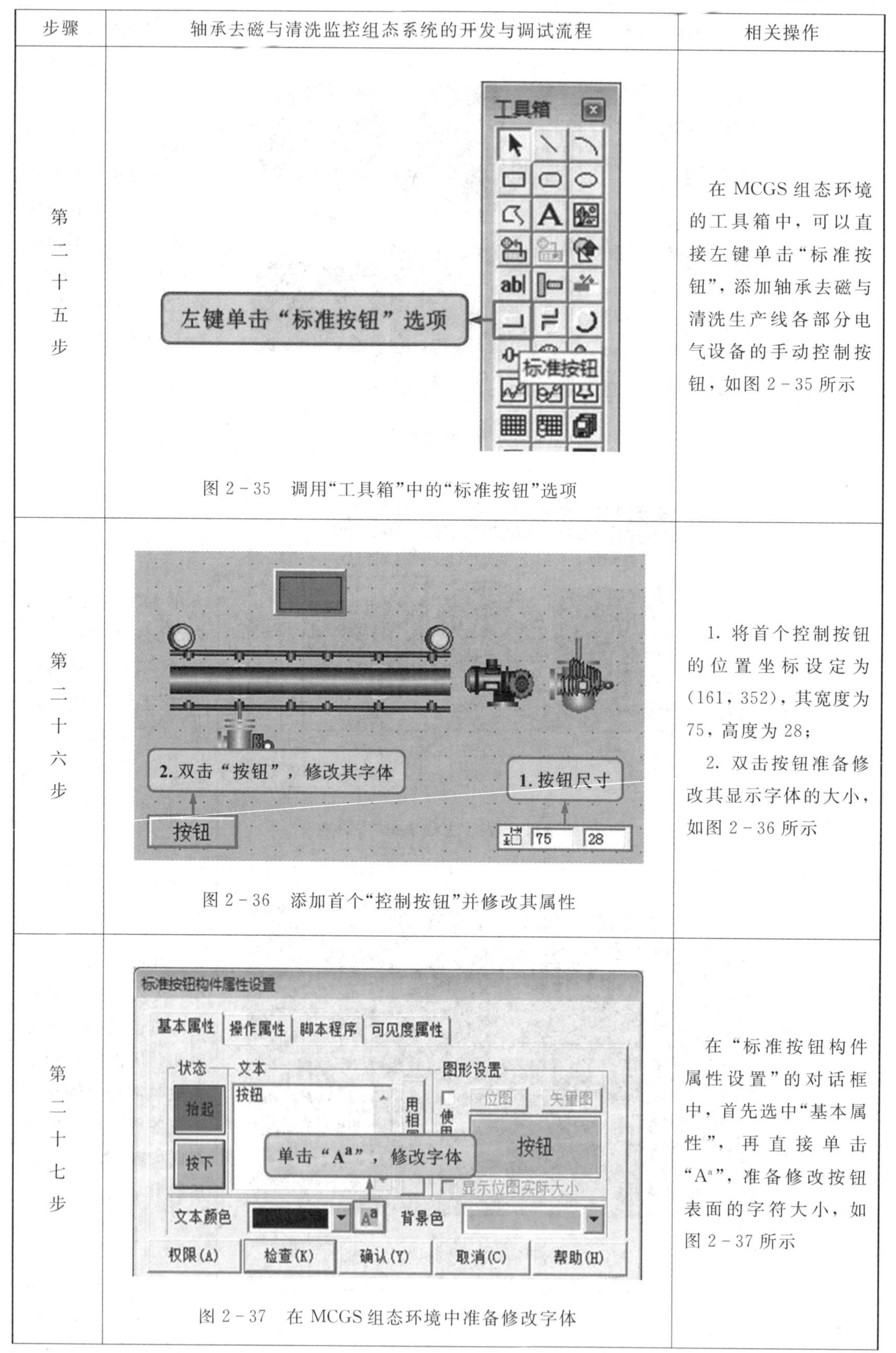

步骤	轴承去磁与清洗监控组态系统的开发与调试流程	相关操作
第二十五步	图 2-35　调用“工具箱”中的“标准按钮”选项	在 MCGS 组态环境的工具箱中，可以直接左键单击“标准按钮”，添加轴承去磁与清洗生产线各部分电气设备的手动控制按钮，如图 2-35 所示
第二十六步	图 2-36　添加首个“控制按钮”并修改其属性	1. 将首个控制按钮的位置坐标设定为(161，352)，其宽度为 75，高度为 28； 2. 双击按钮准备修改其显示字体的大小，如图 2-36 所示
第二十七步	图 2-37　在 MCGS 组态环境中准备修改字体	在“标准按钮构件属性设置”的对话框中，首先选中“基本属性”，再直接单击“A^a”，准备修改按钮表面的字符大小，如图 2-37 所示

续表九

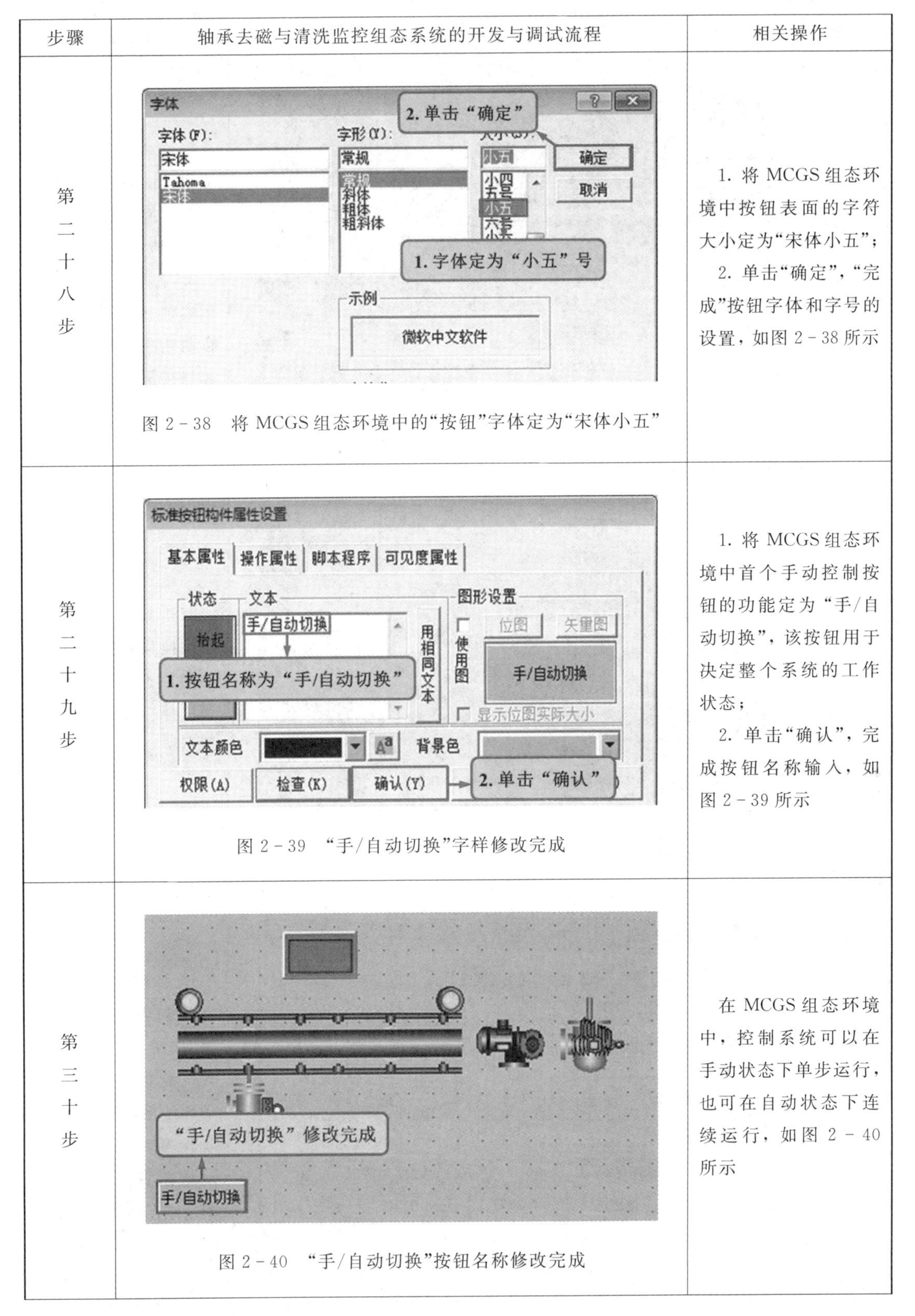

步骤	轴承去磁与清洗监控组态系统的开发与调试流程	相关操作
第二十八步	图 2-38　将 MCGS 组态环境中的“按钮”字体定为“宋体小五”	1. 将 MCGS 组态环境中按钮表面的字符大小定为“宋体小五”； 2. 单击“确定”，“完成”按钮字体和字号的设置，如图 2-38 所示
第二十九步	图 2-39　“手/自动切换”字样修改完成	1. 将 MCGS 组态环境中首个手动控制按钮的功能定为“手/自动切换”，该按钮用于决定整个系统的工作状态； 2. 单击“确认”，完成按钮名称输入，如图 2-39 所示
第三十步	图 2-40　“手/自动切换”按钮名称修改完成	在 MCGS 组态环境中，控制系统可以在手动状态下单步运行，也可在自动状态下连续运行，如图 2-40 所示

续表十

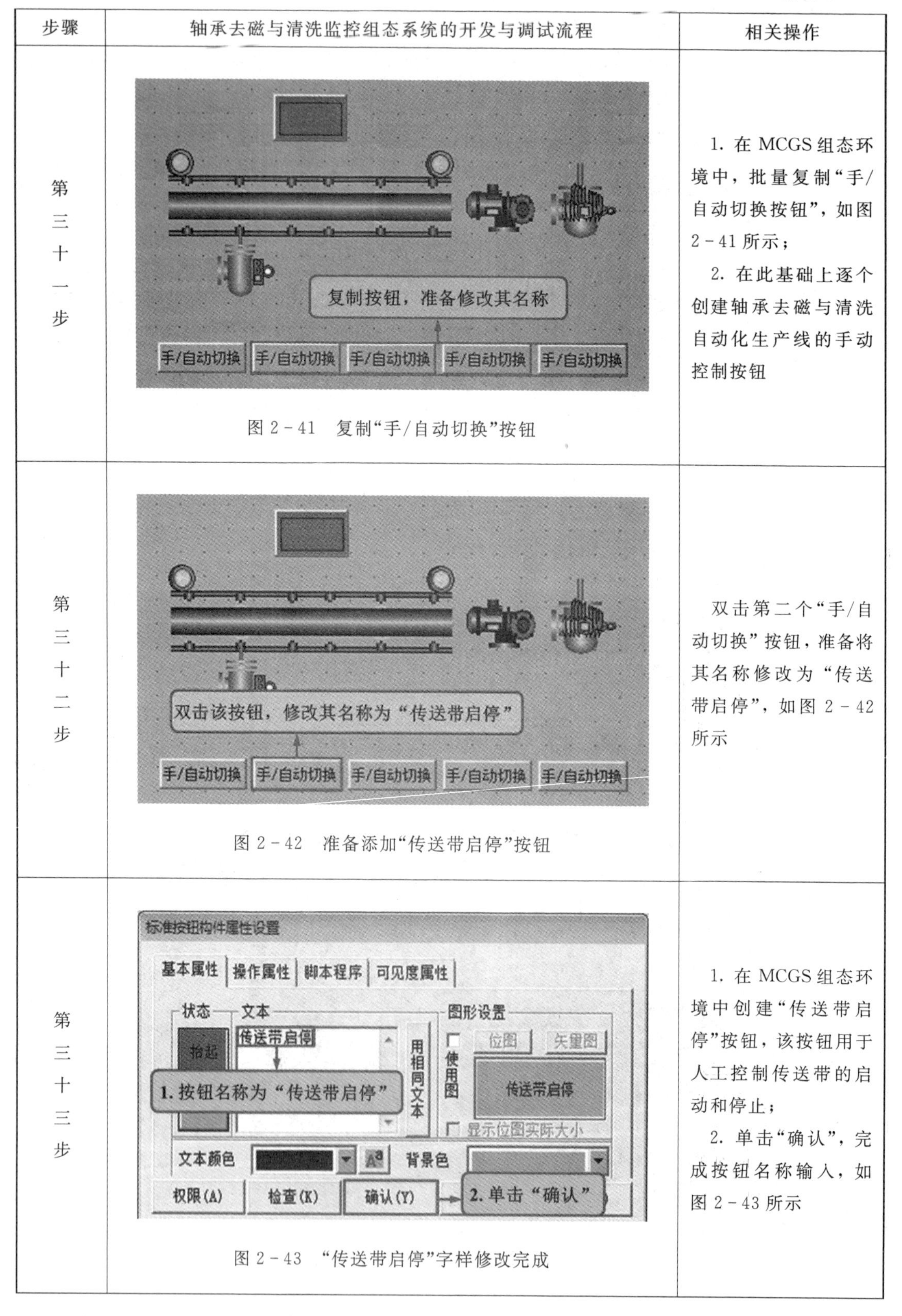

步骤	轴承去磁与清洗监控组态系统的开发与调试流程	相关操作
第三十一步	图 2-41 复制“手/自动切换”按钮	1. 在 MCGS 组态环境中，批量复制“手/自动切换按钮”，如图 2-41 所示； 2. 在此基础上逐个创建轴承去磁与清洗自动化生产线的手动控制按钮
第三十二步	图 2-42 准备添加“传送带启停”按钮	双击第二个“手/自动切换”按钮，准备将其名称修改为“传送带启停”，如图 2-42 所示
第三十三步	图 2-43 “传送带启停”字样修改完成	1. 在 MCGS 组态环境中创建“传送带启停”按钮，该按钮用于人工控制传送带的启动和停止； 2. 单击“确认”，完成按钮名称输入，如图 2-43 所示

续表十一

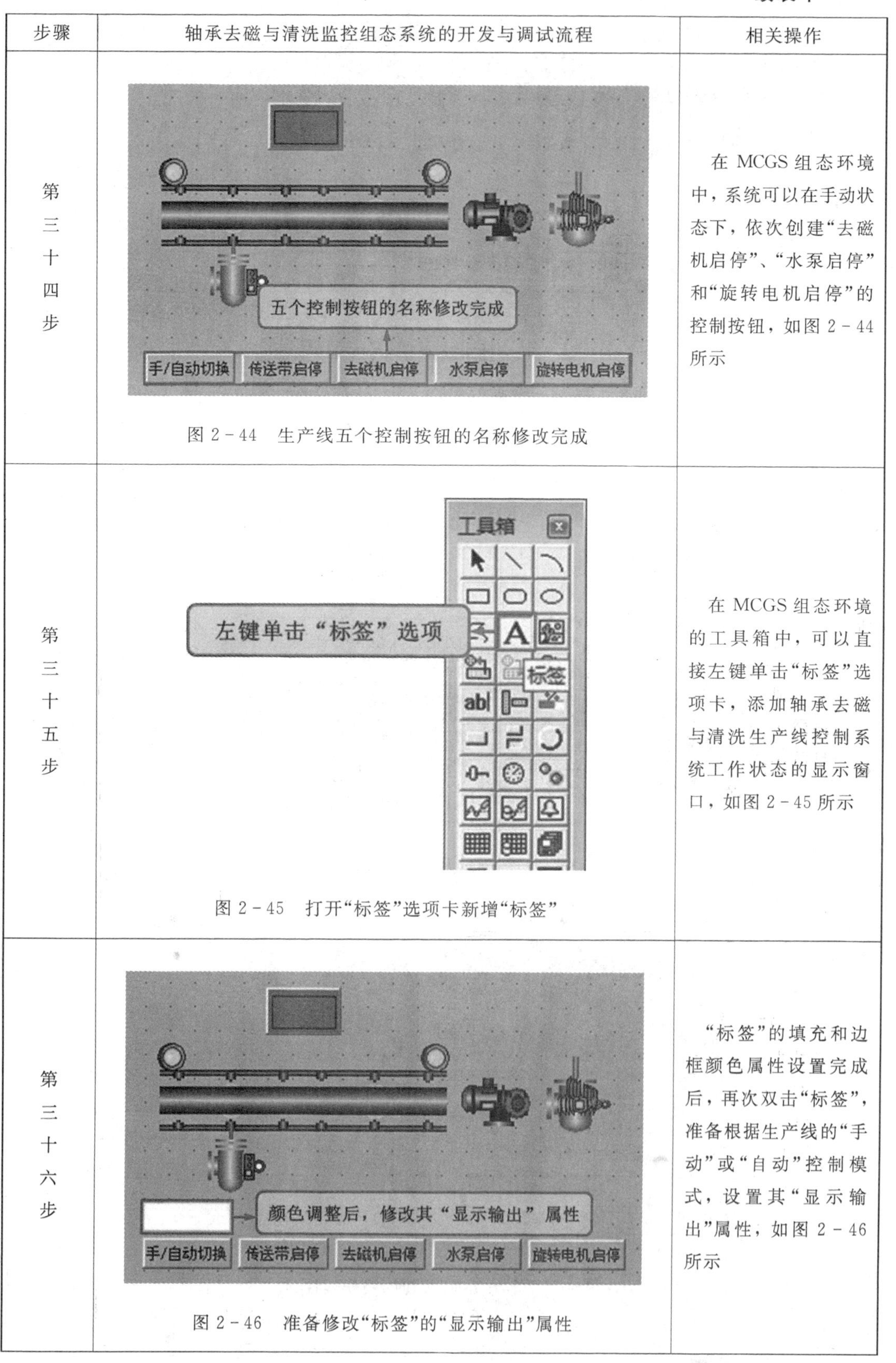

步骤	轴承去磁与清洗监控组态系统的开发与调试流程	相关操作
第三十四步	图 2-44　生产线五个控制按钮的名称修改完成	在 MCGS 组态环境中，系统可以在手动状态下，依次创建“去磁机启停”、“水泵启停”和“旋转电机启停”的控制按钮，如图 2-44 所示
第三十五步	图 2-45　打开“标签”选项卡新增“标签”	在 MCGS 组态环境的工具箱中，可以直接左键单击“标签”选项卡，添加轴承去磁与清洗生产线控制系统工作状态的显示窗口，如图 2-45 所示
第三十六步	图 2-46　准备修改“标签”的“显示输出”属性	“标签”的填充和边框颜色属性设置完成后，再次双击“标签”，准备根据生产线的“手动”或“自动”控制模式，设置其“显示输出”属性，如图 2-46 所示

续表十二

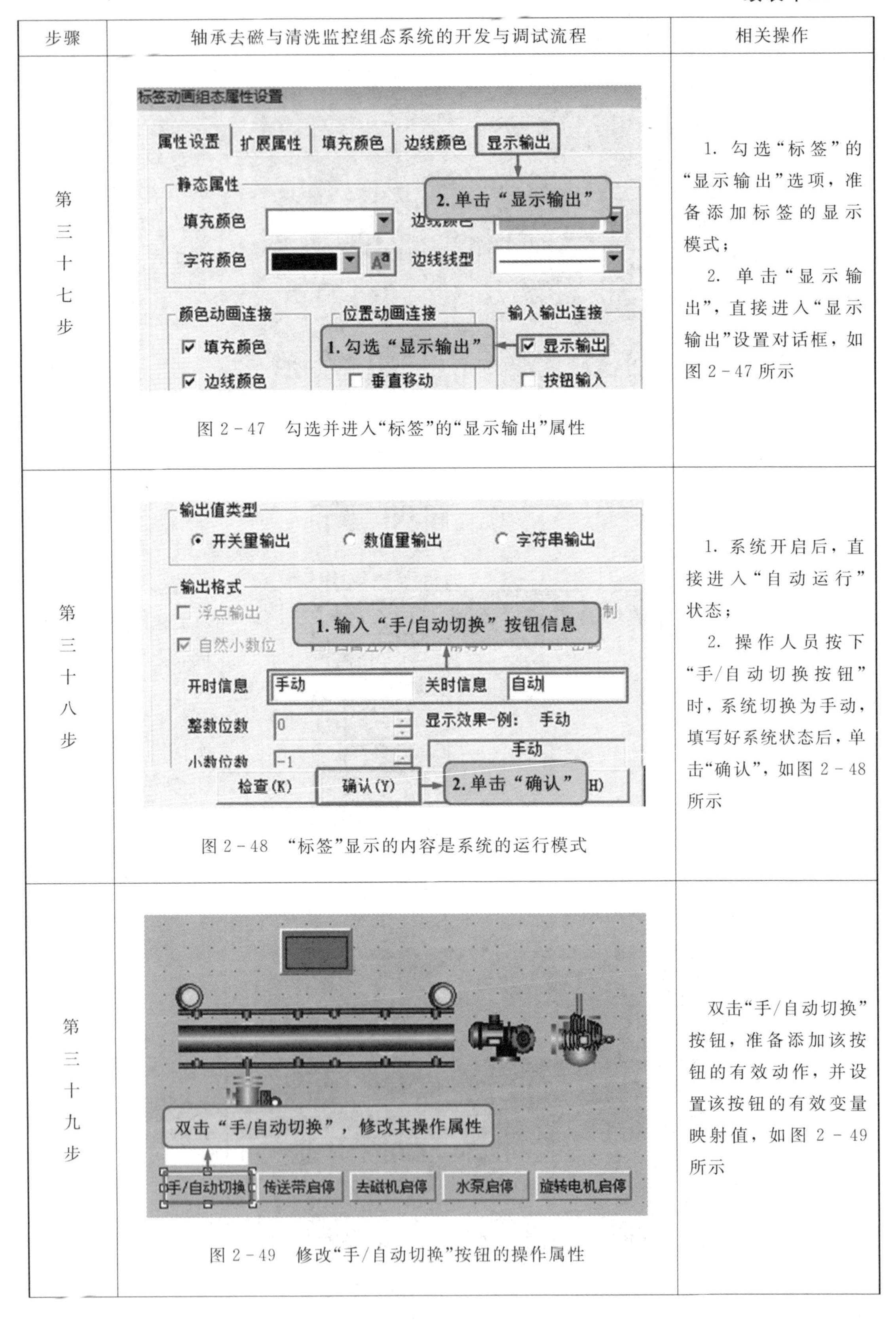

步骤	轴承去磁与清洗监控组态系统的开发与调试流程	相关操作
第三十七步	图 2-47 勾选并进入“标签”的“显示输出”属性	1. 勾选“标签”的“显示输出”选项，准备添加标签的显示模式； 2. 单击“显示输出”，直接进入“显示输出”设置对话框，如图 2-47 所示
第三十八步	图 2-48 “标签”显示的内容是系统的运行模式	1. 系统开启后，直接进入“自动运行”状态； 2. 操作人员按下“手/自动切换按钮”时，系统切换为手动，填写好系统状态后，单击“确认”，如图 2-48 所示
第三十九步	图 2-49 修改“手/自动切换”按钮的操作属性	双击“手/自动切换”按钮，准备添加该按钮的有效动作，并设置该按钮的有效变量映射值，如图 2-49 所示

续表十三

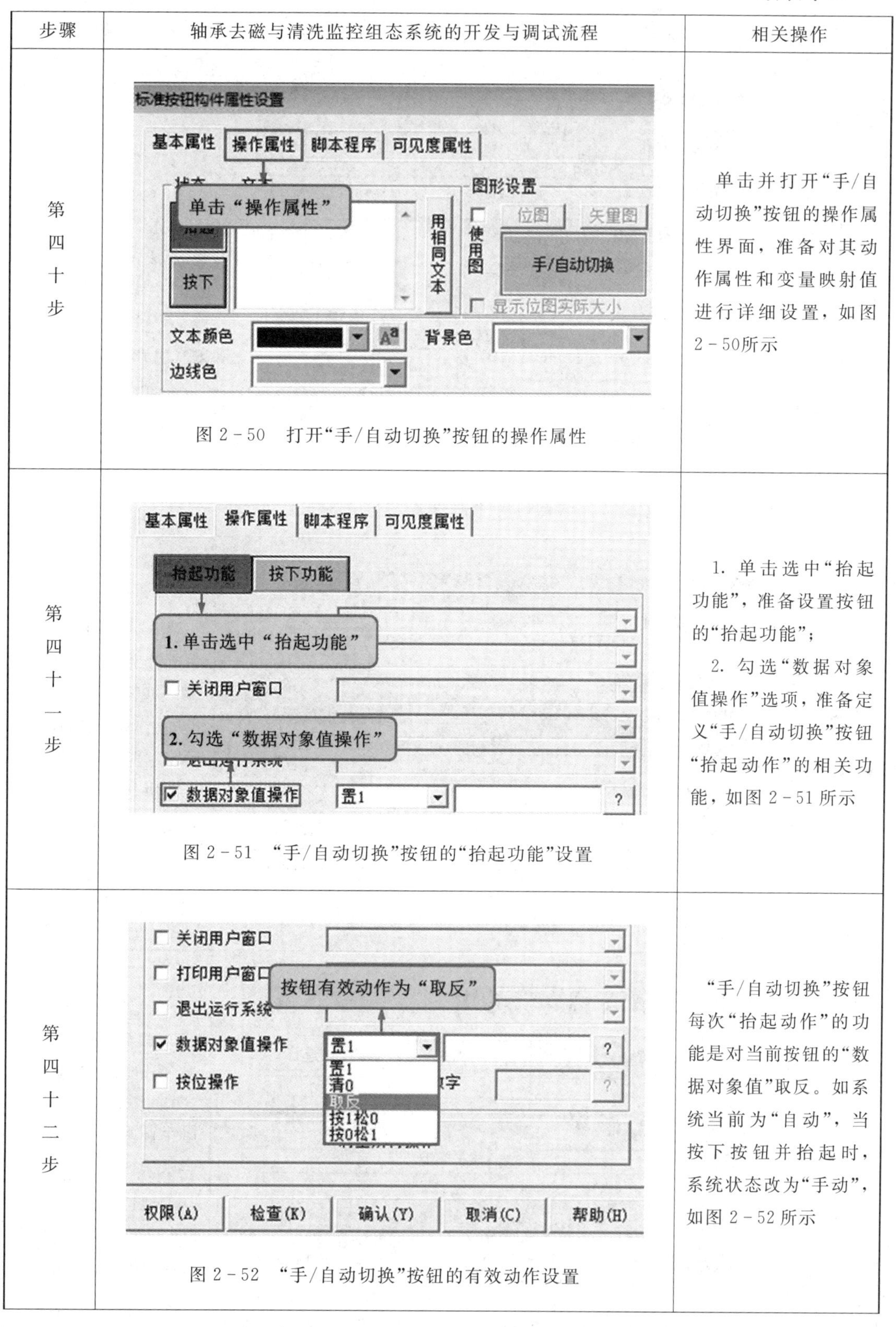

步骤	轴承去磁与清洗监控组态系统的开发与调试流程	相关操作
第四十步	图 2-50　打开“手/自动切换”按钮的操作属性	单击并打开“手/自动切换”按钮的操作属性界面，准备对其动作属性和变量映射值进行详细设置，如图2-50所示
第四十一步	图 2-51　“手/自动切换”按钮的“抬起功能”设置	1. 单击选中“抬起功能”，准备设置按钮的“抬起功能”； 2. 勾选“数据对象值操作”选项，准备定义“手/自动切换”按钮“抬起动作”的相关功能，如图 2-51 所示
第四十二步	图 2-52　“手/自动切换”按钮的有效动作设置	“手/自动切换”按钮每次“抬起动作”的功能是对当前按钮的“数据对象值”取反。如系统当前为“自动”，当按下按钮并抬起时，系统状态改为“手动”，如图 2-52 所示

续表十四

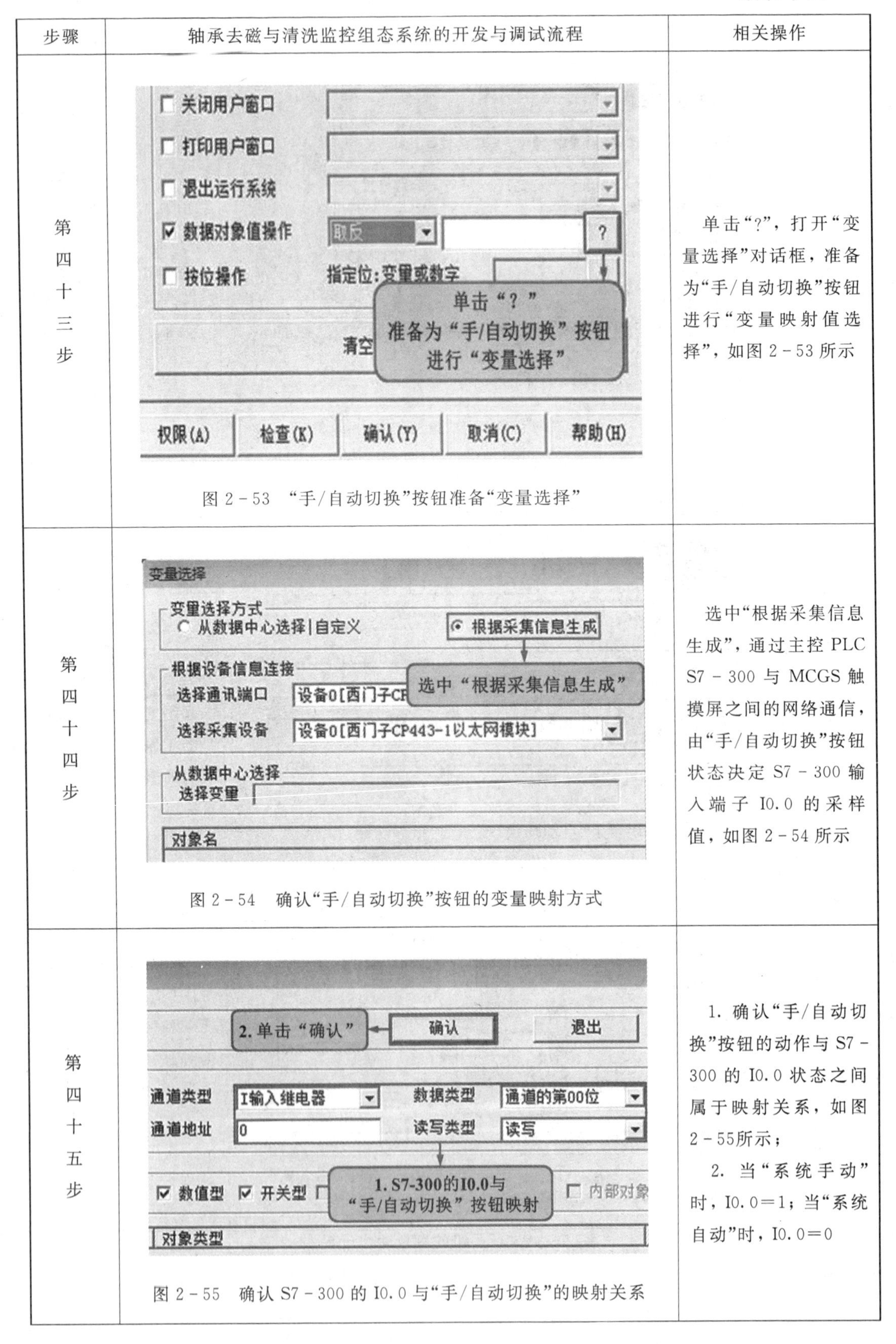

步骤	轴承去磁与清洗监控组态系统的开发与调试流程	相关操作
第四十三步	图 2-53 “手/自动切换”按钮准备“变量选择”	单击“?”，打开“变量选择”对话框，准备为“手/自动切换”按钮进行“变量映射值选择”，如图 2-53 所示
第四十四步	图 2-54 确认“手/自动切换”按钮的变量映射方式	选中“根据采集信息生成”，通过主控 PLC S7-300 与 MCGS 触摸屏之间的网络通信，由“手/自动切换”按钮状态决定 S7-300 输入端子 I0.0 的采样值，如图 2-54 所示
第四十五步	图 2-55 确认 S7-300 的 I0.0 与“手/自动切换”的映射关系	1. 确认“手/自动切换”按钮的动作与 S7-300 的 I0.0 状态之间属于映射关系，如图 2-55所示； 2. 当“系统手动”时，I0.0=1；当“系统自动”时，I0.0=0

续表十五

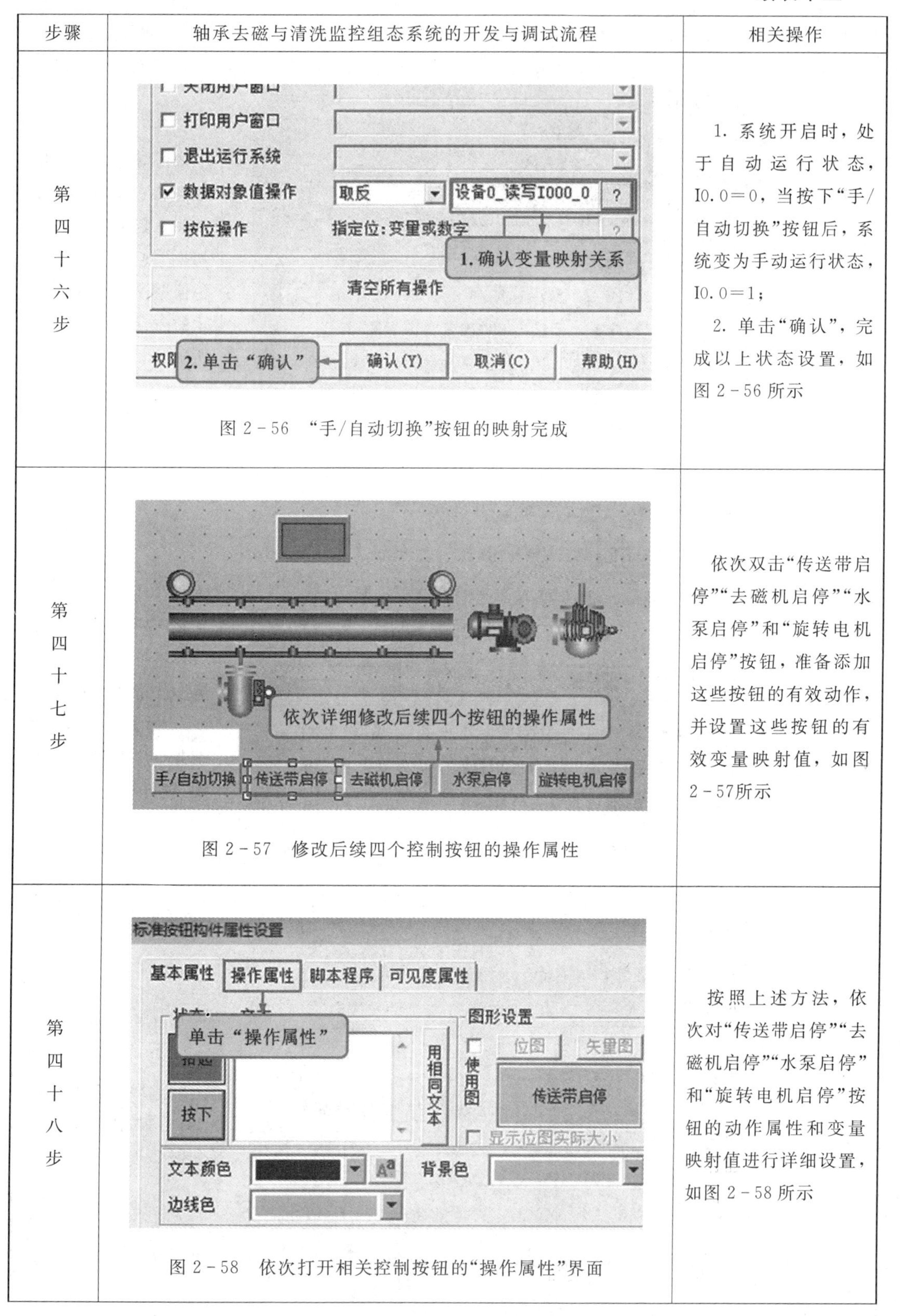

步骤	轴承去磁与清洗监控组态系统的开发与调试流程	相关操作
第四十六步	图 2-56　“手/自动切换”按钮的映射完成	1. 系统开启时，处于自动运行状态，I0.0=0，当按下“手/自动切换”按钮后，系统变为手动运行状态，I0.0=1； 2. 单击“确认”，完成以上状态设置，如图 2-56 所示
第四十七步	图 2-57　修改后续四个控制按钮的操作属性	依次双击“传送带启停”“去磁机启停”“水泵启停”和“旋转电机启停”按钮，准备添加这些按钮的有效动作，并设置这些按钮的有效变量映射值，如图 2-57所示
第四十八步	图 2-58　依次打开相关控制按钮的“操作属性”界面	按照上述方法，依次对“传送带启停”“去磁机启停”“水泵启停”和“旋转电机启停”按钮的动作属性和变量映射值进行详细设置，如图 2-58 所示

续表十六

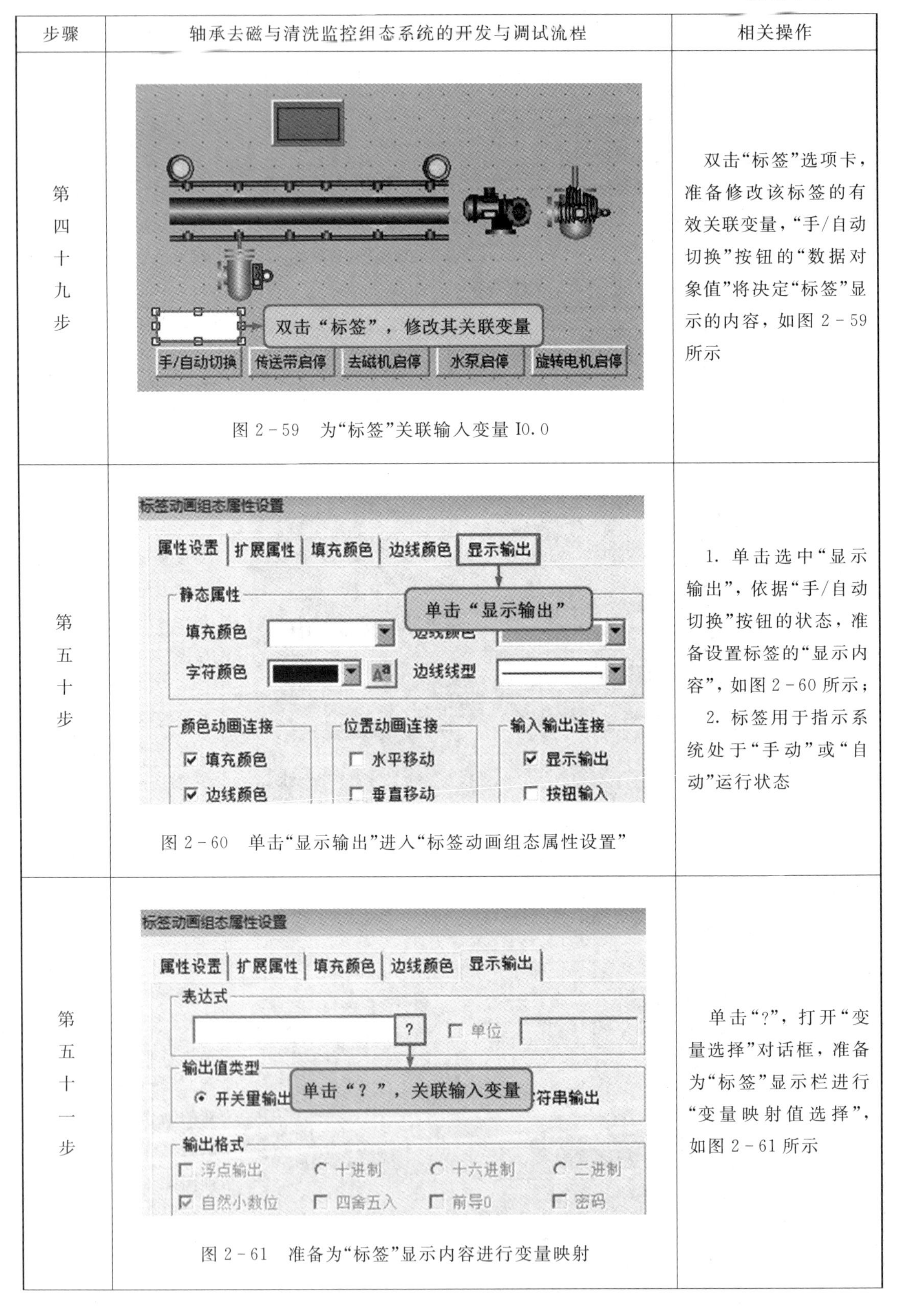

步骤	轴承去磁与清洗监控组态系统的开发与调试流程	相关操作
第四十九步	图 2-59　为“标签”关联输入变量 I0.0	双击“标签”选项卡，准备修改该标签的有效关联变量，“手/自动切换”按钮的“数据对象值”将决定“标签”显示的内容，如图 2-59 所示
第五十步	图 2-60　单击“显示输出”进入“标签动画组态属性设置”	1. 单击选中“显示输出”，依据“手/自动切换”按钮的状态，准备设置标签的“显示内容”，如图 2-60 所示； 2. 标签用于指示系统处于“手动”或“自动”运行状态
第五十一步	图 2-61　准备为“标签”显示内容进行变量映射	单击“?”，打开“变量选择”对话框，准备为“标签”显示栏进行“变量映射值选择”，如图 2-61 所示

续表十七

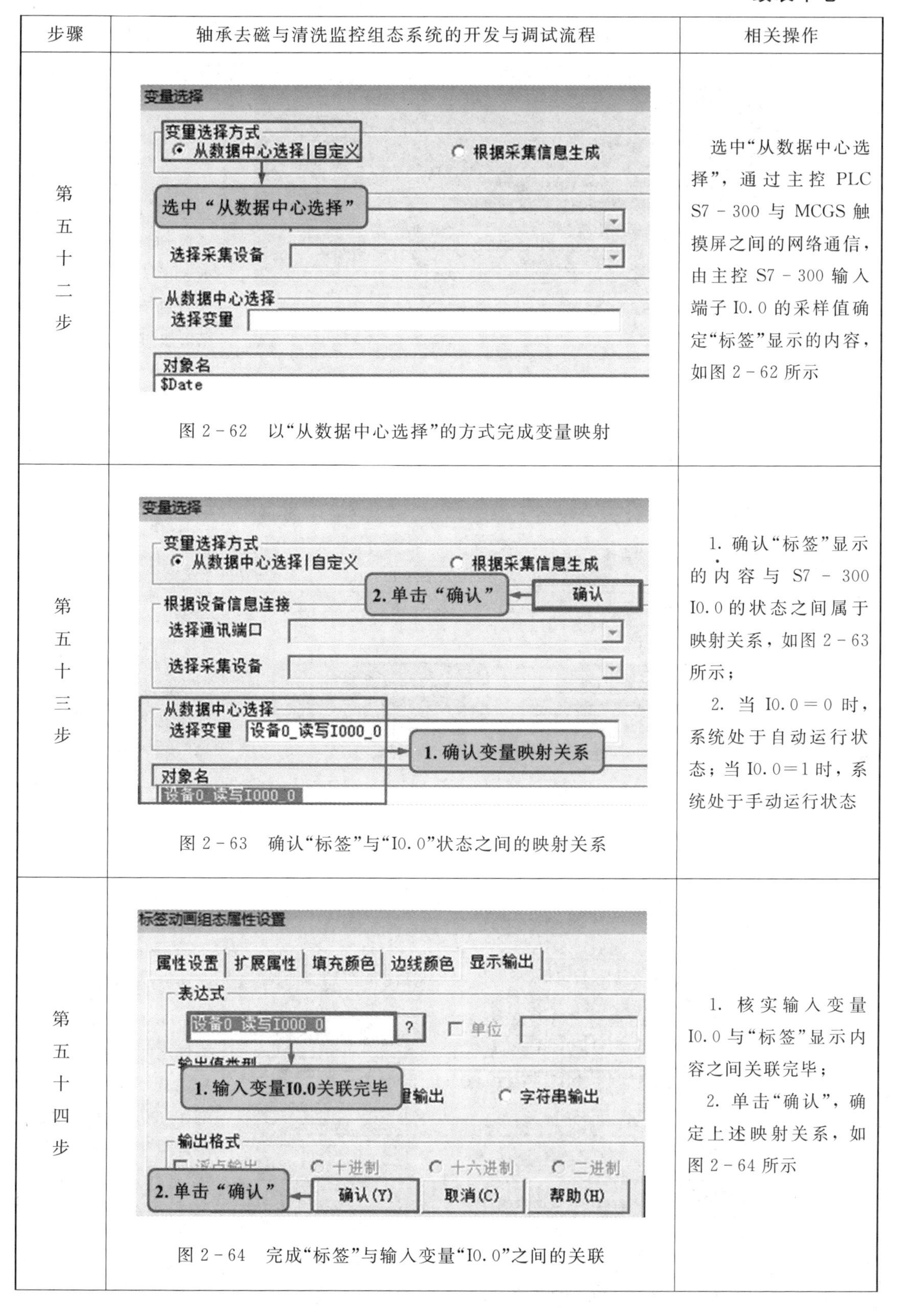

步骤	轴承去磁与清洗监控组态系统的开发与调试流程	相关操作
第五十二步	图 2-62　以“从数据中心选择”的方式完成变量映射	选中“从数据中心选择”，通过主控 PLC S7-300 与 MCGS 触摸屏之间的网络通信，由主控 S7-300 输入端子 I0.0 的采样值确定“标签”显示的内容，如图 2-62 所示
第五十三步	图 2-63　确认“标签”与“I0.0”状态之间的映射关系	1. 确认“标签”显示的内容与 S7-300 I0.0 的状态之间属于映射关系，如图 2-63 所示； 2. 当 I0.0=0 时，系统处于自动运行状态；当 I0.0=1 时，系统处于手动运行状态
第五十四步	图 2-64　完成“标签”与输入变量“I0.0”之间的关联	1. 核实输入变量 I0.0 与“标签”显示内容之间关联完毕； 2. 单击“确认”，确定上述映射关系，如图 2-64 所示

续表十八

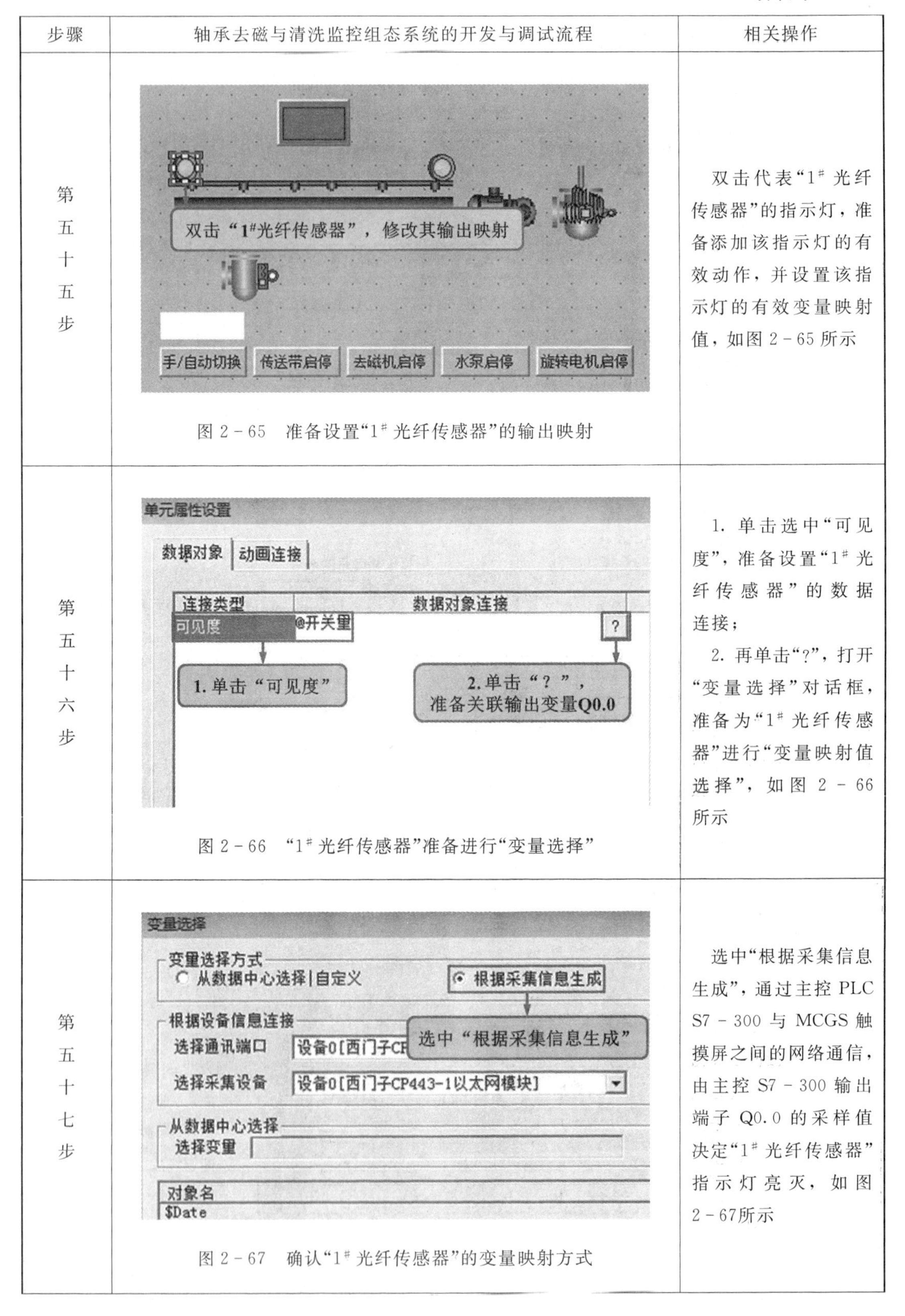

步骤	轴承去磁与清洗监控组态系统的开发与调试流程	相关操作
第五十五步	图 2-65 准备设置“1# 光纤传感器”的输出映射	双击代表“1# 光纤传感器”的指示灯，准备添加该指示灯的有效动作，并设置该指示灯的有效变量映射值，如图 2-65 所示
第五十六步	图 2-66 “1# 光纤传感器”准备进行“变量选择”	1. 单击选中“可见度”，准备设置“1# 光纤传感器”的数据连接； 2. 再单击“?”，打开“变量选择”对话框，准备为“1# 光纤传感器”进行“变量映射值选择”，如图 2-66 所示
第五十七步	图 2-67 确认“1# 光纤传感器”的变量映射方式	选中“根据采集信息生成”，通过主控 PLC S7-300 与 MCGS 触摸屏之间的网络通信，由主控 S7-300 输出端子 Q0.0 的采样值决定“1# 光纤传感器”指示灯亮灭，如图 2-67 所示

续表十九

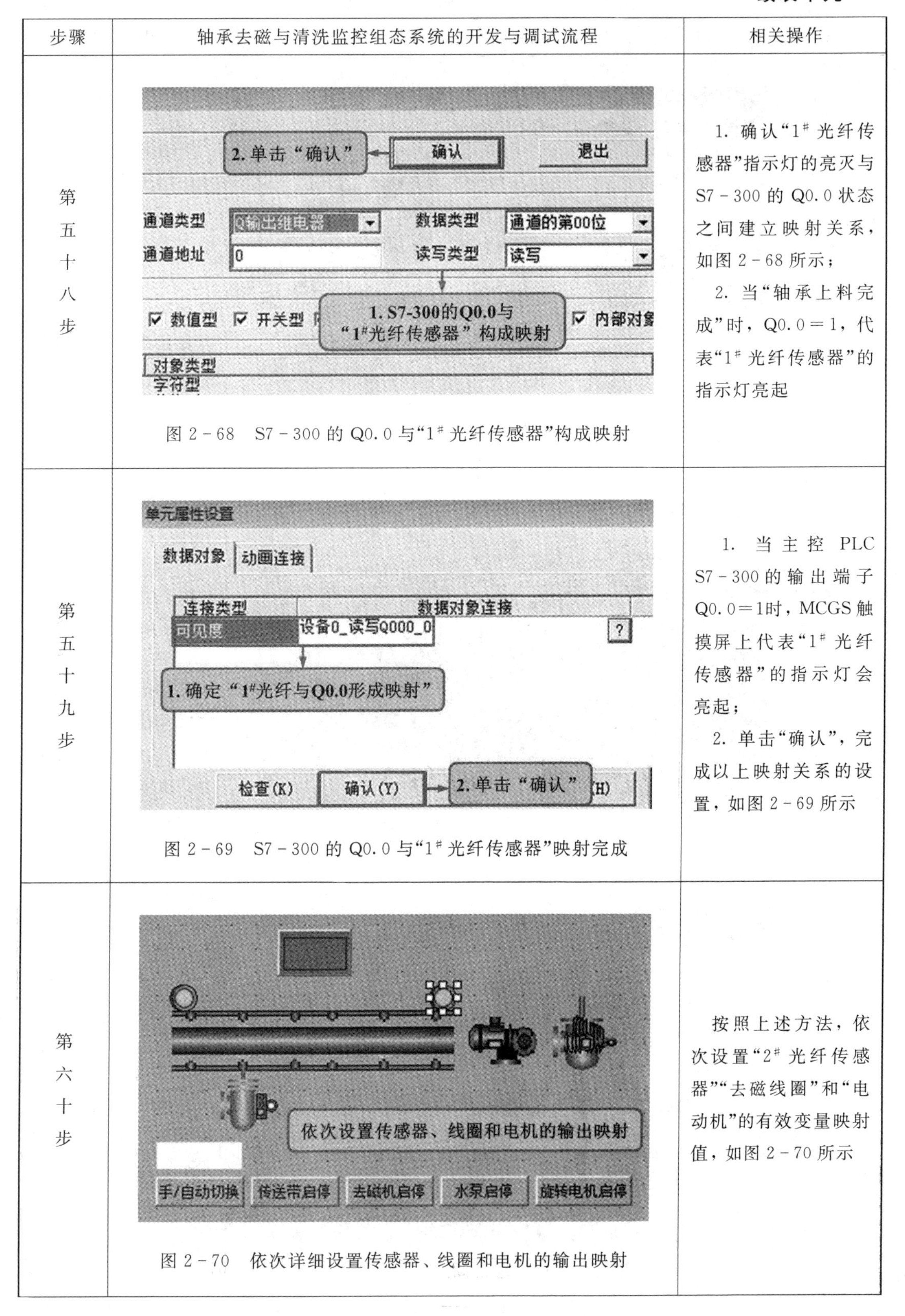

步骤	轴承去磁与清洗监控组态系统的开发与调试流程	相关操作
第五十八步	图 2－68　S7－300 的 Q0.0 与“1# 光纤传感器”构成映射	1. 确认“1# 光纤传感器”指示灯的亮灭与 S7－300 的 Q0.0 状态之间建立映射关系，如图 2－68 所示； 2. 当“轴承上料完成”时，Q0.0＝1，代表“1# 光纤传感器”的指示灯亮起
第五十九步	图 2－69　S7－300 的 Q0.0 与“1# 光纤传感器”映射完成	1. 当主控 PLC S7－300 的输出端子 Q0.0＝1时，MCGS 触摸屏上代表“1# 光纤传感器”的指示灯会亮起； 2. 单击“确认”，完成以上映射关系的设置，如图 2－69 所示
第六十步	图 2－70　依次详细设置传感器、线圈和电机的输出映射	按照上述方法，依次设置“2# 光纤传感器”“去磁线圈”和“电动机”的有效变量映射值，如图 2－70 所示

续表二十

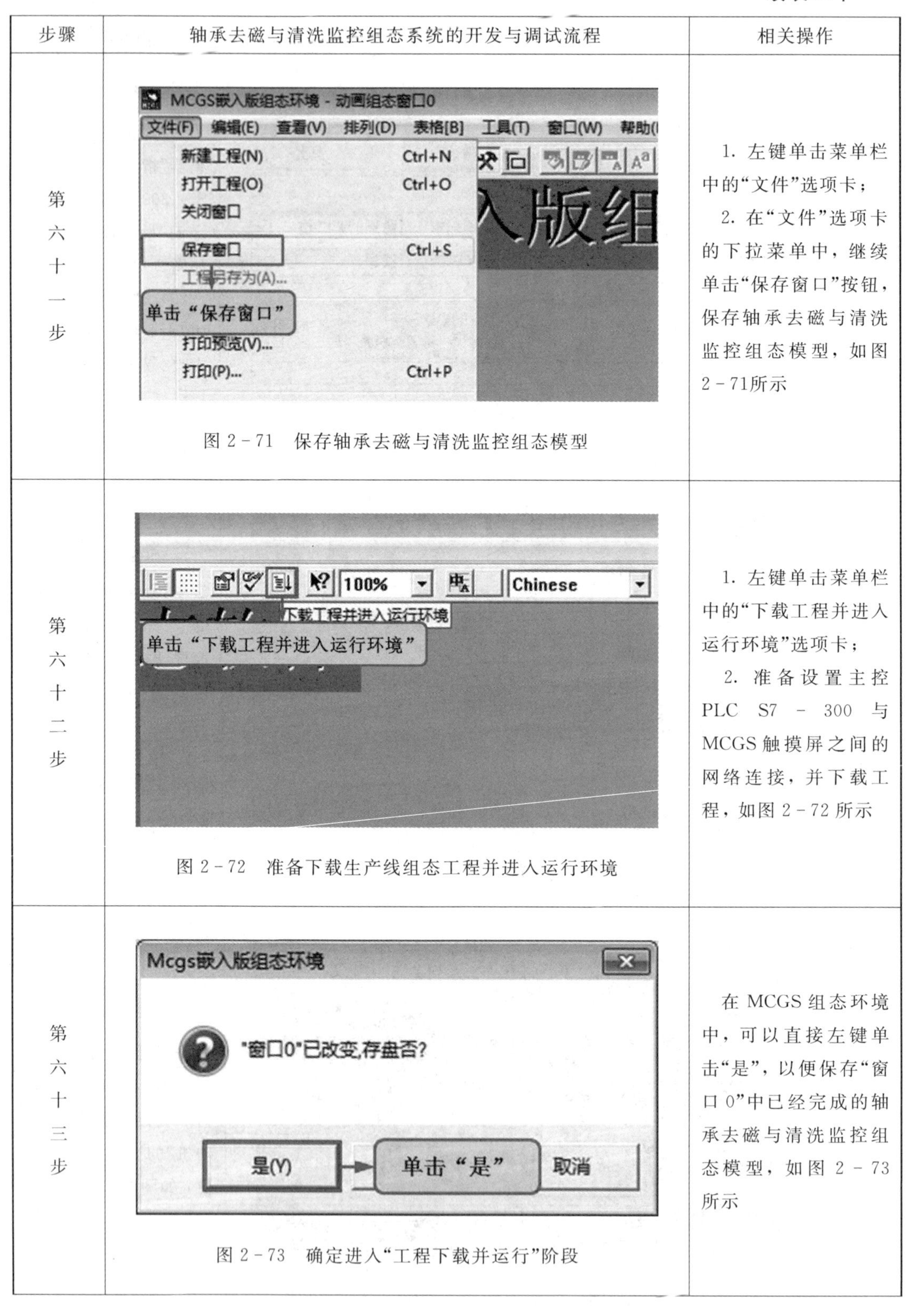

步骤	轴承去磁与清洗监控组态系统的开发与调试流程	相关操作
第六十一步	图 2-71 保存轴承去磁与清洗监控组态模型	1. 左键单击菜单栏中的“文件”选项卡； 2. 在“文件”选项卡的下拉菜单中，继续单击“保存窗口”按钮，保存轴承去磁与清洗监控组态模型，如图 2-71所示
第六十二步	图 2-72 准备下载生产线组态工程并进入运行环境	1. 左键单击菜单栏中的“下载工程并进入运行环境”选项卡； 2. 准备设置主控 PLC S7-300 与 MCGS 触摸屏之间的网络连接，并下载工程，如图 2-72 所示
第六十三步	图 2-73 确定进入“工程下载并运行”阶段	在 MCGS 组态环境中，可以直接左键单击“是”，以便保存“窗口 0”中已经完成的轴承去磁与清洗监控组态模型，如图 2-73 所示

续表二十一

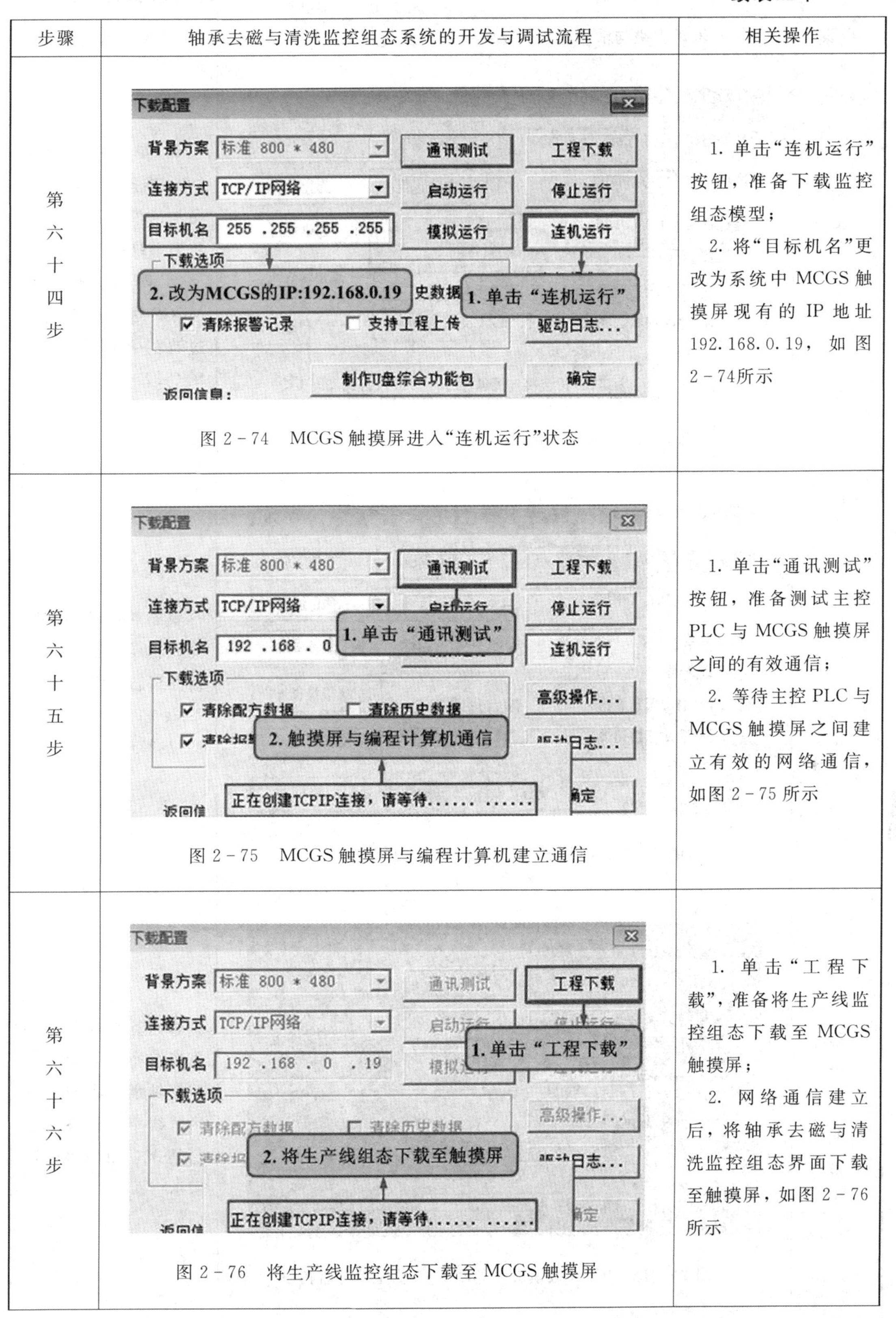

步骤	轴承去磁与清洗监控组态系统的开发与调试流程	相关操作
第六十四步	图 2-74　MCGS 触摸屏进入“连机运行”状态	1. 单击“连机运行”按钮，准备下载监控组态模型； 2. 将“目标机名”更改为系统中 MCGS 触摸屏现有的 IP 地址 192.168.0.19，如图 2-74所示
第六十五步	图 2-75　MCGS 触摸屏与编程计算机建立通信	1. 单击“通讯测试”按钮，准备测试主控 PLC 与 MCGS 触摸屏之间的有效通信； 2. 等待主控 PLC 与 MCGS 触摸屏之间建立有效的网络通信，如图 2-75 所示
第六十六步	图 2-76　将生产线监控组态下载至 MCGS 触摸屏	1. 单击“工程下载”，准备将生产线监控组态下载至 MCGS 触摸屏； 2. 网络通信建立后，将轴承去磁与清洗监控组态界面下载至触摸屏，如图 2-76 所示

* 注：软件界面中显示为“通讯”，这是软件本身的错误，正确者为“通信”。

续表二十二

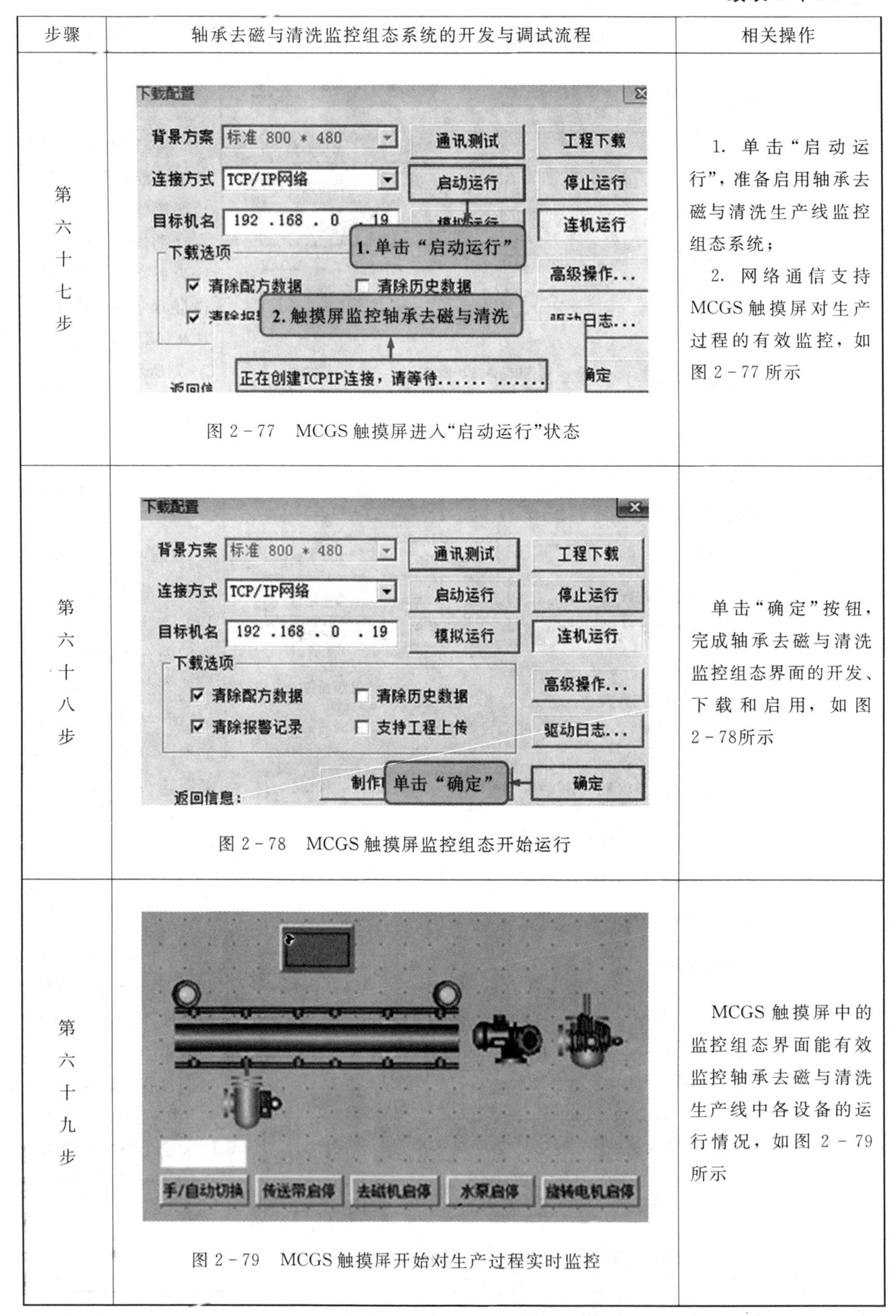

步骤	轴承去磁与清洗监控组态系统的开发与调试流程	相关操作
第六十七步	图 2-77 MCGS 触摸屏进入“启动运行”状态	1. 单击“启动运行”，准备启用轴承去磁与清洗生产线监控组态系统； 2. 网络通信支持 MCGS 触摸屏对生产过程的有效监控，如图 2-77 所示
第六十八步	图 2-78 MCGS 触摸屏监控组态开始运行	单击“确定”按钮，完成轴承去磁与清洗监控组态界面的开发、下载和启用，如图 2-78所示
第六十九步	图 2-79 MCGS 触摸屏开始对生产过程实时监控	MCGS 触摸屏中的监控组态界面能有效监控轴承去磁与清洗生产线中各设备的运行情况，如图 2-79 所示

习　题　二

1. MCGS 监督控制组态软件包括三个版本，分别是网络版(Network Edition)、通用版(Custom Edition)和嵌入版(Embedded Edition)，这三个版本的监督控制组态软件各自具有哪些特点，在控制工程领域中有哪些重要的应用?

2. 在工业机器人轴承去磁与清洗自动化生产线的主控系统中，工程技术人员采用网络交换机建立起 MCGS 触摸屏 TPC7062Ti、主控 PLC S7-300 314C-2PN/DP 及S7-200 SMART SR40 PLC 之间的 TCP/IP 通信网络，如图 2-80 所示。

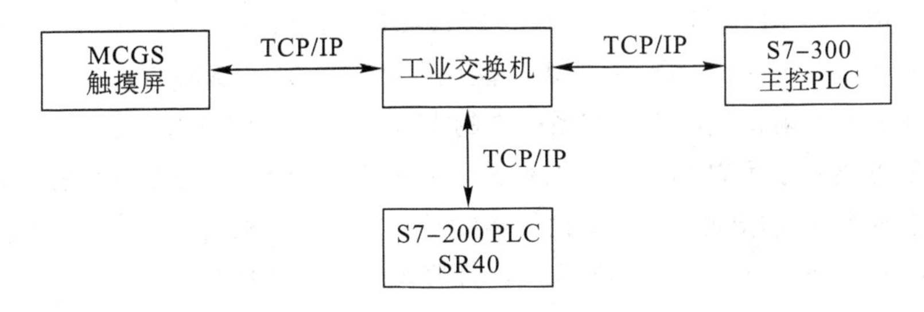

图 2-80　轴承去磁与清洗自动化生产线主控系统的网络连接

(1) 总结 MCGS 嵌入式触摸屏 TPC7062Ti 的主要性能参数。

(2) MCGS 触摸屏可以通过 SR40 PLC 向生产过程下达哪些具体指令?

(3) MCGS 触摸屏可以通过 S7-300 PLC 反映哪些电气设备的运行情况?

3. 结合 MCGS 嵌入式触摸屏 TPC7062Ti，按照表 2-4 所示步骤，逐步实现轴承去磁与清洗生产过程组态和手动控制组态的创建过程。

(1) 具体分析主控 PLC S7-300 和 MCGS 触摸屏中输入/输出变量的 I/O 设置。

(2) 具体分析在 MCGS 组态环境中实现轴承去磁与清洗生产过程监控组态的创建方法。

(3) 具体分析在 MCGS 组态环境中实现轴承去磁与清洗生产过程手动控制组态的创建方法。

实训项目三 计算机控制系统上位机(通信与调度层)的应用

实训目的和意义

本项目介绍主控 PLC S7－300 314C－2PN/DP 的模块化结构，让学生重点了解主控 PLC S7－300 中 DC 24 V 电源模块、CPU 模块和数字量 I/O 模块的基本构造及上述模块在轴承去磁与清洗自动化生产线主控系统中的 I/O 配置与应用方法。

本项目重点培养学生以小组合作的形式，采用 0.75 mm^2 的控制线和标准的工业以太网网线完成主控 PLC 的电源、I/O 传输及网络通信接线，并根据轴承去磁与清洗的控制要求，完成主控 PLC S7－300 I/O 配置和用户程序编写与调试的能力。

实训项目功能简介

轴承去磁与清洗自动化生产线的 PLC 主控系统由主控 PLC S7－300 314C－2PN/DP(上位机)、现场控制器 S7－200 SMART SR40(下位机)及必要的外围继电器组成。其中 S7－300 PLC 作为上位机负责采集轴承去磁与清洗自动化生产线现场设备(含传感器)的状态信息，并将生产过程的状态准确反馈至监控组态系统，同时 S7－300 PLC 可向现场下位机 SR40 PLC 传达来自 MCGS 触摸屏 TPC7062Ti 的手动/自动控制指令，而 SR40 PLC 负责直接控制现场去磁和清洗设备的运行。轴承去磁与清洗自动化生产线的 PLC 主控系统如图 3－1 所示。

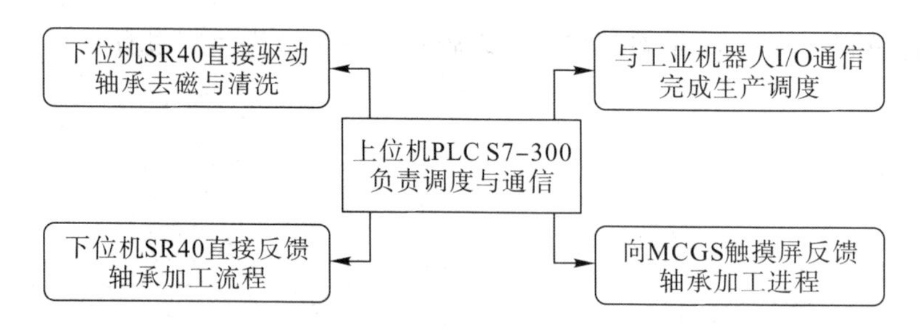

图 3－1 轴承去磁与清洗自动化生产线的 PLC 主控系统

注意：本项目重点培养学生主控 PLC S7－300 314C－2PN/DP 在网络通信、I/O 配置和主程序开发调试等方面的能力。

(1) 上位机 PLC S7－300 可通过 TCP/IP 通信，建立由 MCGS 监控组态系统、主控 PLC 及现场控制器所组成的工业控制网络，实施生产过程的总体控制；也可通过中间继电器系统与机器人保持 I/O 通信，实时控制生产过程的总体调度，让轴承去磁与清洗自动化生产线具备合理的工作节拍。

(2) 下位机 SR40 负责轴承去磁与清洗生产流程的自动控制，并通过网络通信，向上位机 S7－300 直接反馈去磁机和清洗机的工作状态。

实训岗位能力目标

(1) 了解主控 PLC S7－300 314C－2PN/DP 的电源模块、CPU 模块和数字量 I/O 模块的结构、性能及 I/O 配置情况。

(2) 能正确应用电气安装工具、0.75 mm^2的控制线和标准的工业以太网网线构建主控 PLC 的电源、I/O 通信及网络通信子系统。

(3) 能根据轴承去磁与清洗自动化生产线的控制要求，正确编写由主控 PLC S7－300 314C－2PN/DP 完成网络通信、I/O 映射和定时等任务的梯形图程序。

(4) 能由编程计算机(PC 机)向主控 PLC S7－300 下载系统主程序，并能对系统的通信与控制程序进行在线调试。

任务一　计算机控制系统上位机的结构与应用

任务目标

(1) 掌握计算机控制系统上位机的模块化结构；

(2) 熟悉计算机控制系统上位机在自动化生产中的应用。

子任务 1　计算机控制系统上位机的模块化结构

西门子 SIMATIC S7－300 系列 PLC 中的 CPU 314C－2PN/DP 属于紧凑型的中央处理器单元，该型号 PLC 适用于有中等程序规模开发需求的自动化生产线，且具备较强的二进制和浮点数运算处理能力，如图 3－2 和图 3－3 所示。

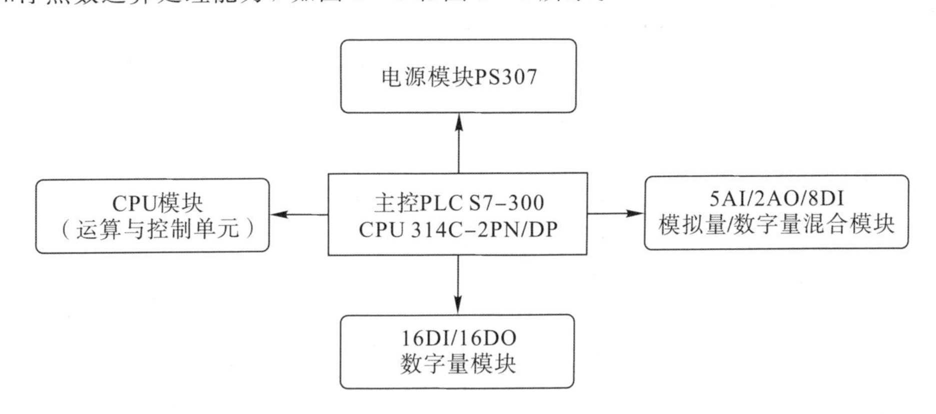

图 3－2　主控 PLC S7－300 314C－2PN/DP 的主体配置

本项目中，轴承去磁与清洗自动化生产线的主控 PLC S7－300 314C－2PN/DP 在正常工作时，配备有电源模块 PS307、CPU 模块、16DI/16DO 的数字量模块及 5AI/2AO/8DI 的模拟量/数字量混合模块。

主控 PLC S7－300 在轴承去磁与清洗的自动化生产过程中，主要负责主控系统的网络通信和数据映射等任务。

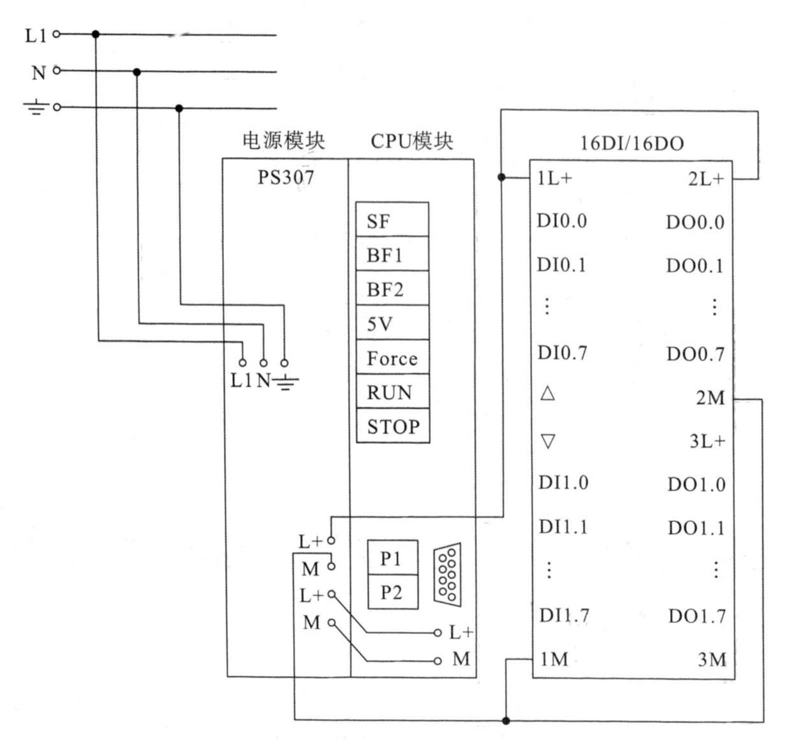

图 3-3　主控 PLC S7-300 314C-2PN/DP 的模块化结构

1. S7-300 PLC 的电源模块 PS307(24 V/2 A)

在自动化生产线主控柜的 DIN 导轨上，主控 PLC S7-300 314C-2PN/DP 的左侧安装有如图 3-4 所示的 SITOP(西门子标准)电源模块 PS307(24 V/2 A)。

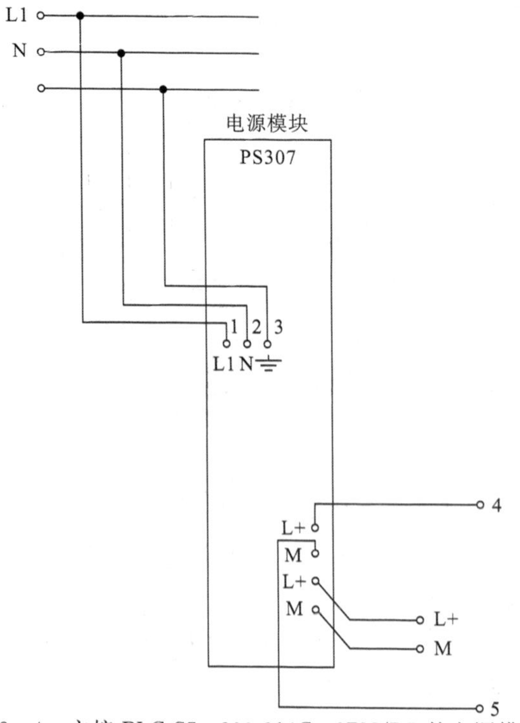

图 3-4　主控 PLC S7-300 314C-2PN/DP 的电源模块

PS307(24 V/2 A)模块的订货号为6ES7 307－1BA01－0AA0，该模块主要为S7－300 PLC的CPU模块、数字量I/O模块、数字量/模拟量混合I/O模块等提供DC 24 V/2 A的供电电源，满足现场智能传感器、继电器、I/O通信及网络通信等方面的需要。

电源模块PS307(24 V/2 A)具有宽电压输入，可将交流输入电压$U_i \in [170\ \text{V}, 264\ \text{V}]$转换为直流输出电压$U_o = 24$ V，并且该模块的电流负载能力为2 A，可满足自动化生产线控制系统中通信、调度、控制与决策等子系统的供电要求。

(1) 电源模块PS307(24 V/2 A)的端子L1(1[#]端子)应当接入AC 220 V电源的火线，此火线一般可以选择U、V、W三相交流电源中的一相，且PS307具有宽电压输入。

(2) 电源模块PS307(24 V/2 A)的端子N(2[#]端子)应当接入AC 220 V电源的零线，此零线一般可以选择蓝色0.75 mm^2的控制线(从空开零线引出)。

注意：主控系统中电源的零线(N)是三相电源的中性线，而地线(GND)则用于电气设备安全接地，不能将主控系统的零线与安全接地的地线混用。

(3) 电源模块PS307(24 V/2 A)的端子GND(3[#]端子)应当接入交流电源的地线，此地线一般可以选择U、V、W三相交流电源的安全接地线，防止轴承去磁与清洗自动化生产线各设备的金属外壳意外导电。

(4) 电源模块PS307(24 V/2 A)的外部接线全部完成后，工程技术人员需要用万用表测量其交流输入(“L1”和“N”)和直流输出(“L+”和“M”)的电压等级。

(5) 电源模块PS307(24 V/2 A)有两组DC 24 V/2 A的直流电源输出(“L+”和“M”)，其中端子“L+”表示DC 24 V高电平输出，端子“M”表示0 V公共端输出。

(6) 在电源模块PS307(24 V/2 A)中，第一组“L+”和“M”端子用于给S7－300 PLC的数字量I/O模块、数字量/模拟量混合I/O模块和中间继电器供电，第二组“L+”和“M”端子用于给S7－300 PLC的CPU模块供电。

主控PLC S7－300的电源模块PS307(24 V/2 A)的主要性能参数及用法见表3－1。PS307模块的瞬时过载电流为20 A，可以对CPU模块、I/O模块和外部中间继电器形成有效的过载保护。

表3－1　电源模块PS307(24 V/2 A)的主要性能参数

序号	参数名称	性能参数指标
1	电源型号	SITOP电源系列PS307(24 V/2 A)
2	额定输入电压	AC 120 V/230 V自适应
3	额定输出电压/电流	DC 24 V/2 A
4	运行显示	24 V绿色LED指示灯(运行正常)
5	瞬时过载电流	20 A
6	额定功率	18 W
7	额定效率	87%
8	输入输出接口线型	(0.5～2.5)mm^2铜制导线

2. 主控PLC S7－300 314C－2PN/DP的CPU模块

主控PLC S7－300 314C－2PN/DP的CPU模块在主控系统中负责S7－300 PLC、SR40 PLC和MCGS触摸屏TPC7062Ti之间的网络通信、数据采集、逻辑运算与判断及

I/O 映射等实时控制任务。

在自动化生产线中，主控 PLC S7－300 314C－2PN/DP 的 CPU 模块具备三种基本工作状态，依次是“RUN”“STOP”和“MRES”状态，如图 3－5 所示。

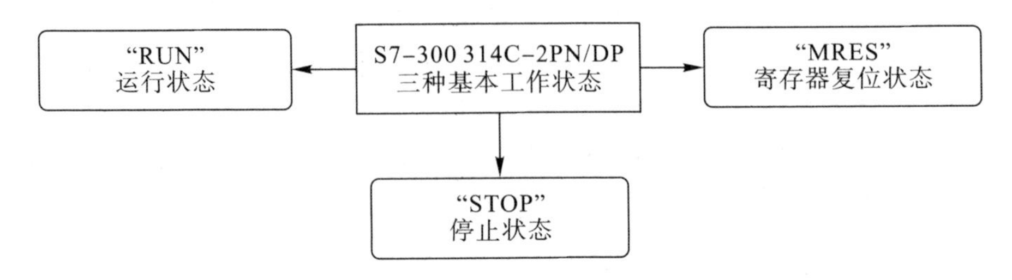

图 3－5 主控 PLC S7－300 CPU 模块的三种基本工作状态

“RUN” 模式表示 S7－300 的 CPU 模块处于运行状态，正在执行 PLC 通信、I/O 映射及“去磁到位”定时等主程序。

“STOP” 模式表示 S7－300 的 CPU 模块处于停止状态，此时的常见操作为编程计算机与 CPU 模块之间程序块、数据块和系统块的下载或者上传。

“MRES” 模式表示 S7－300 的 CPU 模块处于寄存器复位状态，CPU 模块的工作寄存器正在清空当前的数据。

在轴承去磁与清洗自动化生产过程中，主控 PLC S7－300 314C－2PN/DP 的 CPU 模块可以通过 PROFINET 接口(P1 或 P2)与工业交换机的网络接口相连，进而可与现场控制器 SR40 及 MCGS 触摸屏进行 TCP/IP 通信，如图 3－6 所示。主控 PLC S7－300 负责采集生产线中各个传感器和生产设备的运行状态，并将采集到的信号准确地呈现于上位机监控系统 MCGS 触摸屏 TPC7062Ti 的监控组态界面中。

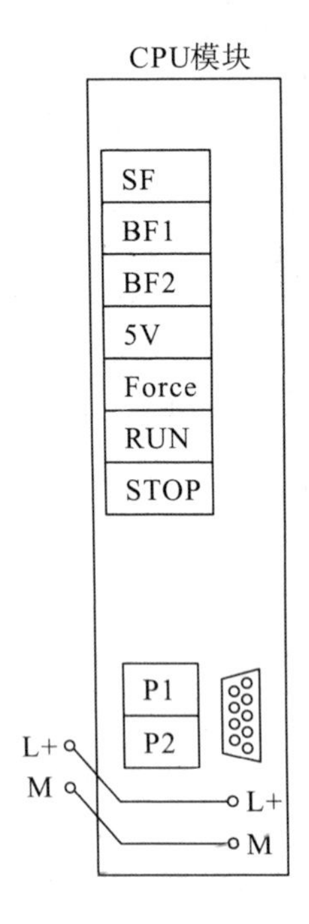

图 3－6 主控 PLC S7－300 314C－2PN/DP 的 CPU 模块

同时，S7－300 PLC 可以协助 MCGS 触摸屏切换生产线的手动/自动运行状态，完成生产线手动控制的 I/O 指令映射。

(1) 在主控 PLC S7-300 314C-2PN/DP 的 CPU 模块中，内置工作寄存器的容量为 192 KB，外置存储器的容量最大可选 8 MB，主要用于存储轴承自动去磁与清洗流程中的用户程序和中间运算结果。

(2) S7-300 PLC CPU 模块的位操作时间为 0.06 μs，字操作时间为 0.12 μs，满足实时控制轴承自动去磁与清洗生产过程的需要，S7-300 PLC CPU 模块的数据采集、I/O 映射及逻辑运算都属于位操作。

(3) S7-300 PLC CPU 模块常用的开关量输入位地址为 I0.0～I135.7，常用的开关量输出位地址为 Q0.0～Q135.7。

(4) S7-300 PLC CPU 模块具备两个 PROFINET 接口(工业以太网接口)，分别是 P1 或 P2，支持主站设备 S7-300 314C-2PN/DP 与交换机相连，从而进一步与编程计算机、MCGS 触摸屏及从站设备 SR40 PLC 进行 TCP/IP 通信。

(5) S7-300 PLC CPU 模块具备一个集成 MPI/PROFIBUS-DP(多点/现场总线网络)接口，支持主站设备 S7-300 314C-2PN/DP 与外围传感器和执行机构(步进电机、伺服电机或者电动阀门)的网络通信。

S7-300 PLC CPU 模块的主要性能参数及其在轴承去磁与清洗自动化生产线主控系统中的使用方法见表 3-2。

表 3-2　S7-300 CPU 模块的主要性能参数

序号	参数名称	性能参数指标
1	工作寄存器/外置存储器	192 KB /8 MB
2	位/字操作时间	0.06 μs /0.12 μs
3	板载 I/O 数量	I(16 点)/O(16 点)
4	输入/输出过程映像寄存器	2048 字节/2048 字节
5	工业以太网接口/协议	PROFINET 接口/S7 协议
6	现场总线接口/协议	MPI/PROFIBUS 接口/现场总线协议
7	最大 DP 从站数	124 个
8	工作环境温度	(0～60)℃

3. 主控 PLC S7-300 314C-2PN/DP 的 I/O 模块

主控 PLC S7-300 314C-2PN/DP 的数字量 I/O 模块在主控系统中负责 S7-300 PLC 和工业机器人之间的 I/O 通信任务，图 3-7 所示为 S7-300 PLC 与机器人通信的三种状态。

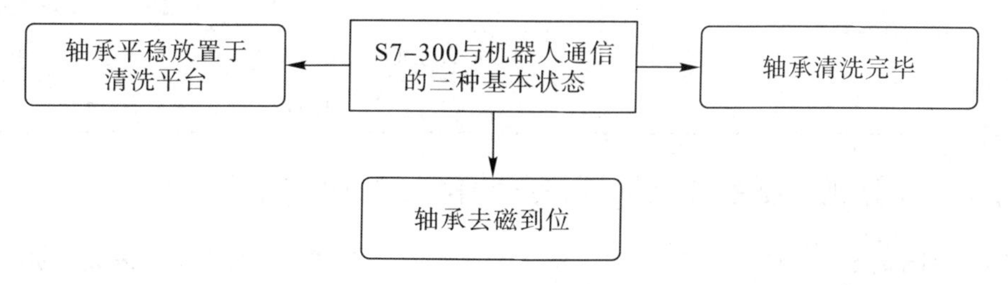

图 3-7　S7-300 PLC 和机器人之间 I/O 通信的三种基本状态

在自动化生产线中，S7-300 PLC 和 ESTUN 工业机器人之间的 I/O 通信主要包括三种基本状态，依次是“轴承平稳放置于清洗平台”(I136.0=1)“轴承去磁到位”(Q136.0=1)和“轴承清洗完毕”(Q136.1=1)。

主控 PLC S7-300 的数字量 I/O 模块包括 16 点数字量输入(DI0.0～DI1.7)和 16 点数字量输出(DO0.0～DO1.7)，且均为继电器(Relay)型。S7-300 PLC 的电源模块 PS307 直接为其 I/O 模块供电，其 I/O 模块直流电源(“1L+”/“2L+”端子)有效值为 DC 24 V，可以直接用于驱动中间继电器 KA5～KA7 线圈的得失电，如图 3-8 所示。

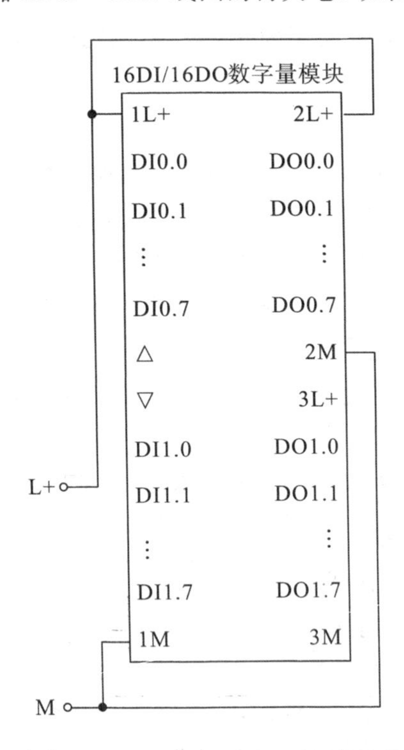

图 3-8 主控 PLC S7-300 314C-2PN/DP 的 I/O 模块

S7-300 PLC I/O 模块的主要性能参数见表 3-3，其中 1# 和 20# 引脚分别为“1L+”和“1M”，“1L+”是 16 点数字量输入 DI0.0～DI1.7 的 DC 24 V 输入端，“1M”则是 16 点数字量输入 DI0.0～DI1.7 的公共端(0 V)。同理，数字量输出 DO0.0～DO0.7 由“2L+”/“2M”负责供电，而数字量输出 DO1.0～DO1.7 由“3L+”/“3M”负责供电。以上数字量信号主要用于 S7-300 PLC 与机器人之间的 I/O 通信。

表 3-3 S7-300 I/O 模块的主要性能参数

序号	参数名称	性能参数指标
1	“1L+”/“1M”	DI0.0～DI1.7 的 DC 24 V 输入端/公共端
2	“2L+”/“2M”	DO0.0～DO0.7 的 DC 24 V 输入端/负载公共端
3	“3L+”/“3M”	DO1.0～DO1.7 的 DC 24 V 输入端/负载公共端

子任务 2 计算机控制系统上位机在自动化生产中的应用

以主控 PLC S7-300 314C-2PN/DP 为核心，由 S7-200 SMART SR40、MCGS 触摸屏 TPC7062Ti、ESTUN 工业机器人及编程计算机共同组成的轴承去磁与清洗自动化生产线的智能控制系统如图3-9所示。该智能控制系统通过合理的调度，可将轴承去磁与清洗的工作节拍设定在[90 s，120 s]范围内。

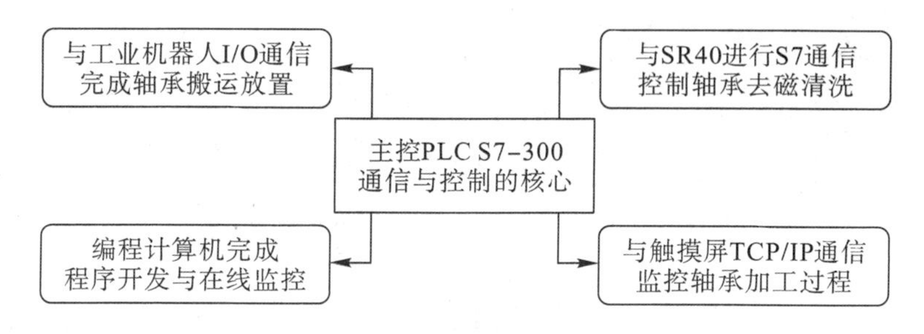

图3-9　轴承去磁与清洗自动化生产线的智能控制系统

该系统中，S7-300 PLC、SR40 PLC和MCGS触摸屏负责现场轴承去磁与清洗生产过程的监督和控制；ESTUN工业机器人代替人力完成轴承工件的抓取、搬运和放置，编程计算机则负责系统程序的开发与在线状态监控。

(1) 主控PLC S7-300 314C-2PN/DP与现场控制器S7-200 SMART SR40之间保持S7通信，完成轴承工件的位置检测，同时驱动传送机构、去磁机构、喷淋机构和清洗机构的启制动运行。

(2) 主控PLC S7-300 314C-2PN/DP与MCGS触摸屏之间保持TCP/IP通信，S7-300 PLC将轴承去磁与清洗生产过程中传感器的检测信号与各电气设备的工作状态映射到触摸屏上，为工程技术人员完成生产线状态监控并下达手/自动切换和手动控制指令提供参考依据。监控组态技术的应用有效增强了轴承自动化生产的可靠性。

(3) 主控PLC S7-300 314C-2PN/DP与ESTUN工业机器人之间保持I/O通信，S7-300 PLC引导机器人触发OMRON照相机(FH1050)，完成轴承工件的拍照定位，并实现机器人在去磁工位和清洗工位之间轴承工件的抓取、搬运和放置操作。

(4) 编程计算机根据轴承去磁与清洗操作的需要，完成S7-300 PLC通信与控制指令、SR40 PLC控制指令以及MCGS触摸屏组态监控界面的开发与调试。

任务二　计算机控制系统上位机的电气接线

任务目标

(1) 熟悉上位机电源模块PS307和CPU模块的电气与网络接线；

(2) 掌握上位机数字量I/O模块(16DI/16DO)的电气接线。

子任务1　上位机电源模块PS307和CPU模块的电气与网络接线

主控PLC S7-300 314C-2PN/DP安装在DIN导轨上以后，其左半部分分别为电源模块PS307(24 V/2 A)和CPU模块，如图3-10所示。

电源模块PS307(24 V/2 A)主要负责为CPU模块、数字量I/O模块(16DI/16DO)及中间继电器KA5～KA7供电。KA5接入S7-300的输入端子I136.0，反映机器人将轴承“平稳放置于清洗平台上”的状态。KA6和KA7分别与S7-300的输出端子Q136.0和Q136.1相连，反映轴承工件“去磁完毕”和“清洗完毕”的状态。

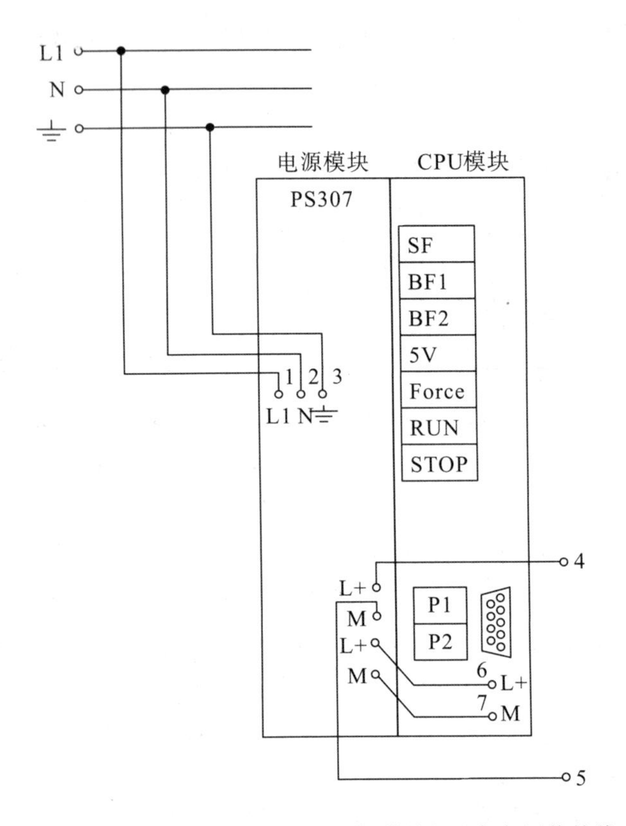

图 3-10 电源模块 PS307 和 CPU 模块的电气与网络接线

CPU 模块通过工业以太网 PROFINET 接口(P1 或 P2)与交换机相连，实现与 SR40 PLC、MCGS 触摸屏及编程计算机之间的网络通信。

1. 电源模块 PS307(24 V/2 A)的电气接线

电源模块 PS307(24 V/2 A)的电气接线主要由 AC 220 V 的电源输入部分和 DC 24 V 的电源输出部分组成，如图 3-10 所示。PS307 模块 2 A 的电流输出可以满足现场 S7-300PLC的 CPU 模块、传感器和中间继电器的功耗需求。

(1) 在主控系统断电的情况下，工程技术人员必须准确无误地完成电源模块 PS307 (24 V/2 A)的电气接线；电气接线端子 L1(1# 端子)是电源模块 PS307 的 AC 220 V"火线输入"，该单相电(U、V、W 三相交流电源中的一相)电压的有效值 $U=220$ V，端子 N(2# 端子)是电源模块 PS307 的"零线输入"，端子 GND(3# 端子)是电源模块 PS307 的"安全接地输入"。

(2) 电源模块 PS307 有两组 DC 24 V/2 A 的直流输出端子("L+"和"M")，其中第一组"L+"(4# 引脚)和"M"(5# 引脚)用于给 S7-300 PLC 16DI/16DO 的数字量模块及其输入和输出中间继电器 KA5～KA7 供电，而第二组"L+"(6# 引脚)和"M"(7# 引脚)用于给 S7-300 PLC 的 CPU 模块供电。

注意：电源模块 PS307 两组 DC 24 V/2 A 的直流输出端子("L+"和"M")总体的电流负载能力为 2 A。

2. S7-300 PLC CPU 模块的网络接线

S7-300 PLC CPU 模块的 PROFINET 接口(P1 或 P2 接口)属于工业以太网接口，支持主控 PLC S7－300 314C－2PN/DP 以 TCP/IP 通信模式与上位机 MCGS 监控触摸屏相连，完成轴承去磁与清洗生产过程的监控；同时支持主控 PLC S7－300 314C－2PN/DP 以 S7 通信模式与下位机 SR40 PLC 相连，完成传感器检测信号的采集和轴承去磁与清洗设备的启制动控制。

子任务 2　计算机控制系统上位机数字量 I/O 模块的电气接线

主控 PLC S7－300 314C－2PN/DP 的数字量 I/O 模块包含 16 点数字量输入(DI0.0～DI1.7)和 16 点数字量输出(DO0.0～DO1.7)。该模块位于 CPU 模块的右侧，具备双列 40 端子结构，属于继电器输出型 I/O 模块，如图 3－11 所示。DI0.0 端子用于接收“轴承平稳放置于清洗平台上”的反馈信号，而 DO0.0 和 DO0.1 端子用于发送轴承“去磁完毕”和“清洗完毕”的通信信号。

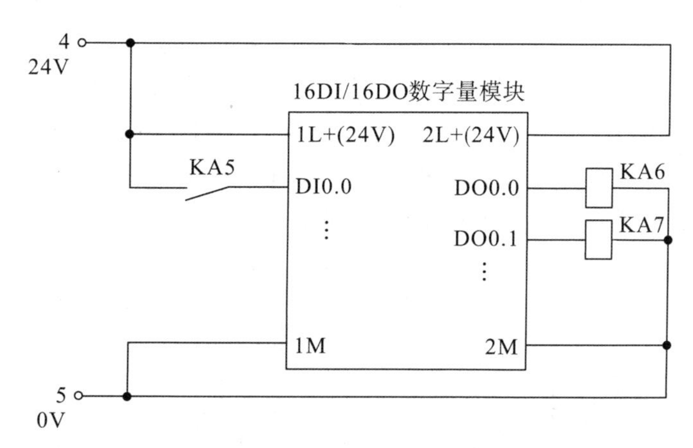

图 3－11　主控 PLC S7－300 数字量 I/O 模块的电气接线

1. S7－300 PLC 数字量 I/O 模块的输入端接线

技术人员按照图 3－11 所设计的接线方式，将中间继电器 KA5 的常开触点接入 S7－300 PLC(数字量 I/O 模块)的 1# 电源端子“1L＋”和 2# 输入端子“DI0.0”之间。当 DI0.0＝1时，代表机器人已经将轴承工件平稳地放置于清洗平台上。

(1) 当 ESTUN 机器人平稳地将轴承工件放置于清洗平台上后，其端持器(夹抓)将停留在空中保持一定的高度，此时机器人 CPU 模块右侧的 I/O 扩展模块中，数字量输出端子 DO17＝1(DC 24 V)，如图 3－12 所示。

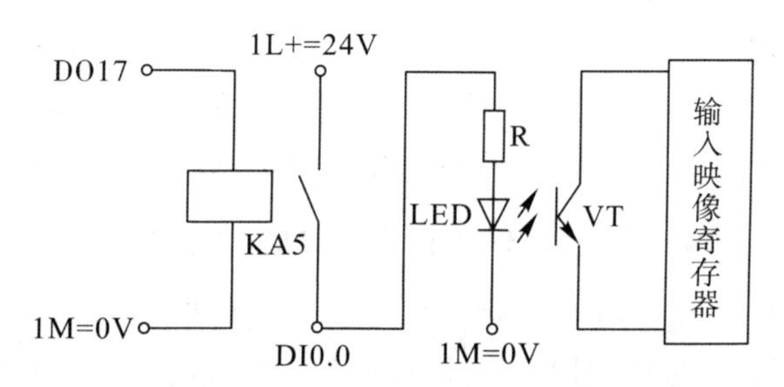

图 3－12　数字量 I/O 模块输入端子“DI0.0”内部的电气接线

(2) 当 DO17＝1 时，中间继电器 KA5 线圈得电，其常开触点闭合，此时 S7－300 PLC 数字量 I/O 模块中，输入端子 DI0.0＝1(DC 24 V)，“轴承平稳放置”的信号顺利反馈至

S7－300 PLC 的输入端。当主控 PLC S7－300 数字量 I/O 模块中的输入端子 DI0.0＝1 时，其对应的输入映像寄存器位 I136.0＝1 有效。

2. S7－300 PLC 数字量 I/O 模块的输出端接线

技术人员按照如图 3－11 所设计的接线方式，将中间继电器 KA6 的线圈接入 S7－300 PLC(数字量 I/O 模块)的 22# 输出端子"DO0.0"和 30# 公共端子"2M"之间。当 DO0.0＝1 时，表示 S7－300 PLC 通知 ESTUN 机器人"轴承去磁完毕"，且轴承工件已经停稳在去磁机第Ⅷ区，ESTUN 机器人可以触发 OMRON 相机进行轴承工件拍照定位，OMRON 视觉系统可自动将轴承在传送带上的 X 轴和 Y 轴坐标换算到 ESTUN 机器人的基坐标系下，从而引导工业机器人抓取和搬运轴承工件。

同理，技术人员将中间继电器 KA7 的线圈接入 S7－300 PLC(数字量 I/O 模块)的 23# 输出端子"DO0.1"和 30# 公共端子"2M"之间。当 DO0.1＝1 时，表示 S7－300 PLC 通知 ESTUN 机器人"轴承清洗完毕"，机器人可以继续抓取清洗好的轴承工件。

(1) 当轴承工件去磁完毕，且停留在去磁机传送带的第Ⅷ区时，2# 光纤漫反射传感器可以有效检测到轴承工件，并将该检测信号反馈至 SR40 PLC 和 S7－300 PLC，此时 S7－300 PLC 通过运行其内部程序，令如图 3－13 中所示的输出端子 DO0.0＝1(DC 24 V 高电平信号持续 2 s。注意：输出端子 DO0.0 的编程地址是 Q136.0)。

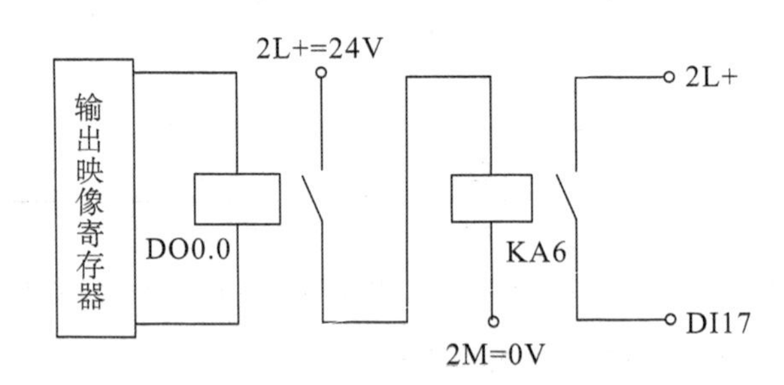

图 3－13 数字量 I/O 模块输出端子"DO0.0"内部的电气接线

(2) 当 DO0.0＝1 时，中间继电器 KA6 线圈得电，其常开触点闭合，此时"轴承去磁完毕"的控制指令由 S7－300 PLC 传递给机器人 CPU 模块右侧的 I/O 扩展模块中的输入端子 DI17，且 DI17＝1 将持续 2 s。

(3) 同理，当轴承工件定时 10 s 的自动清洗结束时，SR40 PLC 通过运行其内部程序，令 V20.6＝1，此时"轴承清洗完毕"的反馈信号回传至 S7－300 PLC，S7－300 PLC 中数据块 DB11 内部的位寄存器 DB11.DBX20.6＝1(持续 2 s)。接下来，S7－300 PLC 通过运行其内部程序，令其输出端子 DO0.1＝1(持续 2 s)。最终机器人侧输入端子 DI18＝1 将持续 2 s，"轴承清洗完毕"的反馈信号顺利回传至工业机器人的 CPU 模块。

3. S7－300 PLC 数字量 I/O 模块输入输出变量的对应关系

S7－300 PLC 数字量 I/O 模块的 16 个输入端子标号为 DI0.0～DI1.7，但其在 CPU 模块中对应的编程地址为 I136.0～I137.7，共占两个字节。同理，数字量 I/O 模块的 16 个输出端子标号为 DO0.0～DO1.7，但其在 CPU 模块中对应的编程地址为 Q136.0～Q137.7，共占两个字节。轴承去磁与清洗自动化生产线中使用的 S7－300 PLC 的 I/O 端子输入输出变量的对应关系见表 3－4。

表 3-4　S7-300 PLC 数字量 I/O 模块输入输出变量的对应关系

序号	I/O 端子标号	I/O 端子编程地址	含　义
1	DI0.0	I136.0	轴承平稳放置
2	DO0.0	Q136.0	轴承去磁完毕
3	DO0.1	Q136.1	轴承清洗完毕

技术人员在编写 S7-300 PLC 梯形图程序时，应当注意使用输入输出端子在 CPU 模块中对应的编程地址。

注意：在 S7-300 PLC 数字量 I/O 模块中，所有的 DC 24 V 电源均来自于 PS-307 电源模块的 DC 24 V“L+”输出端子；同时，在数字量 I/O 模块中，所有的 DC 0 V 均来自于 PS-307 电源模块的公共端“M”(0 V)。

任务三　计算机控制系统上位机的 I/O 配置与编程

任务目标

(1) 熟悉计算机控制系统上位机的 I/O 配置；

(2) 掌握计算机控制系统上位机的编程与调试。

子任务 1　计算机控制系统上位机的 I/O 配置情况

工程技术人员使用以太网网线(Ethernet)，通过主控 PLC S7-300 314C-2PN/DP 和下位机 S7-200 SMART SR40 的工业以太网(PROFINET)接口，将上位机和下位机同步接入交换机，组成轴承去磁与清洗自动化生产线的 PLC 控制系统。在该网络控制系统中，主控 PLC S7-300 的 IP 地址为 192.168.0.1，而下位机 S7-200 SMART SR40 的 IP 地址为 192.168.0.4。S7-300 通过“PUT”和“GET”指令与 SR40 之间保持 S7 通信。

1. S7-300 PLC“PUT”指令对应的数据块 DB10

主控 PLC S7-300 314C-2PN/DP 通过“PUT”指令，将由 MCGS 嵌入式触摸屏发出的关于自动化生产线的手/自动切换指令和手动控制指令传输给 SR40 PLC，用于控制轴承去磁与清洗的生产过程。

为了完成由主控 PLC S7-300 向下位机下达指令的通信，在主控 PLC S7-300 内部创建表 3-5 所示的数据块 DB10，用于完成“PUT”操作(I/O 变量映射操作)。

表 3-5　S7-300 PLC“PUT”指令对应的数据块 DB10

序号	S7-300 输入	PUT 源寄存器	PUT 目标寄存器	SR40 V 区	含　义
1	I0.0	P#DB10.DBX20.0	P#DB1.DBX0.0	V0.0	手/自动切换
2	I0.1	P#DB10.DBX20.1	P#DB1.DBX0.1	V0.1	传送带启停
3	I0.2	P#DB10.DBX20.2	P#DB1.DBX0.2	V0.2	去磁装置启停
4	I0.3	P#DB10.DBX20.3	P#DB1.DBX0.3	V0.3	水泵电机启停
5	I0.4	P#DB10.DBX20.4	P#DB1.DBX0.4	V0.4	旋转电机启停
6	I136.0	P#DB10.DBX20.5	P#DB1.DBX0.5	V0.5	水泵辊棒同时启动

2. S7－300 PLC“GET”指令对应的数据块 DB11

主控 PLC S7－300 314C－2PN/DP 通过“GET”指令，获取由 SR40 PLC 反馈的自动化生产线中传感器的检测信号及各电气设备的运行状态信号，以便工程技术人员监控轴承去磁与清洗自动化生产过程的运行。

为了完成下位机 SR40 PLC 向主控 PLC S7－300 314C－2PN/DP 上传采样信息的通信，在主控 PLC S7－300 内部创建表 3－6 所示的数据块 DB11，用于完成“GET”操作(I/O 变量映射操作)。在下位机 SR40 中，变量寄存器区的 V20.0～V20.6 位用于记录轴承去磁与清洗的具体流程信息。

表 3－6 S7－300 PLC“GET”指令对应的数据块 DB11

序号	S7－300 输出	GET 目标寄存器	GET 源寄存器	SR40 V 区	含 义
1	Q0.0	P＃DB11.DBX20.0	P＃DB1.DBX20.0	V20.0	轴承上料完成
2	Q0.1	P＃DB11.DBX20.1	P＃DB1.DBX20.1	V20.1	轴承去磁完毕
3	Q0.2	P＃DB11.DBX20.2	P＃DB1.DBX20.2	V20.2	传送带启动
4	Q0.3	P＃DB11.DBX20.3	P＃DB1.DBX20.3	V20.3	去磁装置启动
5	Q0.4	P＃DB11.DBX20.4	P＃DB1.DBX20.4	V20.4	水泵电机启动
6	Q0.5	P＃DB11.DBX20.5	P＃DB1.DBX20.5	V20.5	旋转电机启动
7	Q136.1	P＃DB11.DBX20.6	P＃DB1.DBX20.6	V20.6	轴承清洗完毕

3. S7－300 PLC 数字量 I/O 模块和内部继电器的 I/O 配置

在轴承去磁与清洗自动化生产过程中，主控 PLC S7－300 314C－2PN/DP 与 ESTUN 机器人的 CPU 模块之间通过 I/O 通信实现轴承工件抓取、搬运、放置及各加工工序的调度。

(1) 当轴承工件去磁完毕时，SR40 PLC 输入端子 I0.5＝1，随机触发 SR40 PLC 内部位寄存器 V20.1＝1，V20.1 的状态变化反馈回 S7－300 PLC 后，数据块 DB11 中寄存器位 DBX20.1＝1。

(2) 随后，通过执行 S7－300 PLC 内部的延时指令，S7－300 的输出端子 Q136.0＝1(持续 2 s，以供机器人 CPU 模块读取)。

(3) S7－300 PLC 侧 Q136.0 端子与机器人侧 DI17 端子通过中间继电器 KA6 相连，因此当 DI17＝1 时，机器人触发相机拍照，对轴承实现定位后，由机器人抓取并搬运轴承至清洗工位。

(4) 当机器人平稳地将轴承放置于清洗平台时，机器人侧 DO17＝1(持续 2 s，以供主控 PLC 的 CPU 模块读取)，由于机器人侧 DO17 端子与 S7－300 PLC 侧 I136.0 端子通过中间继电器 KA5 相连，因此当 I136.0＝1 时，S7－300 PLC 命令 SR40 PLC 自动启动轴承的清洗操作(V0.5＝1)。

(5) 轴承的喷淋清洗共定时 10 s，清洗结束后，SR40 PLC 内部位寄存器 V20.6=1，V20.6 的状态变化反馈回 S7-300 PLC 后，数据块 DB11 中寄存器位 DBX20.6=1(持续 2 s)。

(6) 随后，通过执行 S7-300 PLC 内部的通信指令，S7-300 的输出端子 Q136.1=1(持续 2 s，以供机器人读取 CPU 模块)。

(7) S7-300 PLC 侧 Q136.1 端子与机器人侧 DI18 端子通过中间继电器 KA7 相连，因此当 DI18=1 时，机器人再次抓取轴承工件，将其搬运至半成品收集处。

为了顺利实现上述轴承去磁与清洗自动化生产过程中的调度与转换，工程技术人员对 S7-300 PLC 数字量 I/O 模块和内部中间继电器进行合理的 I/O 配置，其具体配置方法见表 3-7。

表 3-7　S7-300 PLC 数字量 I/O 模块和内部继电器的 I/O 配置

类　别	序号	位寄存器	机器人端 I/O 地址	含　义
S7-300 数字量 I/O 模块	1	I136.0	DO17	轴承已平稳放置
	2	Q136.0	DI17	轴承去磁完毕
	3	Q136.1	DI18	轴承清洗完毕
S7-300 内部继电器	4	M0.0	PLC 中间继电器	轴承已停稳
	5	M0.1	PLC 中间继电器	连锁触发 Q136.0
	6	M0.3	PLC 中间继电器	PUT 和 GET 的使能端

子任务 2　计算机控制系统上位机的编程与调试

主控 PLC S7-300 314C-2PN/DP 内部的用户程序存储器主要加载三种类型的程序：S7-300 与 SR40 PLC 之间的 S7 通信指令(“PUT”指令和“GET”指令)、轴承去磁与清洗自动化生产过程的 I/O 映射指令和“轴承去磁到位”的输出指令。

1. 主控 PLC S7-300 与 SR40 PLC 之间的 S7 通信指令

主控 PLC S7-300 通过工业交换机与 SR40 PLC 之间首先建立起 S7 通信，S7 通信的扫描周期 $T_s \in [20\ ms,\ 100\ ms]$，S7-300 通过“PUT”指令，将生产线的手/自动切换和手动控制指令下达给现场控制器 SR40 PLC，同时 S7-300 通过“GET”指令，采集由 SR40 PLC 反馈的轴承去磁与清洗生产过程的详细信息。

2. 轴承去磁与清洗自动化生产过程的 I/O 映射指令

MCGS 触摸屏下达的轴承去磁与清洗的手动/自动控制指令，通过 S7-300 内部的数据块 DB10，可以有效映射到 SR40 PLC 内部对应的位变量寄存器(V0.0～V0.5)中；而由 SR40 PLC 反馈的生产现场的状态信息，通过 S7-300 内部的数据块 DB11 可以有效映射到 MCGS 触摸屏内部对应的输出变量寄存器(Q0.0～Q0.5 及 Q136.1)中。以上变量的映射过程可以满足 MCGS 触摸屏对生产过程的监控要求。

3. “轴承去磁到位”的输出指令

当轴承工件去磁到位后，S7-300 内部寄存器位 DB11.DBX20.1=1，随后触发定时程序实现传送带缓冲停稳。当 S7－300 内部的中间继电器 M0.0 得电时，可确保轴承工件停稳在 2# 光纤传感器前端，随后再通过定时器定时（2 s）和中间继电器 M0.1 的信号传导，确保“轴承去磁到位”的 I/O 信号（Q136.0＝1）能够传送给工业机器人（DI17＝1），且 DI17＝1 的高电平信号可持续 2 s。

4. 主控 PLC S7－300 主程序的编辑过程

基于上述主控 PLC S7－300 314C－2PN/DP 在 TCP/IP 通信、I/O 变量映射及“轴承去磁到位”输出（持续 2 s）等方面的控制策略，技术人员采用如图 3－14 所示的思路完成主控 PLC S7－300 主程序的编辑。

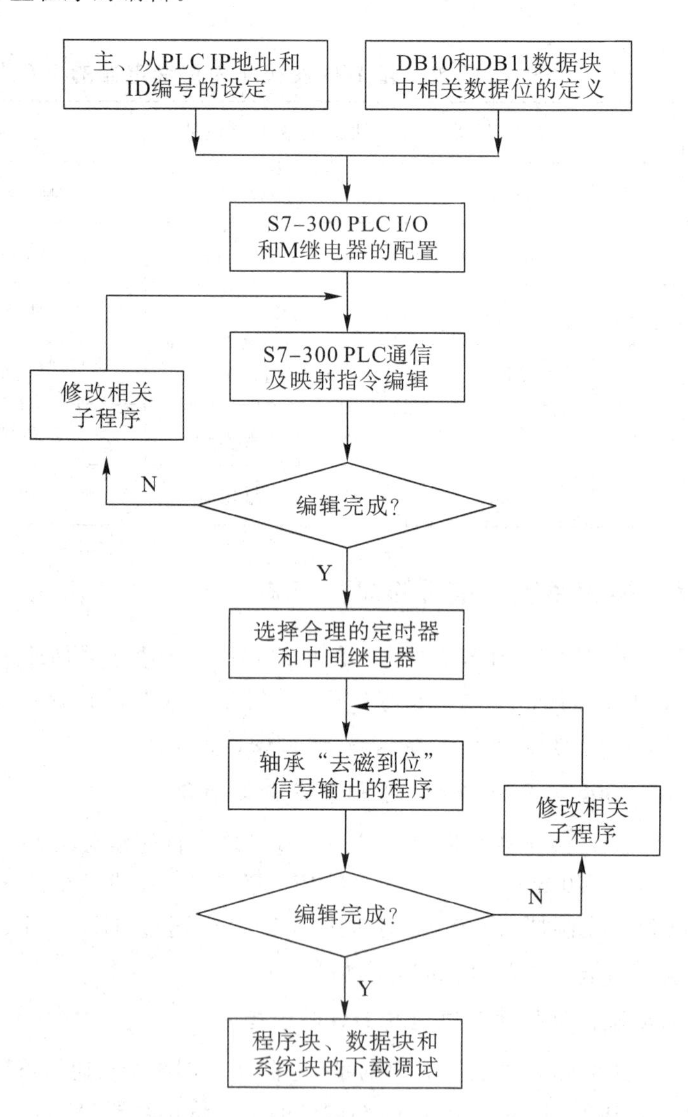

图 3－14 主控 PLC S7－300 主程序的编辑流程

主控 PLC S7－300 主程序的开发与调试流程见表 3－8。首先正确设定 S7－300、SR40 和触摸屏的 IP 地址、ID 编号及 S7－300 内部的 DB10 和 DB11 数据块，然后根据 S7－300 的 I/O 及内部继电器配置，编写 S7－300 的主程序。

表 3－8　主控 PLC S7－300 主程序的开发与调试流程

步骤	主控 PLC S7－300 主程序的编辑与调试流程	相关操作
第一步	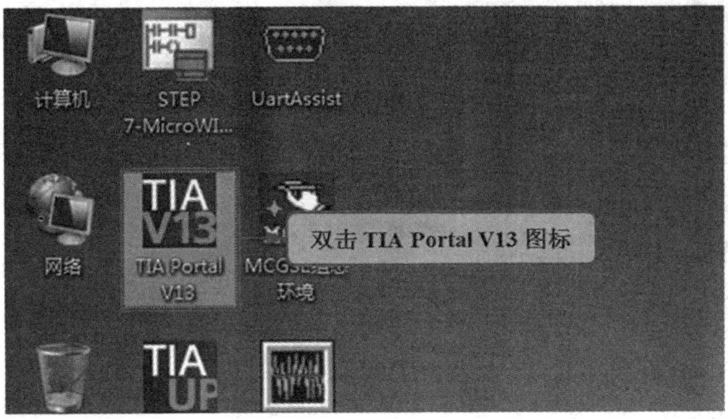 图 3－15　双击打开 TIA Portal V13 到主界面	1. 左键双击 TIA Portal V13 应用软件图标，完整打开主控 PLC S7－300 的开发环境 Portal V13，如图 3－15 所示； 2. 查看软件状态，准备建立主控 PLC S7－300的应用程序
第二步	 图 3－16　在 Portal V13 中创建新项目	左键单击“创建新项目”选项，准备新建轴承去磁与清洗生产线控制系统的“S7－300 主程序”，如图 3－16 所示
第三步	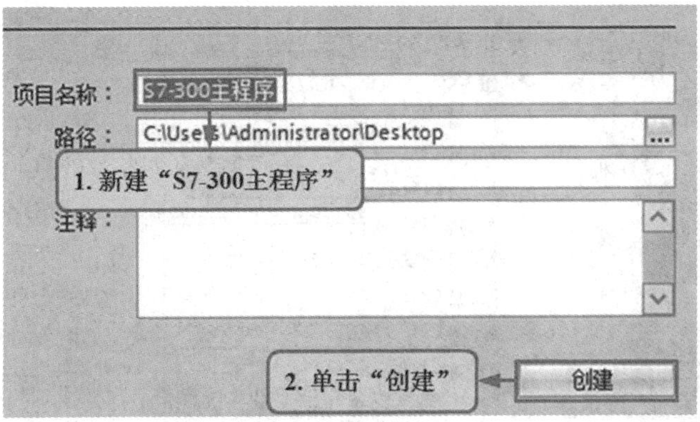 图 3－17　在 Portal V13 中创建 S7－300 的主程序	1. 单击“项目名称”选项卡，将新建程序命名为“S7－300 主程序”； 2. 单击“创建”按钮，形成“S7－300 主程序”，如图 3－17 所示

续表一

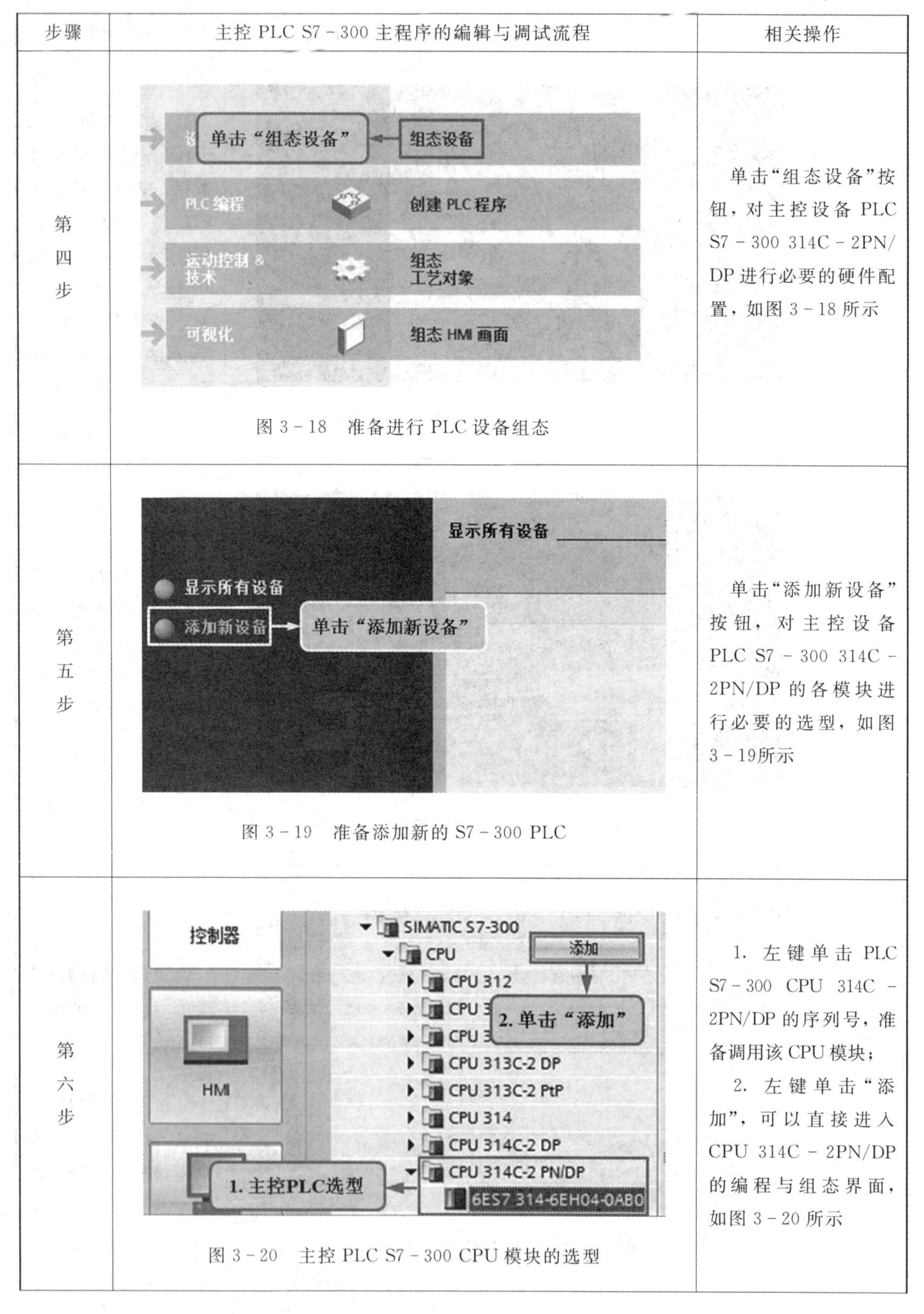

步骤	主控 PLC S7－300 主程序的编辑与调试流程	相关操作
第四步	图 3－18　准备进行 PLC 设备组态	单击“组态设备”按钮，对主控设备 PLC S7－300 314C－2PN/DP 进行必要的硬件配置，如图 3－18 所示
第五步	图 3－19　准备添加新的 S7－300 PLC	单击“添加新设备”按钮，对主控设备 PLC S7－300 314C－2PN/DP 的各模块进行必要的选型，如图 3－19所示
第六步	图 3－20　主控 PLC S7－300 CPU 模块的选型	1. 左键单击 PLC S7－300 CPU 314C－2PN/DP 的序列号，准备调用该 CPU 模块； 2. 左键单击“添加”，可以直接进入 CPU 314C－2PN/DP 的编程与组态界面，如图 3－20 所示

续表二

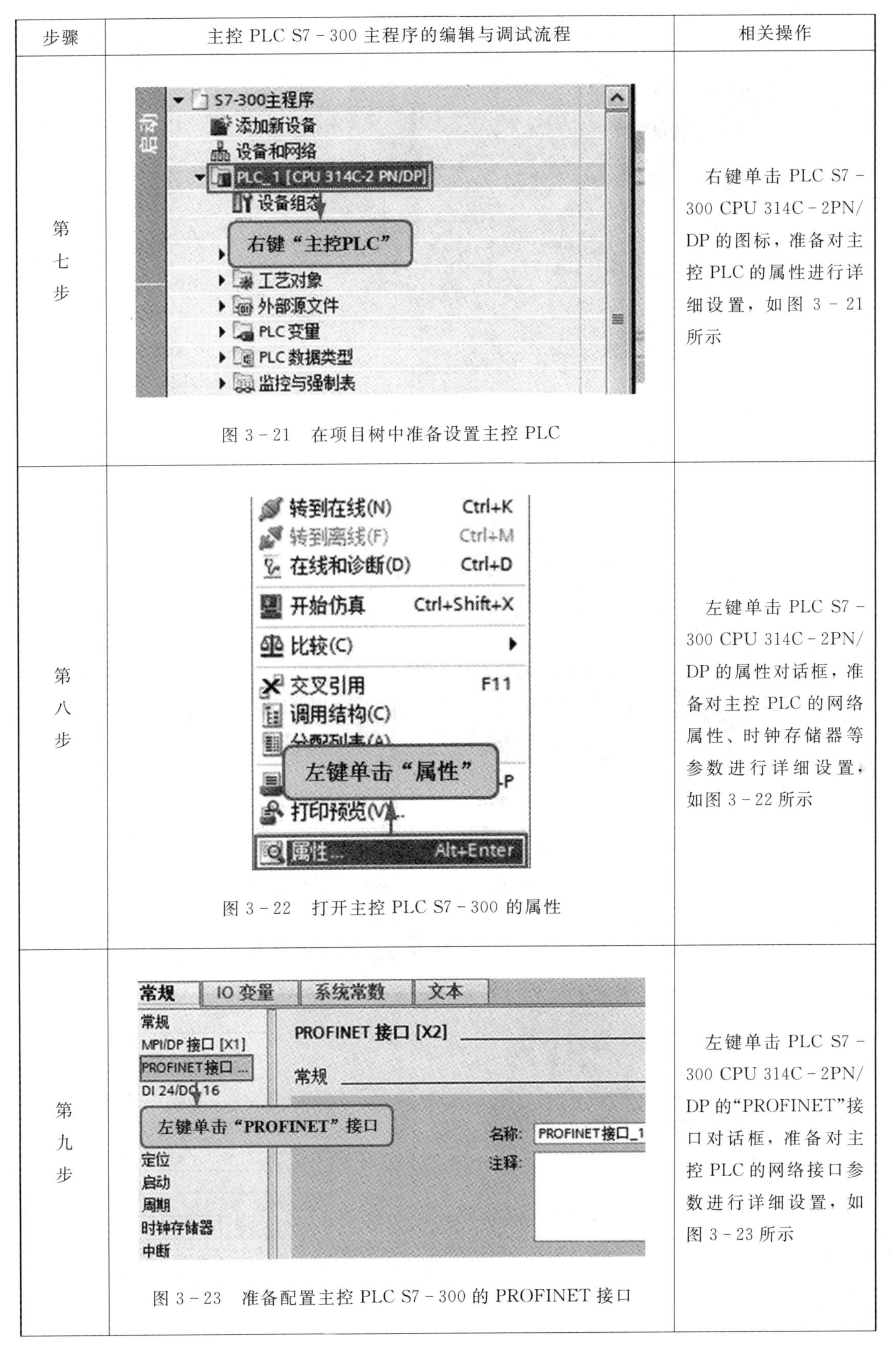

步骤	主控 PLC S7－300 主程序的编辑与调试流程	相关操作
第七步	图 3－21　在项目树中准备设置主控 PLC	右键单击 PLC S7－300 CPU 314C－2PN/DP 的图标，准备对主控 PLC 的属性进行详细设置，如图 3－21 所示
第八步	图 3－22　打开主控 PLC S7－300 的属性	左键单击 PLC S7－300 CPU 314C－2PN/DP 的属性对话框，准备对主控 PLC 的网络属性、时钟存储器等参数进行详细设置，如图 3－22 所示
第九步	图 3－23　准备配置主控 PLC S7－300 的 PROFINET 接口	左键单击 PLC S7－300 CPU 314C－2PN/DP 的“PROFINET”接口对话框，准备对主控 PLC 的网络接口参数进行详细设置，如图 3－23 所示

续表三

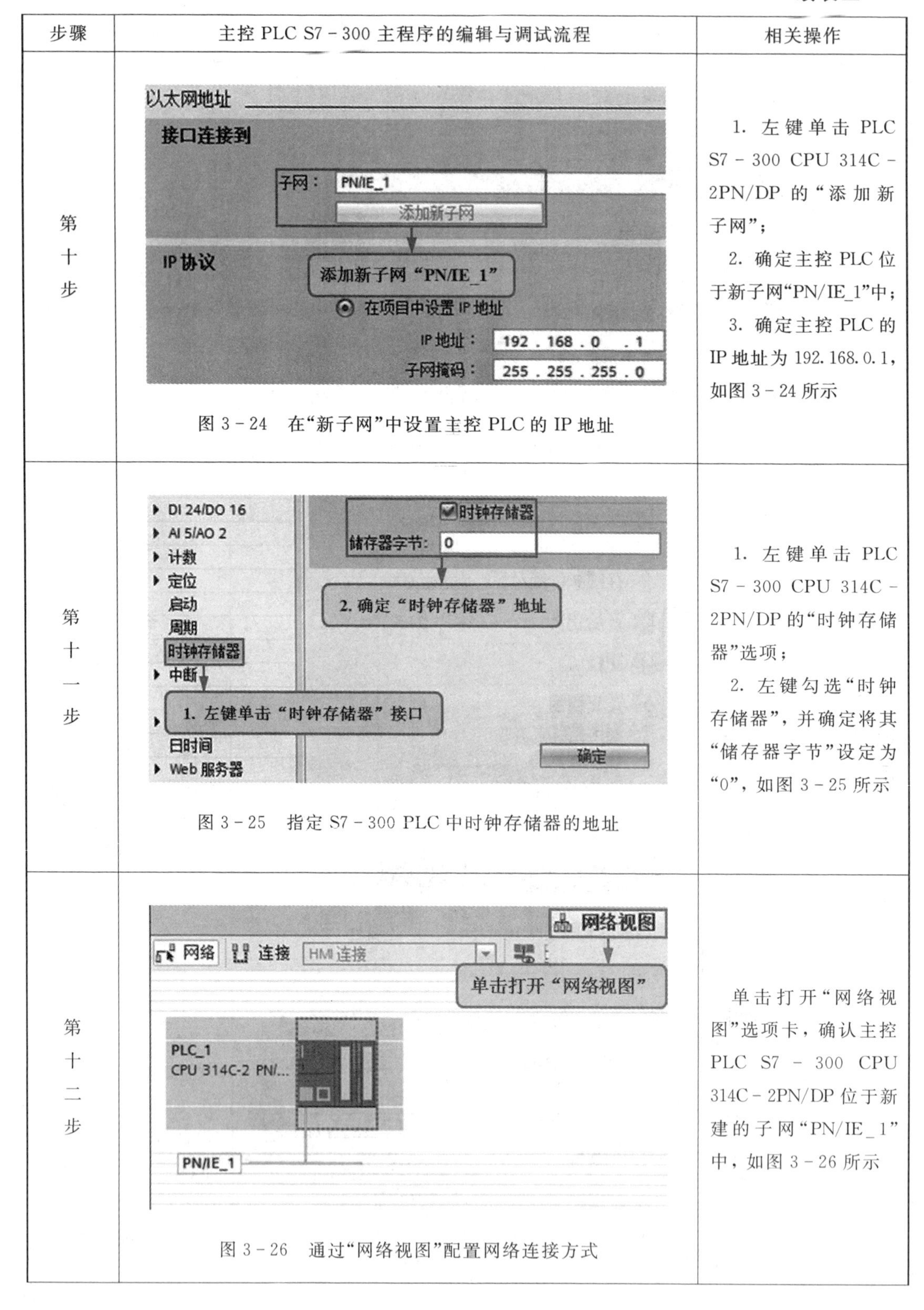

步骤	主控 PLC S7－300 主程序的编辑与调试流程	相关操作
第十步	图 3－24　在“新子网”中设置主控 PLC 的 IP 地址	1. 左键单击 PLC S7－300 CPU 314C－2PN/DP 的“添加新子网”； 2. 确定主控 PLC 位于新子网“PN/IE_1”中； 3. 确定主控 PLC 的 IP 地址为 192.168.0.1，如图 3－24 所示
第十一步	图 3－25　指定 S7－300 PLC 中时钟存储器的地址	1. 左键单击 PLC S7－300 CPU 314C－2PN/DP 的“时钟存储器”选项； 2. 左键勾选“时钟存储器”，并确定将其“储存器字节”设定为“0”，如图 3－25 所示
第十二步	图 3－26　通过“网络视图”配置网络连接方式	单击打开“网络视图”选项卡，确认主控 PLC S7－300 CPU 314C－2PN/DP 位于新建的子网“PN/IE_1”中，如图 3－26 所示

续表四

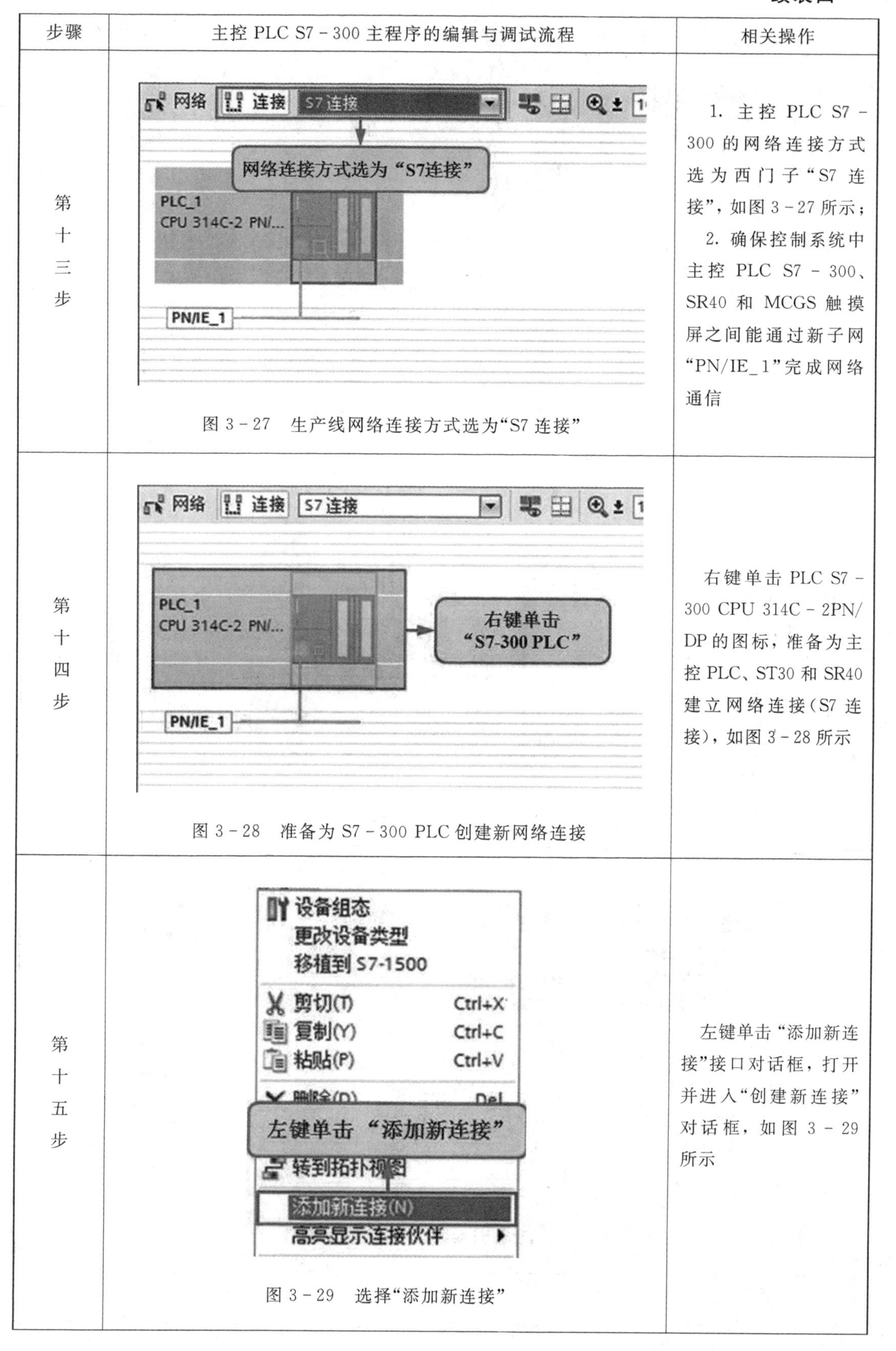

步骤	主控 PLC S7－300 主程序的编辑与调试流程	相关操作
第十三步	网络连接方式选为“S7连接” 图 3－27　生产线网络连接方式选为“S7 连接”	1. 主控 PLC S7－300 的网络连接方式选为西门子“S7 连接”，如图 3－27 所示； 2. 确保控制系统中主控 PLC S7－300、SR40 和 MCGS 触摸屏之间能通过新子网“PN/IE_1”完成网络通信
第十四步	右键单击“S7-300 PLC” 图 3－28　准备为 S7－300 PLC 创建新网络连接	右键单击 PLC S7－300 CPU 314C－2PN/DP 的图标，准备为主控 PLC、ST30 和 SR40 建立网络连接(S7 连接)，如图 3－28 所示
第十五步	左键单击“添加新连接” 图 3－29　选择“添加新连接”	左键单击“添加新连接”接口对话框，打开并进入“创建新连接”对话框，如图 3－29 所示

续表五

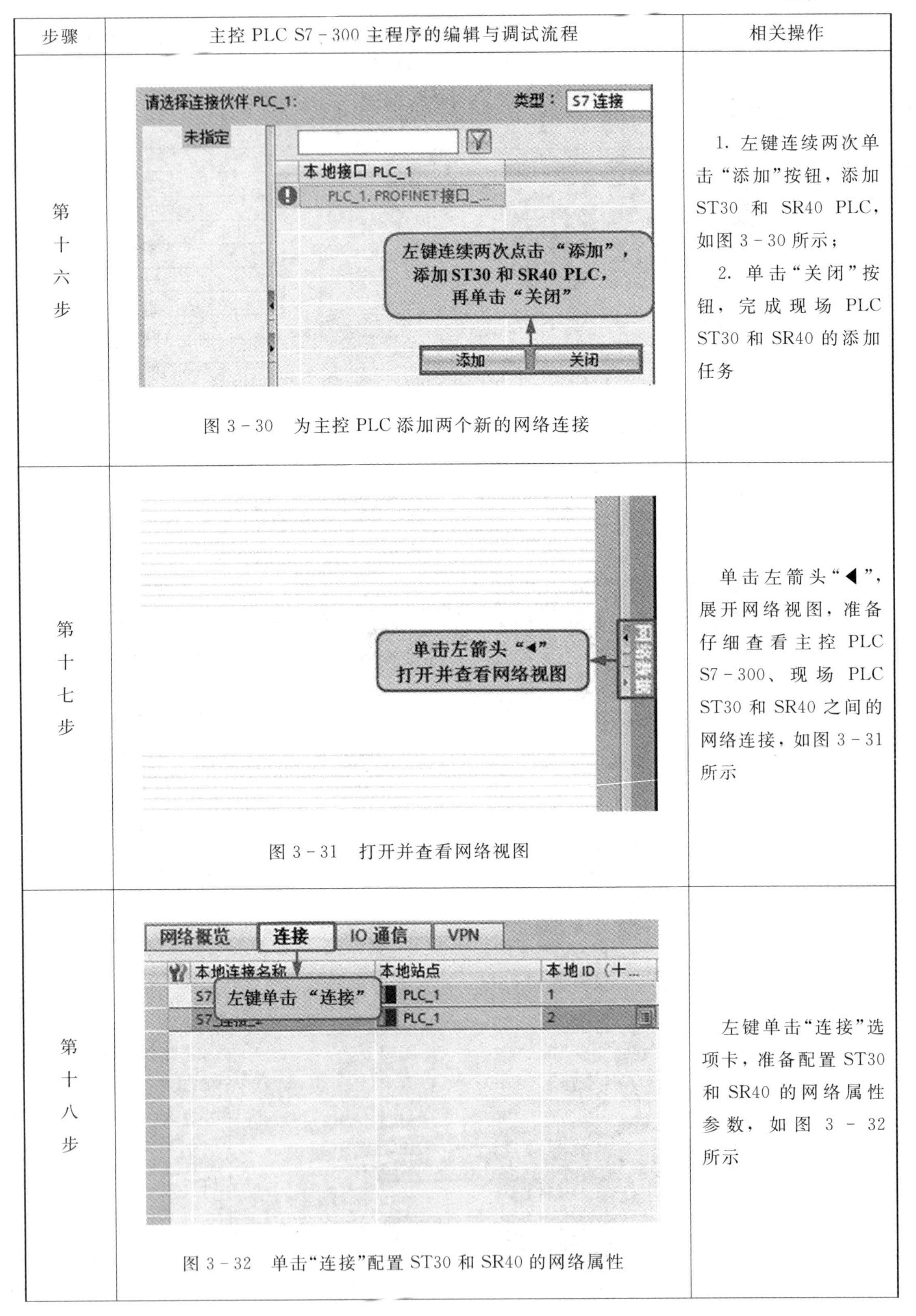

步骤	主控 PLC S7－300 主程序的编辑与调试流程	相关操作
第十六步	图 3－30 为主控 PLC 添加两个新的网络连接	1. 左键连续两次单击“添加”按钮，添加 ST30 和 SR40 PLC，如图 3－30 所示； 2. 单击“关闭”按钮，完成现场 PLC ST30 和 SR40 的添加任务
第十七步	图 3－31 打开并查看网络视图	单击左箭头“◀”，展开网络视图，准备仔细查看主控 PLC S7－300、现场 PLC ST30 和 SR40 之间的网络连接，如图 3－31 所示
第十八步	图 3－32 单击“连接”配置 ST30 和 SR40 的网络属性	左键单击“连接”选项卡，准备配置 ST30 和 SR40 的网络属性参数，如图 3－32 所示

续表六

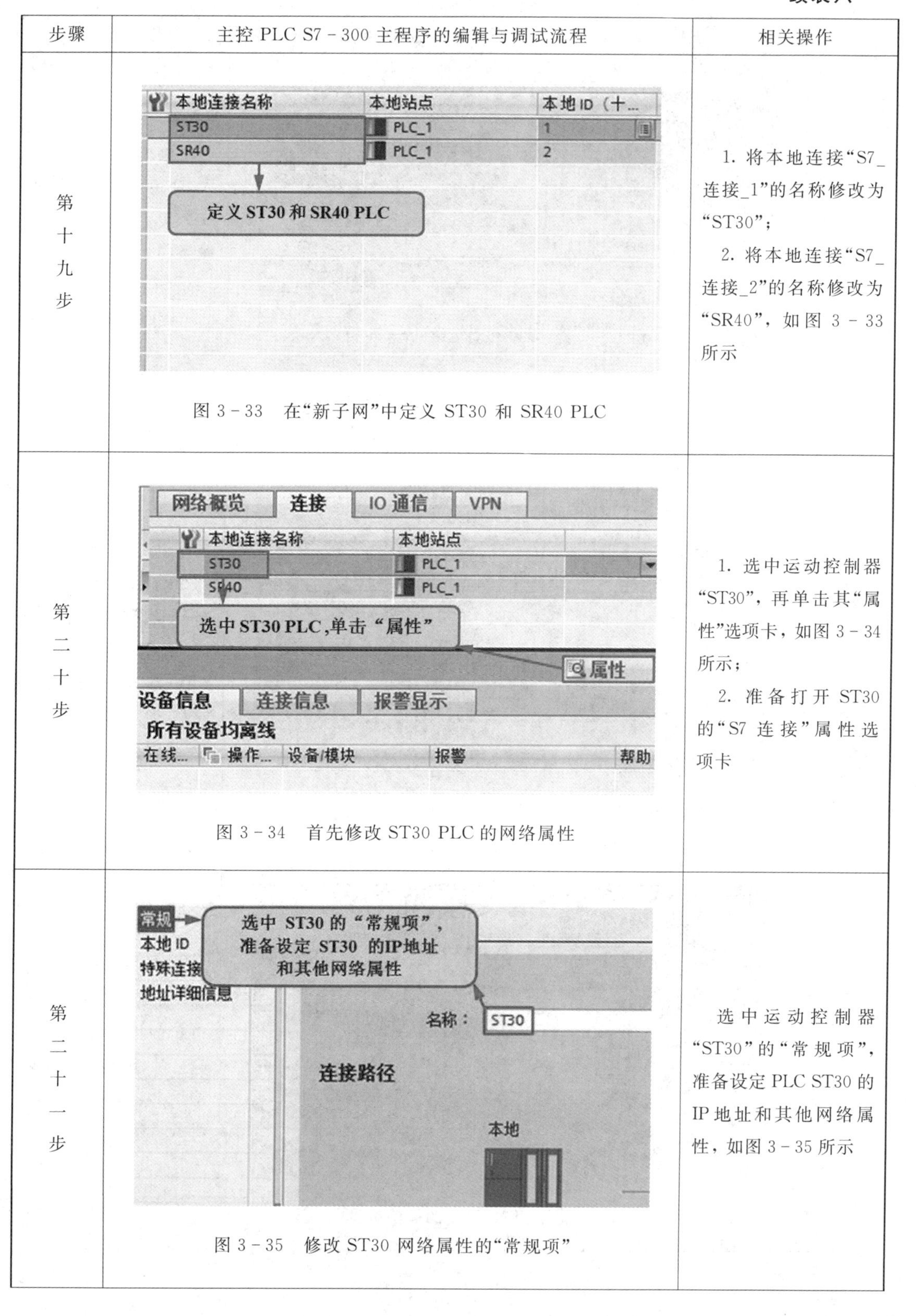

步骤	主控 PLC S7 - 300 主程序的编辑与调试流程	相关操作
第十九步	图 3 - 33　在“新子网”中定义 ST30 和 SR40 PLC	1. 将本地连接“S7_连接_1”的名称修改为“ST30”； 2. 将本地连接“S7_连接_2”的名称修改为“SR40”，如图 3 - 33 所示
第二十步	图 3 - 34　首先修改 ST30 PLC 的网络属性	1. 选中运动控制器“ST30”，再单击其“属性”选项卡，如图 3 - 34 所示； 2. 准备打开 ST30 的“S7 连接”属性选项卡
第二十一步	图 3 - 35　修改 ST30 网络属性的“常规项”	选中运动控制器“ST30”的“常规项”，准备设定 PLC ST30 的 IP 地址和其他网络属性，如图 3 - 35 所示

续表七

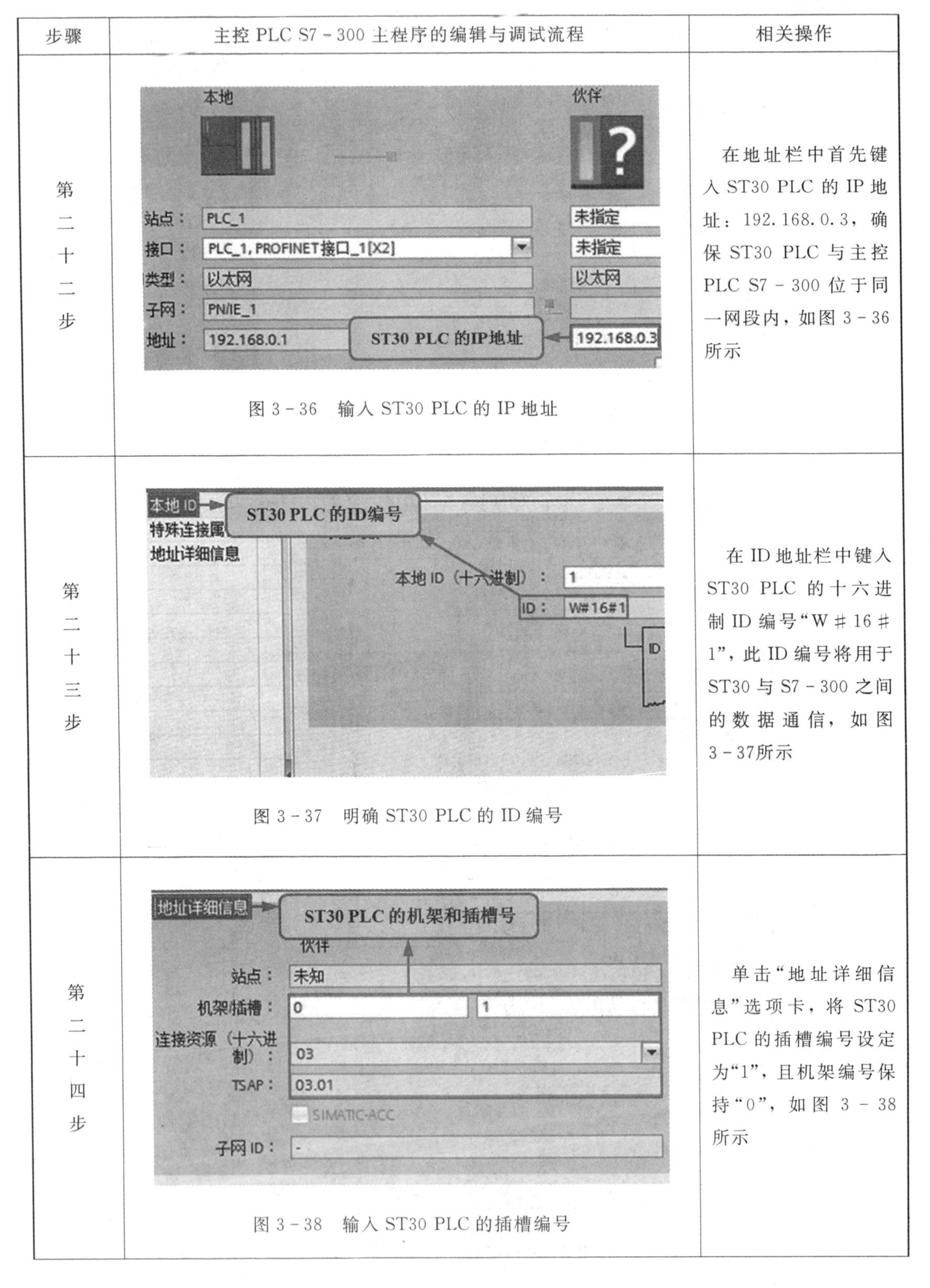

步骤	主控 PLC S7－300 主程序的编辑与调试流程	相关操作
第二十二步	图 3－36 输入 ST30 PLC 的 IP 地址	在地址栏中首先键入 ST30 PLC 的 IP 地址：192.168.0.3，确保 ST30 PLC 与主控 PLC S7－300 位于同一网段内，如图 3－36 所示
第二十三步	图 3－37 明确 ST30 PLC 的 ID 编号	在 ID 地址栏中键入 ST30 PLC 的十六进制 ID 编号“W＃16＃1”，此 ID 编号将用于 ST30 与 S7－300 之间的数据通信，如图 3－37所示
第二十四步	图 3－38 输入 ST30 PLC 的插槽编号	单击“地址详细信息”选项卡，将 ST30 PLC 的插槽编号设定为“1”，且机架编号保持“0”，如图 3－38 所示

续表八

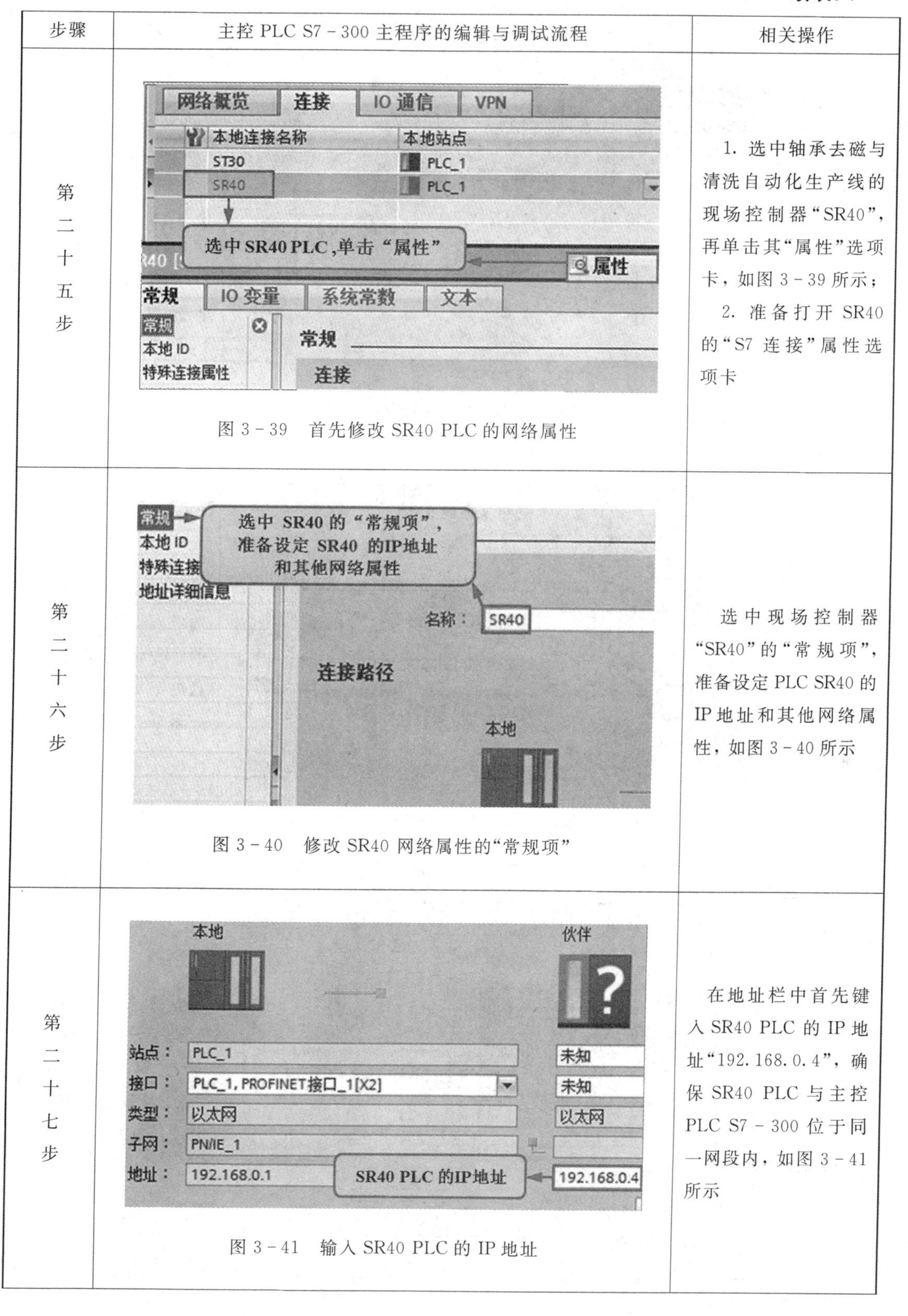

步骤	主控 PLC S7－300 主程序的编辑与调试流程	相关操作
第二十五步	图 3－39　首先修改 SR40 PLC 的网络属性	1. 选中轴承去磁与清洗自动化生产线的现场控制器“SR40”，再单击其“属性”选项卡，如图 3－39 所示； 2. 准备打开 SR40 的“S7 连接”属性选项卡
第二十六步	图 3－40　修改 SR40 网络属性的“常规项”	选中现场控制器“SR40”的“常规项”，准备设定 PLC SR40 的 IP 地址和其他网络属性，如图 3－40 所示
第二十七步	图 3－41　输入 SR40 PLC 的 IP 地址	在地址栏中首先键入 SR40 PLC 的 IP 地址“192.168.0.4”，确保 SR40 PLC 与主控 PLC S7－300 位于同一网段内，如图 3－41 所示

续表九

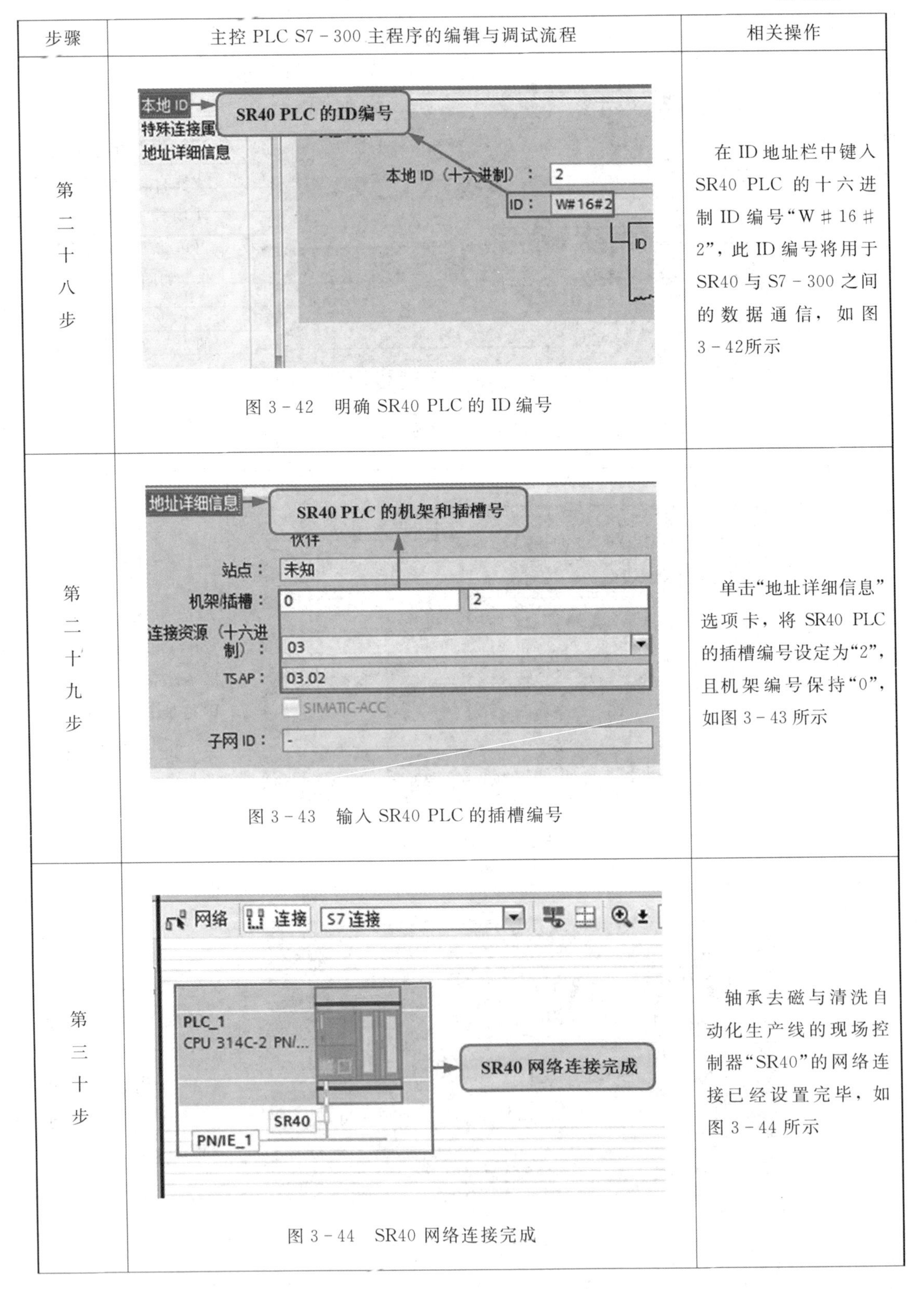

步骤	主控 PLC S7－300 主程序的编辑与调试流程	相关操作
第二十八步	图 3－42　明确 SR40 PLC 的 ID 编号	在 ID 地址栏中键入 SR40 PLC 的十六进制 ID 编号“W＃16＃2”，此 ID 编号将用于 SR40 与 S7－300 之间的数据通信，如图 3－42所示
第二十九步	图 3－43　输入 SR40 PLC 的插槽编号	单击“地址详细信息”选项卡，将 SR40 PLC 的插槽编号设定为“2”，且机架编号保持“0”，如图 3－43 所示
第三十步	图 3－44　SR40 网络连接完成	轴承去磁与清洗自动化生产线的现场控制器“SR40”的网络连接已经设置完毕，如图 3－44 所示

续表十

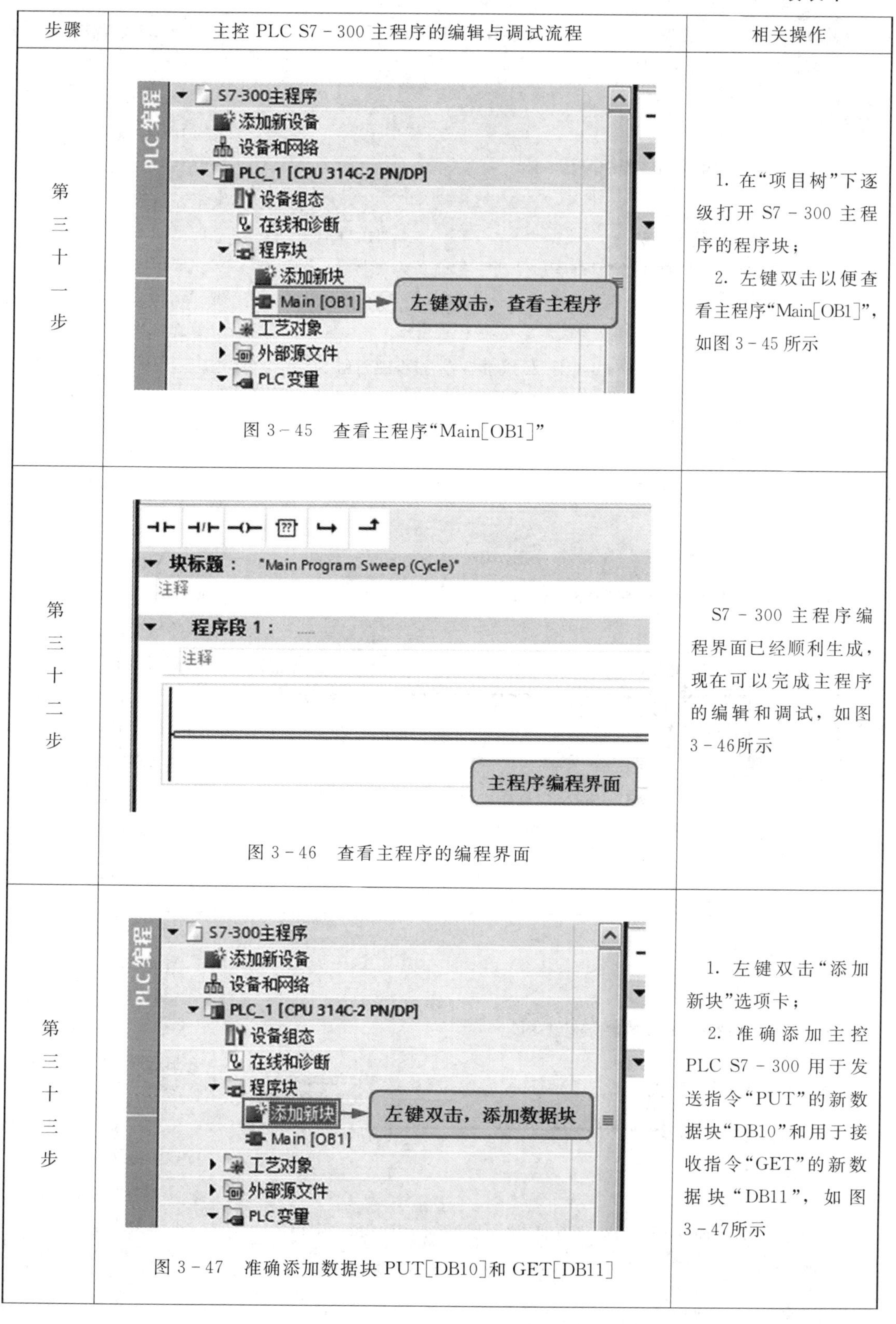

步骤	主控 PLC S7－300 主程序的编辑与调试流程	相关操作
第三十一步	图 3－45　查看主程序“Main[OB1]”	1. 在“项目树”下逐级打开 S7－300 主程序的程序块； 2. 左键双击以便查看主程序“Main[OB1]”，如图 3－45 所示
第三十二步	图 3－46　查看主程序的编程界面	S7－300 主程序编程界面已经顺利生成，现在可以完成主程序的编辑和调试，如图 3－46所示
第三十三步	图 3－47　准确添加数据块 PUT[DB10]和 GET[DB11]	1. 左键双击“添加新块”选项卡； 2. 准确添加主控 PLC S7－300 用于发送指令“PUT”的新数据块“DB10”和用于接收指令“GET”的新数据块“DB11”，如图 3－47所示

续表十一

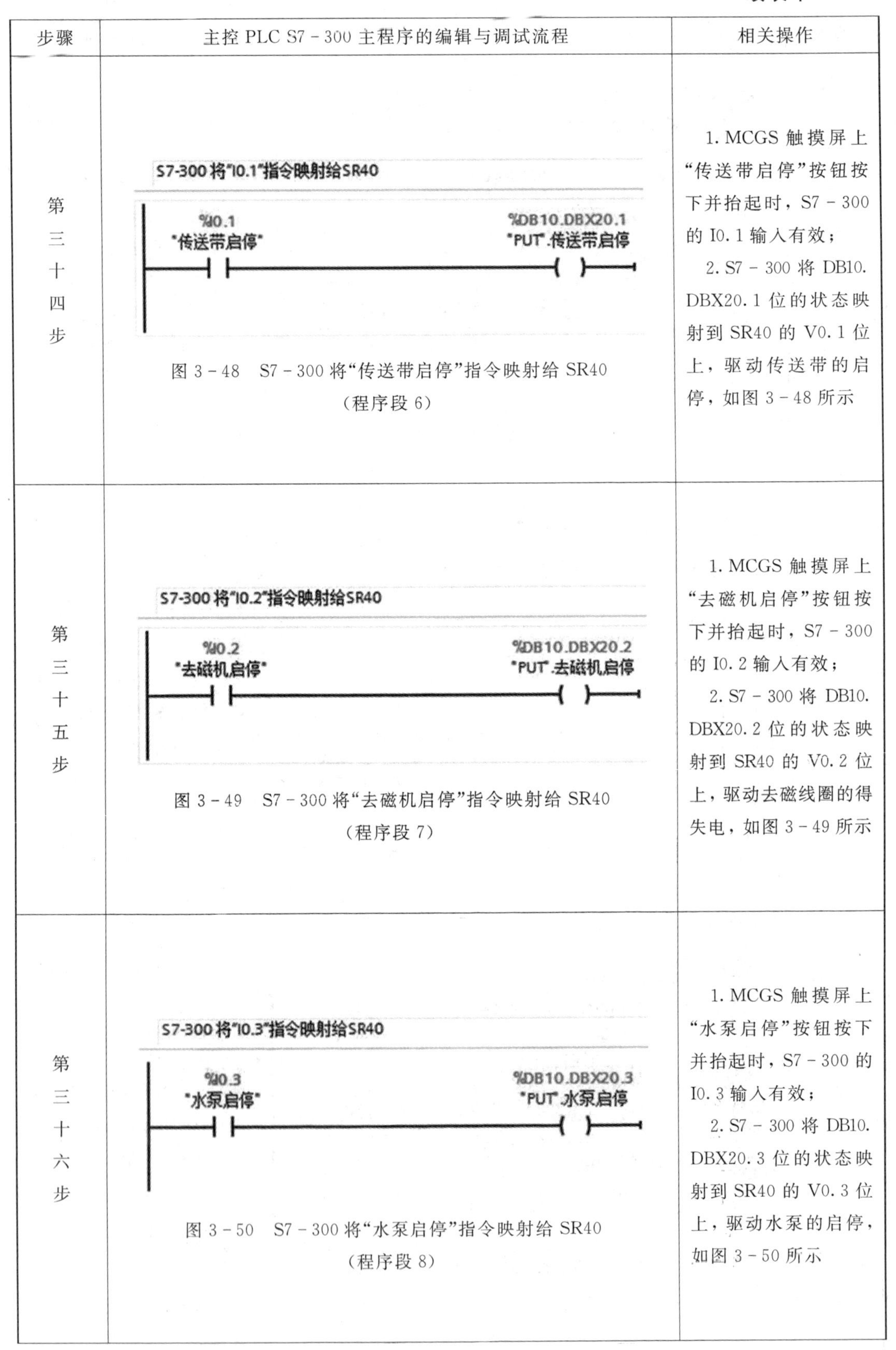

步骤	主控 PLC S7－300 主程序的编辑与调试流程	相关操作
第三十四步	S7-300将"I0.1"指令映射给SR40 %I0.1 "传送带启停" %DB10.DBX20.1 "PUT".传送带启停 图 3－48　S7－300 将“传送带启停”指令映射给 SR40（程序段 6）	1. MCGS 触摸屏上“传送带启停”按钮按下并抬起时，S7－300 的 I0.1 输入有效； 2. S7－300 将 DB10.DBX20.1 位的状态映射到 SR40 的 V0.1 位上，驱动传送带的启停，如图 3－48 所示
第三十五步	S7-300将"I0.2"指令映射给SR40 %I0.2 "去磁机启停" %DB10.DBX20.2 "PUT".去磁机启停 图 3－49　S7－300 将“去磁机启停”指令映射给 SR40（程序段 7）	1. MCGS 触摸屏上“去磁机启停”按钮按下并抬起时，S7－300 的 I0.2 输入有效； 2. S7－300 将 DB10.DBX20.2 位的状态映射到 SR40 的 V0.2 位上，驱动去磁线圈的得失电，如图 3－49 所示
第三十六步	S7-300将"I0.3"指令映射给SR40 %I0.3 "水泵启停" %DB10.DBX20.3 "PUT".水泵启停 图 3－50　S7－300 将“水泵启停”指令映射给 SR40（程序段 8）	1. MCGS 触摸屏上“水泵启停”按钮按下并抬起时，S7－300 的 I0.3 输入有效； 2. S7－300 将 DB10.DBX20.3 位的状态映射到 SR40 的 V0.3 位上，驱动水泵的启停，如图 3－50 所示

续表十二

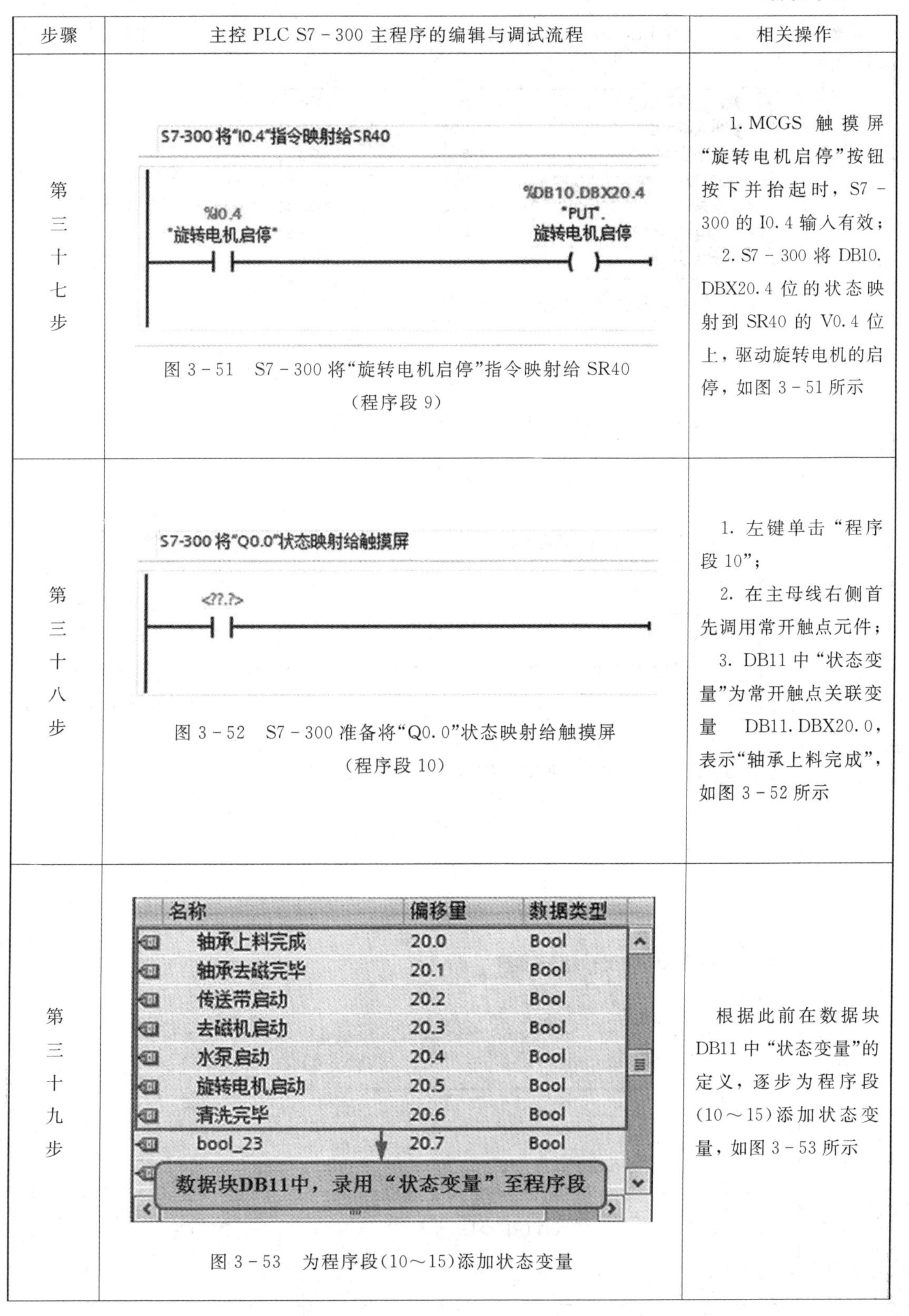

步骤	主控 PLC S7－300 主程序的编辑与调试流程	相关操作
第三十七步	 图 3－51　S7－300 将"旋转电机启停"指令映射给 SR40（程序段 9）	1. MCGS 触摸屏"旋转电机启停"按钮按下并抬起时，S7－300 的 I0.4 输入有效； 2. S7－300 将 DB10.DBX20.4 位的状态映射到 SR40 的 V0.4 位上，驱动旋转电机的启停，如图 3－51 所示
第三十八步	 图 3－52　S7－300 准备将"Q0.0"状态映射给触摸屏（程序段 10）	1. 左键单击"程序段 10"； 2. 在主母线右侧首先调用常开触点元件； 3. DB11 中"状态变量"为常开触点关联变量　DB11.DBX20.0，表示"轴承上料完成"，如图 3－52 所示
第三十九步	 图 3－53　为程序段(10～15)添加状态变量	根据此前在数据块 DB11 中"状态变量"的定义，逐步为程序段(10～15)添加状态变量，如图 3－53 所示

续表十三

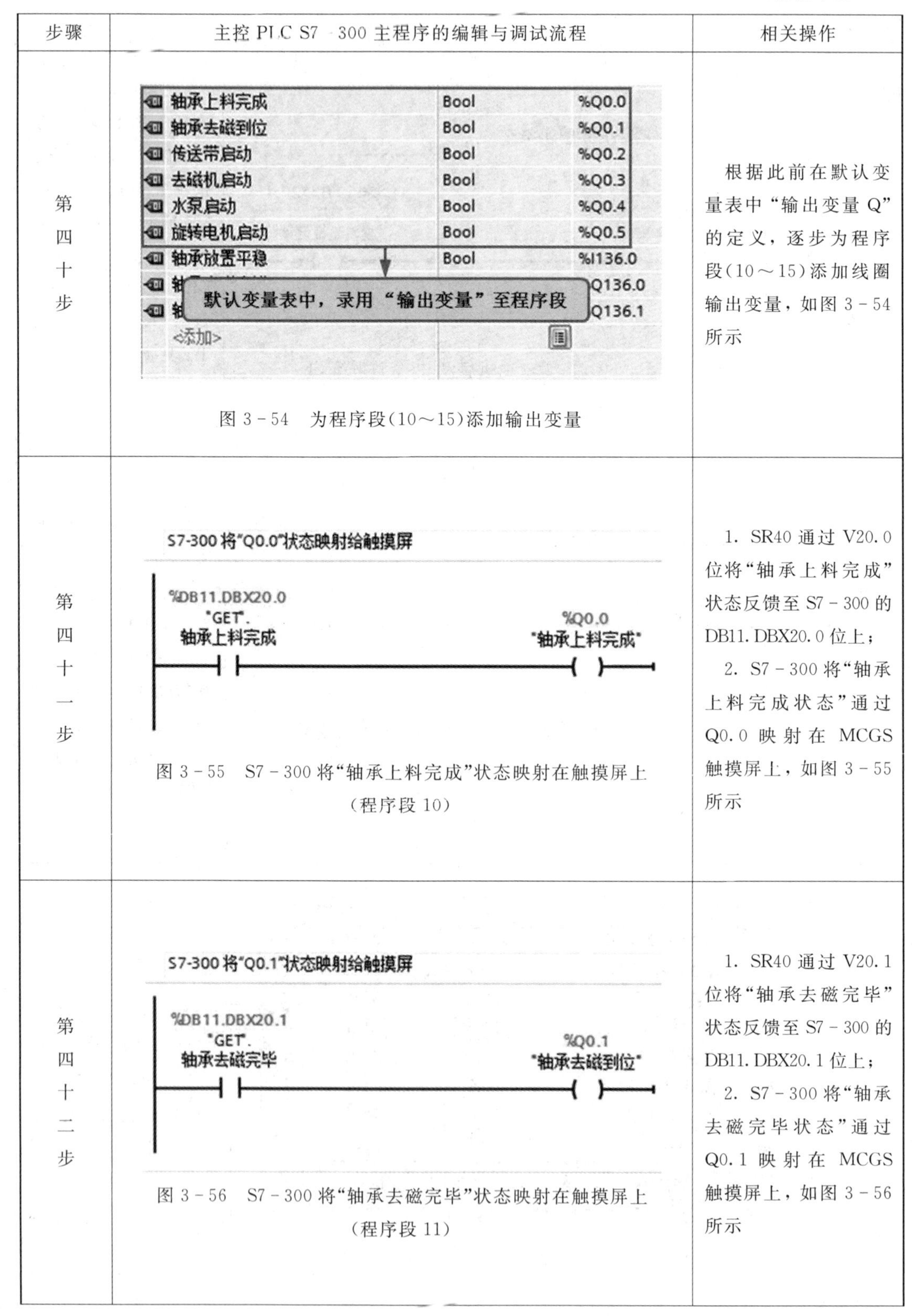

步骤	主控 PLC S7－300 主程序的编辑与调试流程	相关操作
第四十步	图 3－54　为程序段(10～15)添加输出变量	根据此前在默认变量表中“输出变量 Q”的定义，逐步为程序段(10～15)添加线圈输出变量，如图 3－54 所示
第四十一步	图 3－55　S7－300 将“轴承上料完成”状态映射在触摸屏上(程序段 10)	1. SR40 通过 V20.0 位将“轴承上料完成”状态反馈至 S7－300 的 DB11.DBX20.0 位上； 2. S7－300 将“轴承上料完成状态”通过 Q0.0 映射在 MCGS 触摸屏上，如图 3－55 所示
第四十二步	图 3－56　S7－300 将“轴承去磁完毕”状态映射在触摸屏上(程序段 11)	1. SR40 通过 V20.1 位将“轴承去磁完毕”状态反馈至 S7－300 的 DB11.DBX20.1 位上； 2. S7－300 将“轴承去磁完毕状态”通过 Q0.1 映射在 MCGS 触摸屏上，如图 3－56 所示

续表十四

步骤	主控 PLC S7－300 主程序的编辑与调试流程	相关操作
第四十三步	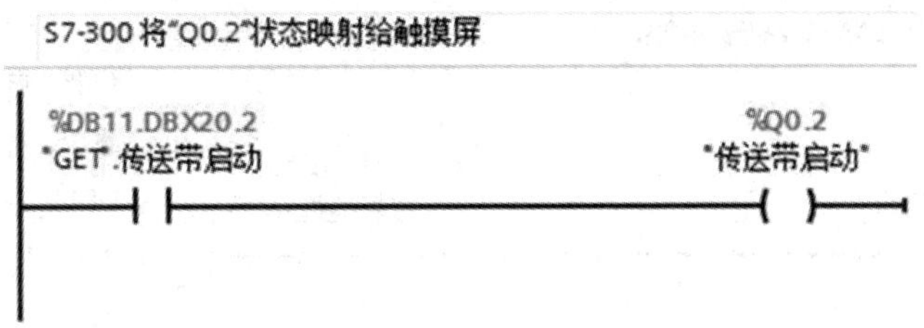 S7-300 将"Q0.2"状态映射给触摸屏 %DB11.DBX20.2 "GET".传送带启动 %Q0.2 "传送带启动" 图 3－57　S7－300 将“传送带启动”状态映射在触摸屏上(程序段 12)	1. SR40 通过 V20.2 位将“传送带启动”状态反馈至 S7－300 的 DB11.DBX20.2 位上; 2. S7－300 将“传送带启动状态”通过 Q0.2 映射在 MCGS 触摸屏上，如图 3－57 所示
第四十四步	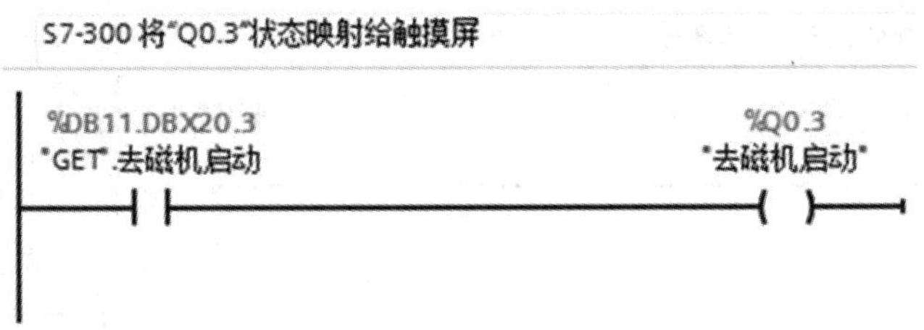 S7-300 将"Q0.3"状态映射给触摸屏 %DB11.DBX20.3 "GET".去磁机启动 %Q0.3 "去磁机启动" 图 3－58　S7－300 将“去磁机启动”状态映射在触摸屏上(程序段 13)	1. SR40 通过 V20.3 位将“去磁机启动”状态反馈至 S7－300 的 DB11.DBX20.3 位上; 2. S7－300 将“去磁机启动状态”通过 Q0.3 映射在 MCGS 触摸屏上，如图 3－58 所示
第四十五步	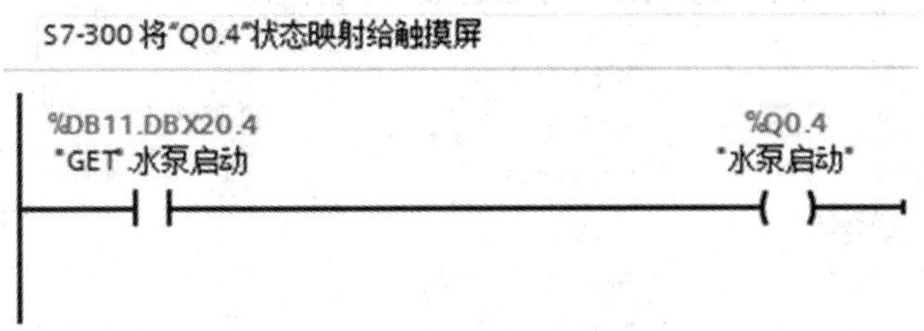 S7-300 将"Q0.4"状态映射给触摸屏 %DB11.DBX20.4 "GET".水泵启动 %Q0.4 "水泵启动" 图 3－59　S7－300 将“水泵启动”状态映射在触摸屏上(程序段 14)	1. SR40 通过 V20.4 位将“水泵启动”状态反馈至 S7－300 PLC 的 DB11.DBX20.4 位上; 2. S7－300 将“水泵启动状态”通过 Q0.4 映射在 MCGS 触摸屏上，如图 3－59 所示

续表十五

步骤	主控 PLC S7－300 主程序的编辑与调试流程	相关操作
第四十六步	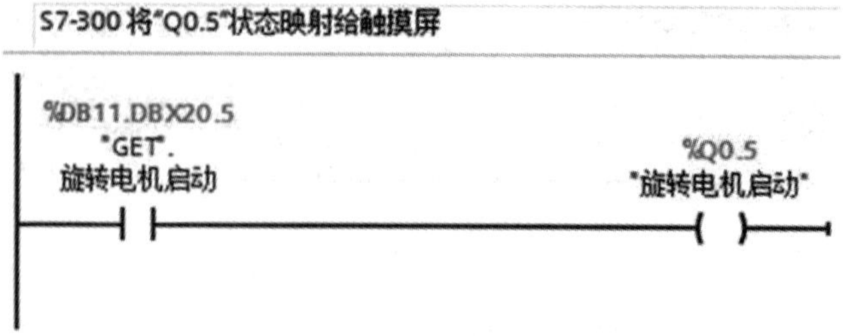 S7-300 将“Q0.5”状态映射给触摸屏 %DB11.DBX20.5 "GET". 旋转电机启动 %Q0.5 "旋转电机启动" 图 3－60　S7－300 将“旋转电机启动”状态映射在触摸屏上（程序段 15）	1. SR40 通过 V20.5 位将“旋转电机启动状态”反馈至 S7－300 的 DB11.DBX20.5 位上； 2. S7－300 将“旋转电机启动”状态通过 Q0.5 及时映射在 MCGS 触摸屏上，如图 3－60 所示
第四十七步	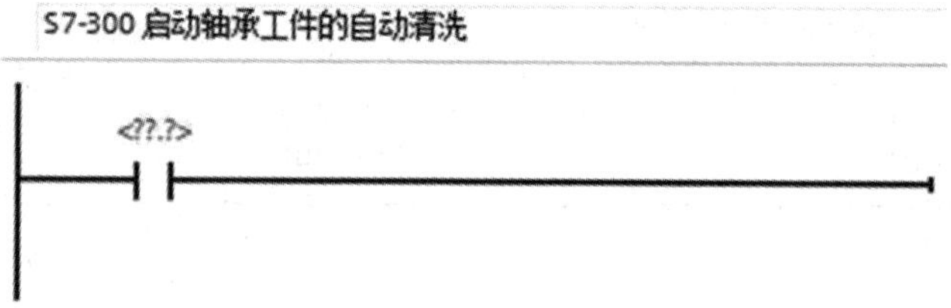 S7-300 启动轴承工件的自动清洗 <??.?> 图 3－61　S7－300 准备启动轴承工件自动清洗（程序段 16）	1. 左键单击“程序段 16”； 2. 在主母线右侧首先调用常开触点元件； 3. 在变量表中为常开触点关联变量“I136.0”，传达“轴承放置平稳”的信号，如图 3－61 所示
第四十八步	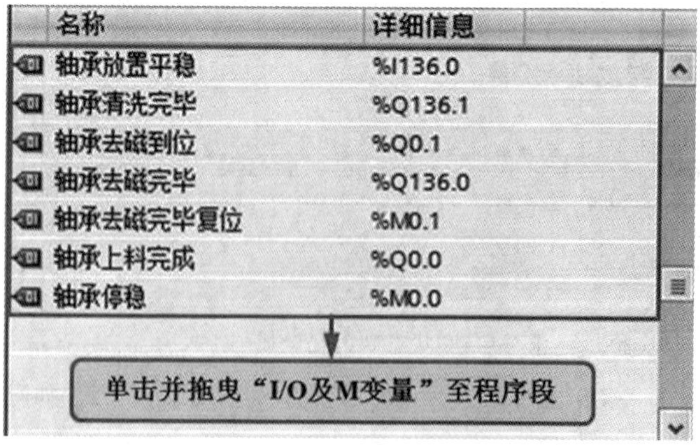 名称　详细信息 轴承放置平稳　%I136.0 轴承清洗完毕　%Q136.1 轴承去磁到位　%Q0.1 轴承去磁完毕　%Q136.0 轴承去磁完毕复位　%M0.1 轴承上料完成　%Q0.0 轴承停稳　%M0.0 单击并拖曳“I/O及M变量”至程序段 图 3－62　逐步为程序段（16～20）添加 I/O 及 M 变量	根据此前在默认变量表中“输入变量 I”“输入变量 Q”和“中间变量 M”的定义，逐步为程序段（16～20）添加 I/O 及 M 变量，如图 3－62 所示

续表十六

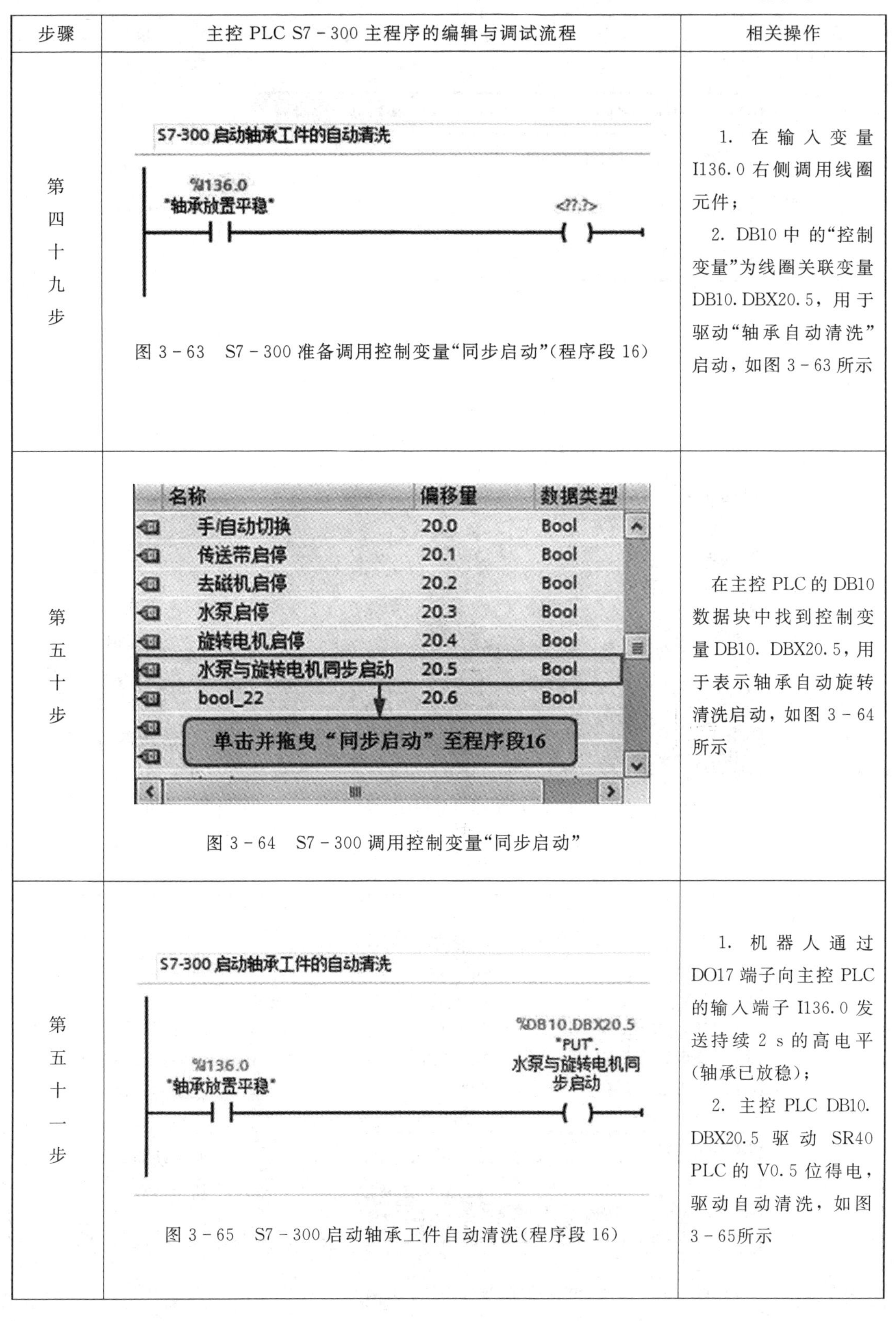

步骤	主控 PLC S7－300 主程序的编辑与调试流程	相关操作
第四十九步	图 3－63　S7－300 准备调用控制变量"同步启动"(程序段 16)	1. 在输入变量 I136.0 右侧调用线圈元件； 2. DB10 中的"控制变量"为线圈关联变量 DB10.DBX20.5，用于驱动"轴承自动清洗"启动，如图 3－63 所示
第五十步	图 3－64　S7－300 调用控制变量"同步启动"	在主控 PLC 的 DB10 数据块中找到控制变量 DB10.DBX20.5，用于表示轴承自动旋转清洗启动，如图 3－64 所示
第五十一步	图 3－65　S7－300 启动轴承工件自动清洗(程序段 16)	1. 机器人通过 DO17 端子向主控 PLC 的输入端子 I136.0 发送持续 2 s 的高电平(轴承已放稳)； 2. 主控 PLC DB10.DBX20.5 驱动 SR40 PLC 的 V0.5 位得电，驱动自动清洗，如图 3－65所示

续表十七

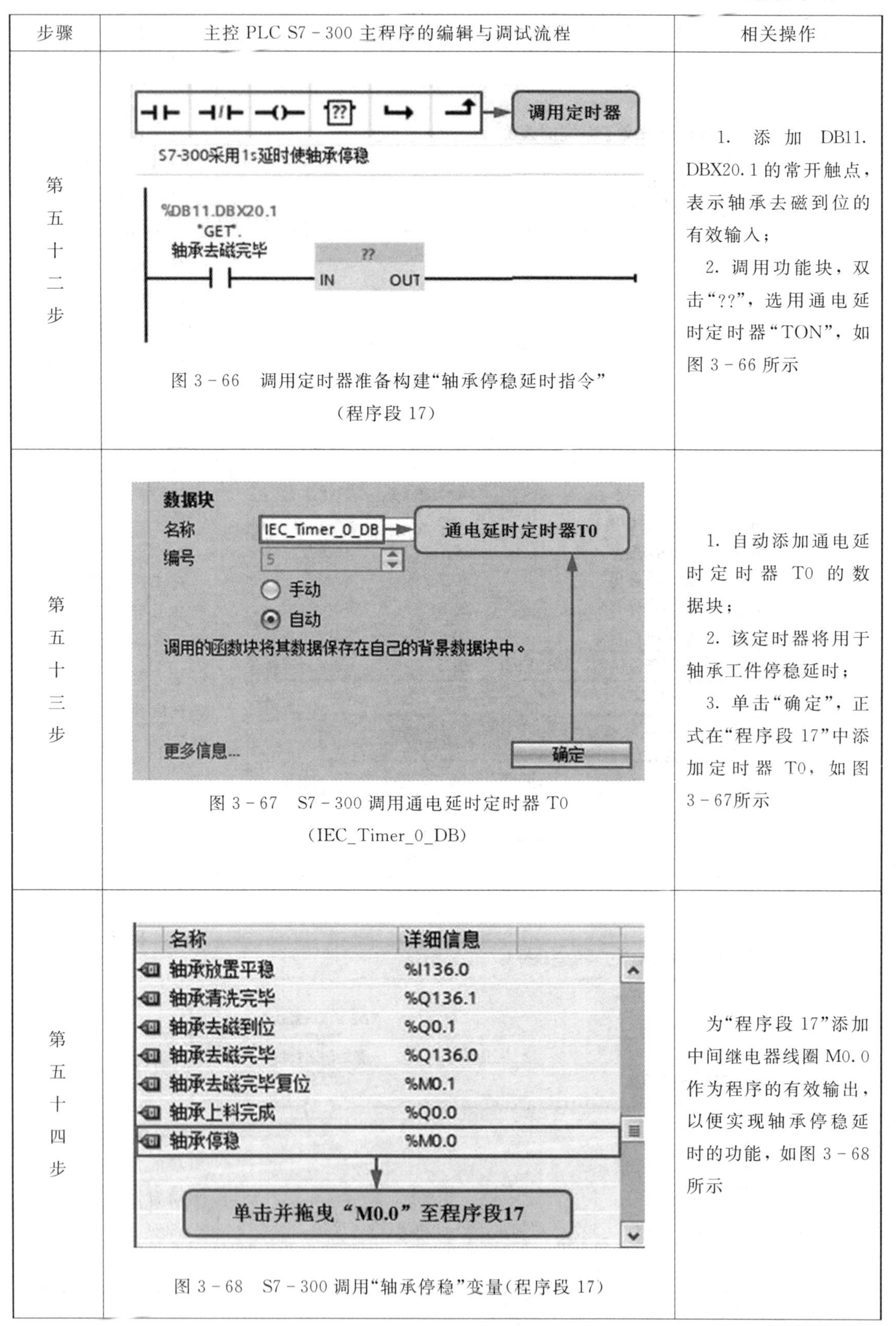

步骤	主控 PLC S7－300 主程序的编辑与调试流程	相关操作
第五十二步	图 3－66　调用定时器准备构建“轴承停稳延时指令”（程序段 17）	1. 添加 DB11.DBX20.1 的常开触点，表示轴承去磁到位的有效输入； 2. 调用功能块，双击“??”，选用通电延时定时器“TON”，如图 3－66 所示
第五十三步	图 3－67　S7－300 调用通电延时定时器 T0（IEC_Timer_0_DB）	1. 自动添加通电延时定时器 T0 的数据块； 2. 该定时器将用于轴承工件停稳延时； 3. 单击“确定”，正式在“程序段 17”中添加定时器 T0，如图 3－67所示
第五十四步	图 3－68　S7－300 调用“轴承停稳”变量(程序段 17)	为“程序段 17”添加中间继电器线圈 M0.0 作为程序的有效输出，以便实现轴承停稳延时的功能，如图 3－68 所示

续表十八

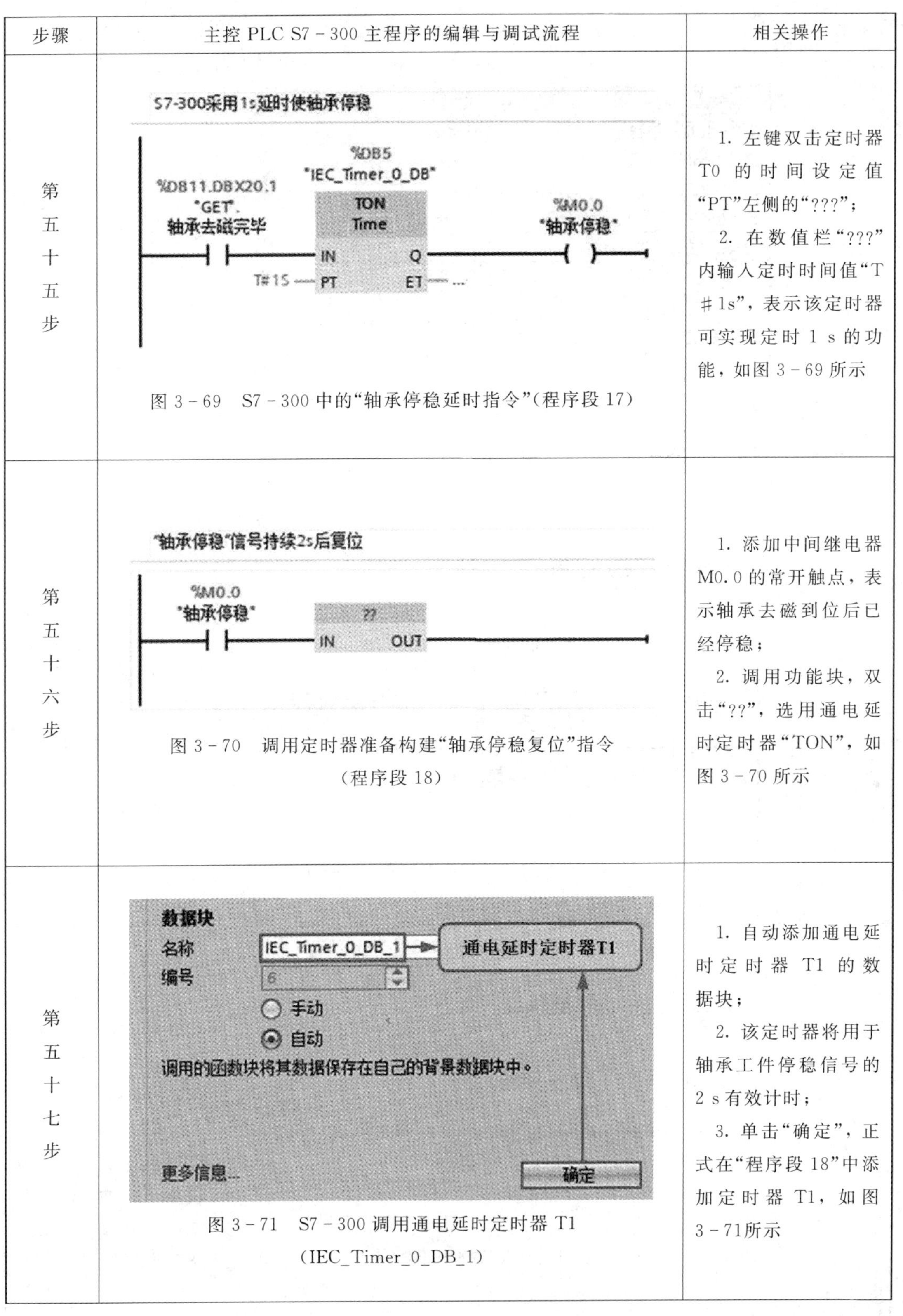

步骤	主控 PLC S7－300 主程序的编辑与调试流程	相关操作
第五十五步	S7-300采用1s延时使轴承停稳 %DB5 "IEC_Timer_0_DB" TON Time IN Q PT ET %DB11.DBX20.1 "GET". 轴承去磁完毕 T#1S %M0.0 "轴承停稳" 图 3－69　S7－300 中的“轴承停稳延时指令”(程序段 17)	1. 左键双击定时器 T0 的时间设定值“PT”左侧的“???”； 2. 在数值栏“???”内输入定时时间值“T＃1s”，表示该定时器可实现定时 1 s 的功能，如图 3－69 所示
第五十六步	“轴承停稳”信号持续2s后复位 %M0.0 "轴承停稳" ?? IN OUT 图 3－70　调用定时器准备构建“轴承停稳复位”指令(程序段 18)	1. 添加中间继电器 M0.0 的常开触点，表示轴承去磁到位后已经停稳； 2. 调用功能块，双击“??”，选用通电延时定时器“TON”，如图 3－70 所示
第五十七步	数据块 名称 IEC_Timer_0_DB_1 → 通电延时定时器T1 编号 6 手动 自动 调用的函数块将其数据保存在自己的背景数据块中。 更多信息...　确定 图 3－71　S7－300 调用通电延时定时器 T1(IEC_Timer_0_DB_1)	1. 自动添加通电延时定时器 T1 的数据块； 2. 该定时器将用于轴承工件停稳信号的 2 s 有效计时； 3. 单击“确定”，正式在“程序段 18”中添加定时器 T1，如图 3－71所示

续表十九

步骤	主控 PLC S7－300 主程序的编辑与调试流程	相关操作
第五十八步	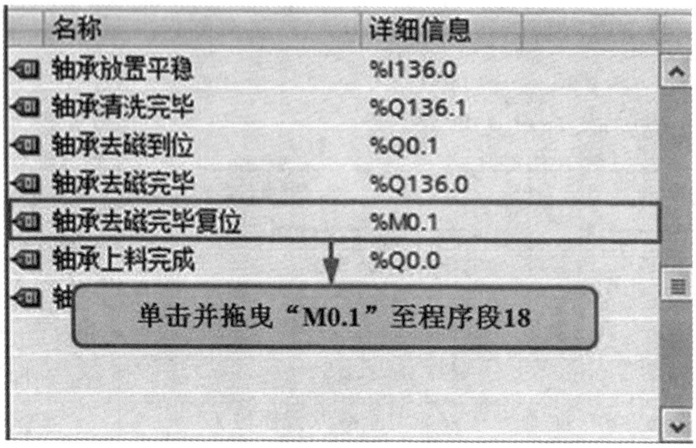 名称 详细信息 轴承放置平稳 %I136.0 轴承清洗完毕 %Q136.1 轴承去磁到位 %Q0.1 轴承去磁完毕 %Q136.0 轴承去磁完毕复位 %M0.1 轴承上料完成 %Q0.0 单击并拖曳“M0.1”至程序段18 图 3－72 S7－300 调用“轴承去磁完毕复位”变量(程序段 18)	为“程序段 18”添加中间继电器线圈 M0.1 作为程序的有效输出，以便实现轴承工件停稳信号的 2 s 有效计时，如图 3－72 所示
第五十九步	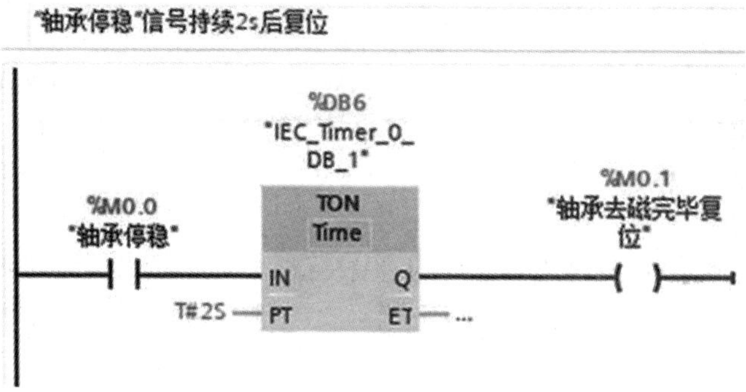 “轴承停稳”信号持续2s后复位 %DB6 "IEC_Timer_0_DB_1" TON Time %M0.0 "轴承停稳" IN Q T#2S PT ET ... %M0.1 "轴承去磁完毕复位" 图 3－73 S7－300 中的“轴承停稳延时复位指令”(程序段 18)	1. 左键双击定时器 T1 的时间设定值“PT”左侧的“???”； 2. 在数值栏“???”内输入定时时间值“T＃2s”，表示该定时器可实现定时 2 s 的功能，如图 3－73 所示
第六十步	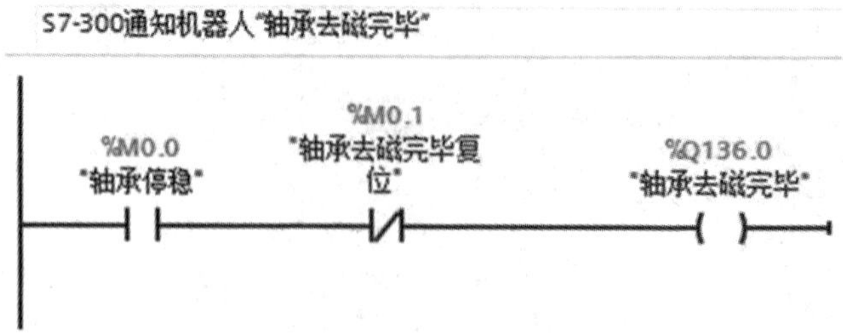 S7-300通知机器人“轴承去磁完毕” %M0.0 "轴承停稳" %M0.1 "轴承去磁完毕复位" %Q136.0 "轴承去磁完毕" 图 3－74 S7－300 通知机器人“轴承去磁完毕”(程序段 19)	1. M0.0 常开触点闭合至 M0.1 常闭点断开之间的有效时间间隔为 2 s； 2. Q136.0 向机器人 DI17 端子发送 2 s 的高电平脉冲，用于通知机器人“轴承去磁完毕”，如图 3－74 所示

续表二十

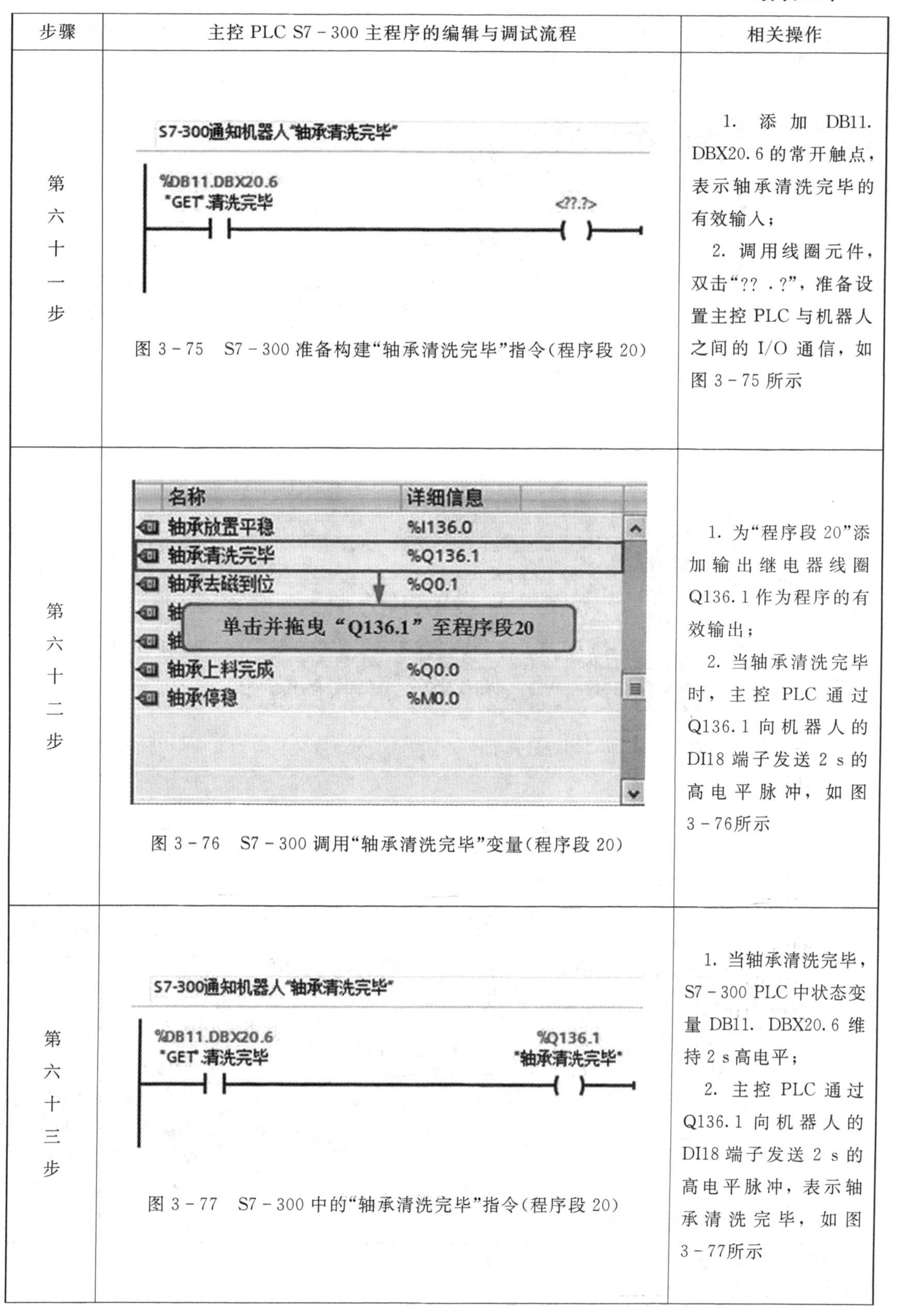

步骤	主控 PLC S7－300 主程序的编辑与调试流程	相关操作
第六十一步	图 3－75　S7－300 准备构建"轴承清洗完毕"指令(程序段 20)	1. 添加 DB11. DBX20.6 的常开触点，表示轴承清洗完毕的有效输入； 2. 调用线圈元件，双击"?? .?"，准备设置主控 PLC 与机器人之间的 I/O 通信，如图 3－75 所示
第六十二步	图 3－76　S7－300 调用"轴承清洗完毕"变量(程序段 20)	1. 为"程序段 20"添加输出继电器线圈 Q136.1 作为程序的有效输出； 2. 当轴承清洗完毕时，主控 PLC 通过 Q136.1 向机器人的 DI18 端子发送 2 s 的高电平脉冲，如图 3－76所示
第六十三步	图 3－77　S7－300 中的"轴承清洗完毕"指令(程序段 20)	1. 当轴承清洗完毕，S7－300 PLC 中状态变量 DB11. DBX20.6 维持 2 s 高电平； 2. 主控 PLC 通过 Q136.1 向机器人的 DI18 端子发送 2 s 的高电平脉冲，表示轴承清洗完毕，如图 3－77所示

续表二十一

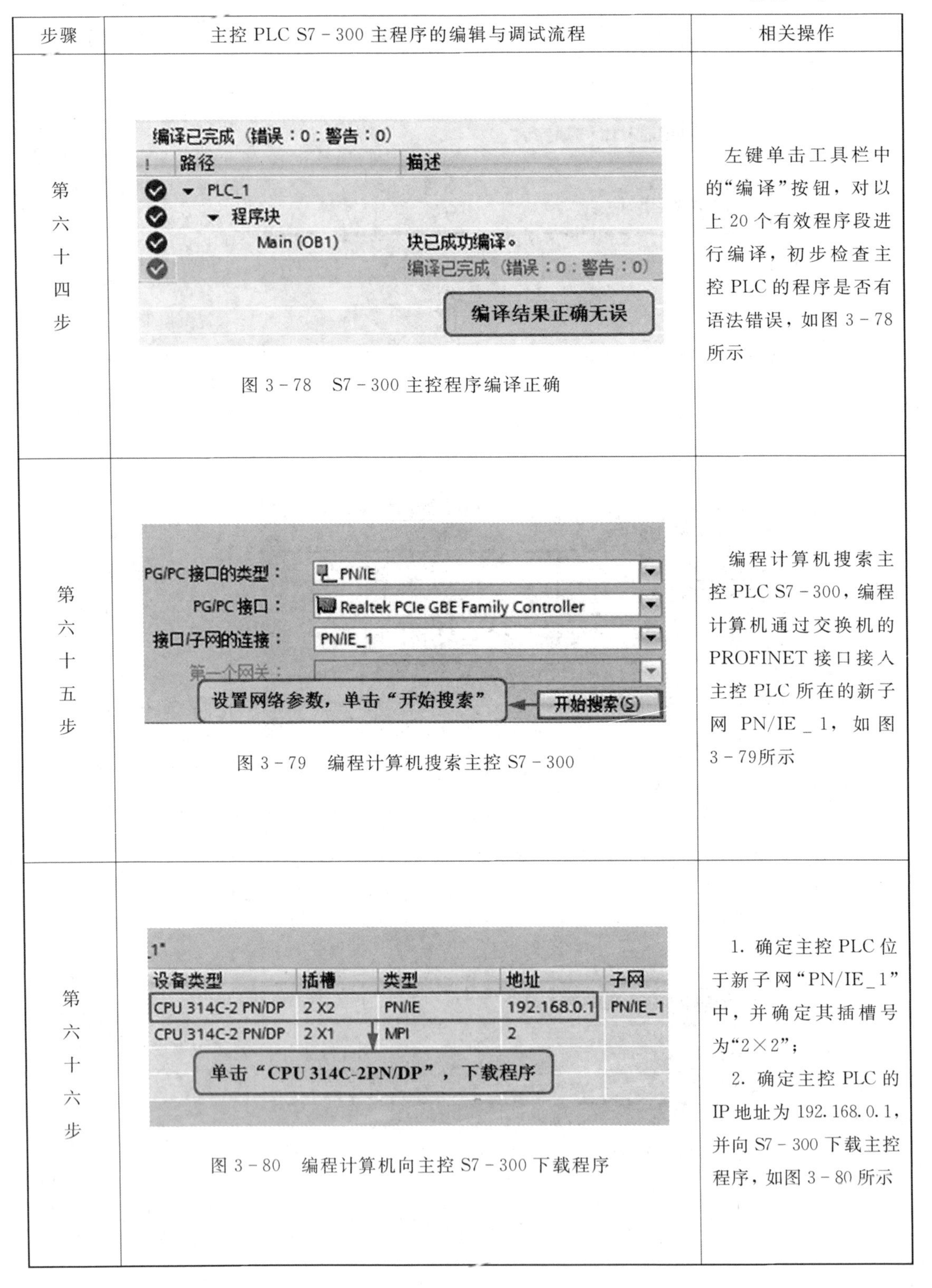

步骤	主控 PLC S7－300 主程序的编辑与调试流程	相关操作
第六十四步	图 3－78　S7－300 主控程序编译正确	左键单击工具栏中的“编译”按钮，对以上 20 个有效程序段进行编译，初步检查主控 PLC 的程序是否有语法错误，如图 3－78 所示
第六十五步	图 3－79　编程计算机搜索主控 S7－300	编程计算机搜索主控 PLC S7－300，编程计算机通过交换机的 PROFINET 接口接入主控 PLC 所在的新子网 PN/IE_1，如图 3－79所示
第六十六步	图 3－80　编程计算机向主控 S7－300 下载程序	1. 确定主控 PLC 位于新子网“PN/IE_1”中，并确定其插槽号为“2×2”； 2. 确定主控 PLC 的 IP 地址为 192.168.0.1，并向 S7－300 下载主控程序，如图 3－80 所示

习　题　三

1. 轴承去磁与清洗自动化生产线的主控 PLC S7－300 314C－2PN/DP 在正常工作时，配备有电源模块 PS307、CPU 模块、16DI/16DO 的数字量模块及 5AI/2AO/8DI 的模拟量/数字量混合模块，如图 3－2 所示。

(1) 分析主控 PLC S7－300 各组成模块的主要作用。

(2) S7－300 的 CPU 模块中内置有几个 PROFINET 接口，该类型接口的作用是什么？

(3) 列表说明 16DI/16DO 数字量模块中各 I/O 端子的物理地址(编程地址)。

2. 在轴承去磁与清洗生产的过程中，主控 PLC S7－300 需要与工业机器人的主控柜之间保持哪些 I/O 通信，这些 I/O 通信的作用分别是什么？

3. 结合主控 PLC S7－300 主程序的开发与调试流程，回答下列问题：

(1) 主控 PLC S7－300 主程序的开发与调试流程包括哪些主要步骤？

(2) 如何建立 S7－300 与 ST30 和 SR40 之间的 S7 通信？

(3) S7－300 中数据块 PUT[DB10]和 GET[DB11]的主要作用是什么？

实训项目四 计算机控制系统下位机（现场控制层）的应用

实训目的和意义

本项目首先介绍现场 PLC S7－200 SMART SR40 的内部结构，让学生重点了解现场控制器（下位机）S7－200 SMART SR40 中电源部分、输入/输出端子和网络通信端口等硬件的配置与结构，并且让学生充分了解下位机 SR40 PLC 在工业现场完成传感器信号采集和控制轴承去磁与清洗设备自动运行的全过程，最后让学生完全掌握 SR40 PLC 轴承去磁与清洗程序在线监控运行的方法。

本项目重点培养学生以小组合作的形式，采用 0.75 mm^2 的控制线、外部中间继电器和工业以太网网线完成 SR40 PLC 交流电源输入、直流电源输出、中间继电器信号传递、I/O 端子配置及网络通信等方面的接线，并根据轴承去磁与清洗过程中手动和自动控制的要求，完成用户程序编写与调试。

实训项目功能简介

轴承去磁与清洗自动化生产线的现场控制器（下位机）系统主要由 S7－200 SMART SR40、中间继电器、光纤漫反射传感器及必要的主令电器组成。其中 SR40 PLC 作为下位机主要负责生产过程中轴承位置信息的采集，并且要负责传送电机 M、去磁机构、水泵电机 M2 和旋转电机 M3 的启/制动控制，如图 4－1 所示。SR40 PLC 通过工业交换机，采用 TCP/IP 的网络通信模式，将生产过程中传感器的检测信号和生产设备的运行状态及时反馈给主控 PLC S7－300 及 MCGS 触摸屏。

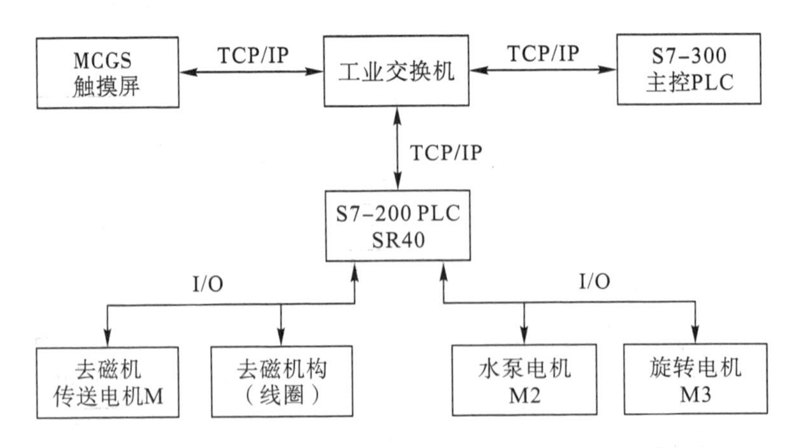

图 4－1 轴承去磁与清洗自动化生产线的现场控制器（下位机）系统

实训岗位能力目标

(1) 了解现场控制器 S7-200 SMART SR40 中电源部分、输入/输出端子、网络通信端口和主板等硬件的结构、性能和 I/O 配置情况。

(2) 能正确应用电气安装工具、0.75 mm^2 的控制线、中间继电器和工业以太网网线构建现场轴承去磁与清洗的 PLC 控制系统。

(3) 能根据轴承去磁与清洗生产过程中手动/自动控制以及工业机器人抓取、搬运轴承的需要，正确编写生产线的主程序、手动控制子程序和自动控制子程序。

(4) 能由编程计算机(PC 机)向现场控制器 SR40 PLC 下载生产线的主程序和手动/自动控制子程序，并能通过 SR40 实现去磁机和清洗机的在线监控运行。

任务一　计算机控制系统下位机的结构与应用

任务目标

(1) 熟悉计算机控制系统下位机的基本结构；

(2) 掌握计算机控制系统下位机在轴承去磁与清洗生产过程中的应用。

子任务 1　计算机控制系统下位机的基本结构

西门子 SIAMTIC S7-200 SMART 系列 PLC 中的 SR40 属于小型继电器输出型的中央处理器单元(CPU 模块)。SR40 采用单相 AC 220 V 电源供电，且具备单相最高 200KHz 的高速脉冲输入能力，能对高频信号完成采集与控制，如图 4-2 所示。SR40 PLC 具备 16 位 CPU 主板，能快速处理生产过程中的数字量和模拟量运算。SR40 PLC 具备 24 路数字量输入(DI)和 16 路数字量输出(DO)，能够满足轴承去磁与清洗生产过程中传感器信号输入和控制信号输出的控制要求。

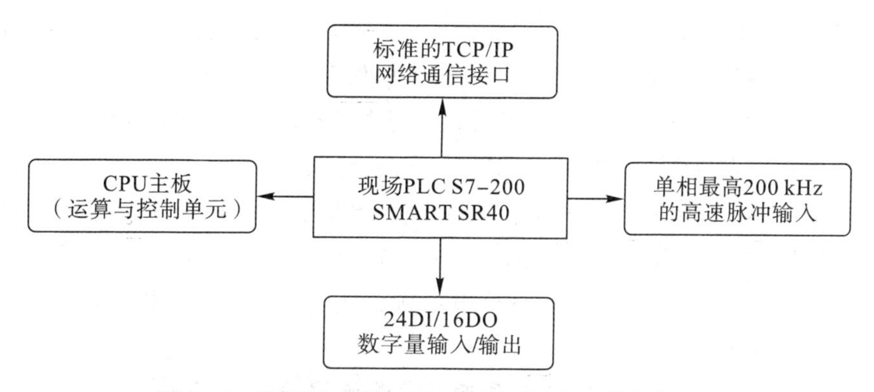

图 4-2　现场 PLC S7-200 SMART SR40 的主体配置

现场控制器 S7-200 SMART SR40 作为 PLC 主控系统的下位机，负责采集轴承去磁与清洗自动化生产线中 1# 和 2# 光纤漫反射传感器的有效检测信号(轴承去磁过程中的“上料完成”和“去磁完毕”两个定位信号)及手动控制按钮的动作状态(去磁机和清洗机的手动启停控制信号)。SR40 的电源接线方式如图 4-3 所示，SR40 根据主程序和手动/自动控制子程序执行去磁与清洗设备的启/制动控制。

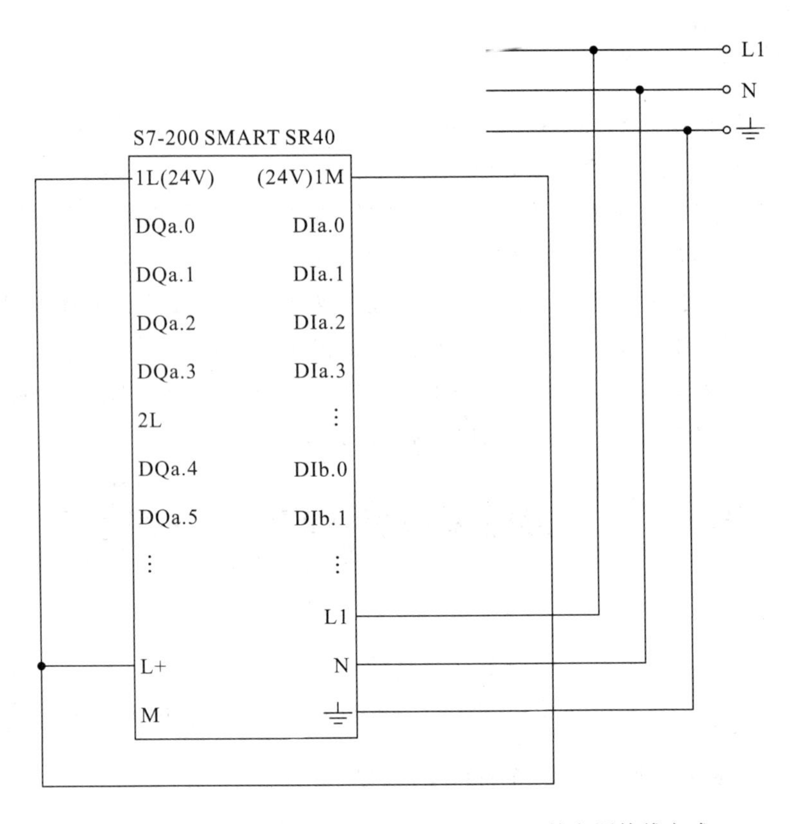

图 4-3 现场 PLC S7-200 SMART SR40 的电源接线方式

1. 现场 PLC S7-200 SMART SR40 的电源部分

SR40 PLC 具备交/直流电源变换能力，其电源部分由 AC 220 V 电源输入模块和 DC 24 V/2 A 电源整流输出模块两部分组成。由于 SR40 输出端子的驱动能力有限，因此在其输出端子外围加装中间继电器，能够实现大功率设备的启制动控制。

S7-200 SMART SR40 PLC 的电源输入端子包括火线输入“L1”、零线输入“N”及地线输入“GND”。其中，“L1”端子接入 AC 220 V 单相电源，该电源为宽电压输入，即电源电压有效值 $U_i \in$[AC 85 V，AC 264 V]，这样可以保证 SR40 PLC 在电源电压波动情况下实现自动化生产的精准控制；“N” 端子接入中性线(零线)；“GND” 端子接入安全地线(0 V)，为避免操作人员意外触电，“GND” 端子必须接地。

S7-200 SMART SR40 PLC 的 DC 24 V/2 A 电源输出模块包括直流电源输出“L+”和直流电源公共端“M”。其中，“L+”端子为输入输出外设提供 DC 24 V 电源，“M” 端子是直流电源的公共端子，其电压为 0 V(万用表测量值)。SR40 PLC 电源部分的输入/输出端子配置见表 4-1。

表 4-1 SR40 PLC 电源部分的输入/输出端子配置

序号	参数名称	性能参数指标
1	“L1”/“N”/“GND”	AC 220 V 电源的火线/零线/地端
2	“L+”/“M”	DC 24 V 电源的直流输出/公共端
3	输入侧“1M”	SR40 输入侧 DC 24 V 电源公共端
4	“1L”/“2L”/“3L”/“4L”	SR40 输出侧四组负载的 DC 24 V 电源端

注意：现场 PLC SR40 的 24 个输入端子均属于漏电流输出型，SR40 PLC 输入侧负载(例如光纤传感器、按钮与旋钮)均依靠 1 M(DC 24 V)端子实施直流供电。同时，SR40 的 16 个输出端子均属于继电器输出型(分为四组)，分别由“1L”“2L”“3L”和“4L”四个 DC 24 V 电源端供电。

2. 现场 PLC S7－200 SMART SR40 的 I/O 端子配置及性能参数

S7－200 SMART SR40 PLC 具备 40 个端子的 I/O 配置。SR40 开关量型输入端子共计 24 个，平均分为三组，依次是“DIa. 0～DIa. 7”“DIb. 0～DIb. 7”和“DIc. 0～DIc. 7”，这三组输入中每组包括 8 个输入端子，如图 4－4 所示。SR40 PLC 的 I/O 扫描周期 $T_{RUN} \in [40\ ms, 100\ ms]$，其输入端子“DIa. 1～DIa. 7”用于接收光纤传感器及系统手动控制输入信号。

S7-200 SMART SR40

1L(24V)	(24V)1M
DQa.0	DIa.0
⋮	⋮
DQa.3	DIa.3
2L	⋮
DQa.4	DIa.7
⋮	DIb.0
DQa.7	⋮
3L	DIb.3
DQb.0	⋮
⋮	DIb.7
DQb.3	DIc.0
4L	⋮
DQb.4	DIc.3
⋮	⋮
DQb.7	DIc.7
	L1
L+	
	N
M	⏚

图 4－4　现场 PLC S7－200 SMART SR40 的 I/O 端子配置

在图 4－4 中，S7－200 SMART SR40 PLC 的开关量型输出端子共计 16 个，平均分为四组，依次是“DQa. 0～DQa. 3”“DQa. 4～DQa. 7”“DQb. 0～DQb. 3”和“DQb. 4～DQb. 7”，这四组输出中每组包括 4 个输出端子。

SR40 PLC 接收光纤漫反射传感器反馈及去磁与清洗设备手动控制按钮的有效输入，SR40 运行内部程序之后，可有效控制去磁机与清洗机的启/停操作。

SR40 PLC 具备三种工作状态，依次是“RUN”“STOP”和“ERROR”。其中，“RUN”表示 SR40 的“运行”状态，此时该 PLC 正在以循环扫描的方式运行用户程序，“STOP”表示 SR40 的“停止”状态，此状态常见于编程计算机与 SR40 PLC 之间程序块、数据块和系统块的上传与下载过程，“ERROR”则是 SR40 的“运行报错”状态，此时需要检查 PLC 硬件和软件设置，排除现有的故障。现场 PLC S7－200 SMART SR40 的主要性能参数见表 4－2。

表 4-2　S7-200 SMART SR40 PLC 的主要性能参数

序号	参数名称	性能参数指标
1	程序存储器/数据存储器	24 KB /16 KB
2	布尔运算/字处理速度	0.15 μs /1.2 μs
3	板载 I/O 数量	I(24 点)/O(16 点)
4	输入/输出过程映像寄存器	I(256 点)/O(256 点)
5	工业以太网接口/协议	Ethernet 接口/S7 协议
6	串行通信接口/协议	RS485 接口/RS485 协议
7	定时器/计数器数量	256 个/256 个
8	工作环境温度	(0～60)℃

(1) SR40 PLC 具备 24 KB 的程序存储器，主要用于存储轴承去磁与清洗生产过程中的主程序、手动控制子程序和自动控制子程序，另外其 16 KB 的数据存储器主要用于存储用户程序执行的中间结果。

(2) SR40 PLC 的主板上集成了高速 16 位处理器芯片，布尔运算执行时间可达 0.15 μs，字处理速度可达 1.2 μs，满足自动化生产线中光纤漫反射传感器的采样周期和轴承去磁装备与清洗装备的控制周期对 CPU 处理能力的要求。

(3) SR40 PLC 内置有一个工业以太网接口和一个 RS485 接口，技术人员可以通过以太网接口，将 SR40 PLC 连接至交换机，SR40 PLC 可以通过 TCP/IP 通信或者 S7 通信向主控 PLC S7-300 反馈轴承去磁与清洗的工作状态。

子任务 2　计算机控制系统下位机在轴承去磁与清洗生产过程中的应用

本项目以 S7-200 SMART SR40 为核心，由光纤漫反射传感器、手动输入按钮/旋钮、中间继电器(KA1～KA4)、传送电机、电磁线圈、水泵电机和旋转电机等设备共同构成了轴承去磁与清洗生产过程的自动控制系统，如图 4-5 所示。

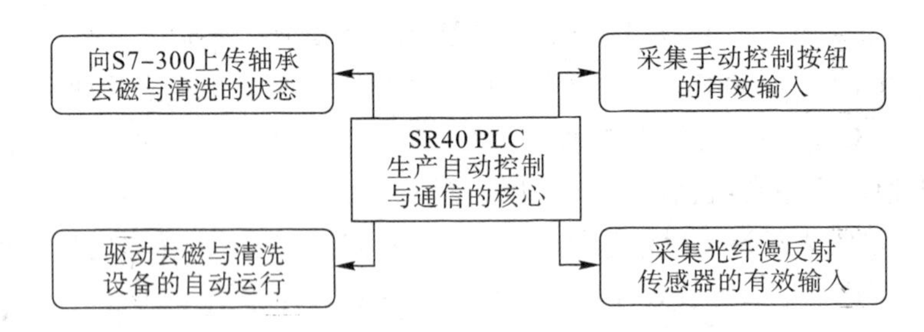

图 4-5　轴承去磁与清洗生产过程的自动控制系统

1. 轴承去磁与清洗生产过程的自动运行模式

(1) 若 1# 光纤传感器检测到轴承上料完成，SR40 PLC 的输入端子 I0.4=1(DC 24 V)，此时传送电机 M 直接启动，轴承工件随即进入去磁过程。

(2) 若 2# 光纤传感器检测到轴承去磁完毕，SR40 PLC 的输入端子 I0.5=1(DC 24 V)，此时传送电机 M 直接制动，制动过程存在一定的惯性，因此将传送带制动过程的延时设为 1 s，当传送带缓冲停稳之后，轴承工件去磁结束。

(3) 现场控制器 SR40 PLC 通过工业以太网向主控 PLC S7 - 300 报告：轴承工件去磁完毕。主控 PLC S7 - 300 随即命令机器人控制器触发 OMRON 相机(FH1050)拍照，对轴承工件实施精确定位，视觉系统以机器人工作站的原点为参考，将换算好的轴承坐标回传机器人控制器，引导机器人抓取、搬运并平稳地将轴承工件放置于清洗平台上。

(4) 当"轴承放置完毕"的信号(DO17＝1)通过工业以太网反馈给主控 PLC S7 - 300 (I136.0＝1)和 SR40 PLC(V0.5＝1)时，SR40 PLC 作为现场的控制器直接驱动水泵电机 M2 和旋转电机 M3 的启动，轴承进入 10 s 的旋转清洗流程，且 T＝10 s 的定时时长由 SR40 PLC 内部的定时器 T37 控制。

(5) 当轴承工件"定时清洗"结束以后，现场控制器 SR40 PLC 将"清洗完毕"的信号(V20.6＝1)通过 I/O 通信反馈给 ESTUN 工业机器人(DI18＝1)。

(6) 工业机器人得知轴承"清洗完毕"后，再次下降至轴承清洗平台的端面抓取、搬运并平稳地将轴承工件放置于半成品收集处。

注意：在轴承旋转清洗过程中，清洗平台的旋转由交流电机 M3 驱动，且电机 M3 的转速 $n(K)=120$ r/min。当旋转清洗平台需要启动时，SR40 PLC 的输出端子 Q0.3＝1，此时变频器(VFD)率先启动，输出频率 $f=4.3$ Hz 的交流电压信号，控制 M3 启动运行。

2. 轴承去磁与清洗生产过程的手动运行模式

(1) SR40 PLC 的输入端接线端子共接有五个开关量输入信号，依次是"手动启动传送带"(I0.1)、"手动启动去磁机"(I0.2)、"手动停止去磁机"(I0.3)、"手动启动水泵电机"(I0.6)和"手动启动旋转电机"(I0.7)。

(2) 当人工完成轴承上料后，手动启动传送带和去磁机，轴承可以在手动控制下进入去磁流程。

(3) 当轴承去磁完毕时，人工按下"手动停止去磁机"按钮(I0.3＝1)，轴承停止去磁，并停留在传送带末端(一般为去磁机的第Ⅷ区)。

(4) 机器人随即在主控 PLC S7 - 300 和 SR40 PLC 的联合控制下，并在 OMRON 视觉系统的引导下，抓取、搬运并平稳地将轴承工件放置于清洗平台上。

(5) 当轴承工件平稳放置后，手动启动清洗机的喷淋和旋转机构对轴承实施清洗操作，清洗完成后，机器人再次抓取、搬运并平稳地将轴承工件放置于半成品收集处。

任务二　计算机控制系统下位机的电气与网络接线

任务目标

(1) 掌握计算机控制系统下位机的电气接线；

(2) 掌握计算机控制系统下位机的 I/O 地址分配情况。

子任务 1　计算机控制系统下位机的电气接线

S7 - 200 SMART SR40 PLC 具备 24 点数字量输入信号："DIa.0～DIa.7""DIb.0～DIb.7"和"DIc.0～DIc.7"，同时具备 16 点数字量输出信号："DQa.0～DQa.3""DQa.4～

DQa. 7”“DQb. 0～DQb. 3”和“DQb. 4～DQb. 7”。

SR40 PLC 的 I/O 配置较为复杂，工程技术人员将两个光纤传感器的反馈信号、去磁机和清洗机的五个手动控制信号接至“DIa. 1～DIa. 7”共七个数字量输入端子上；同时将传送带、去磁装置、水泵和旋转电机对应的中间继电器 KA1～KA4 的线圈分别接至“DQa. 0～DQa. 3”共四个数字量输出端子上，如图 4-6 所示。

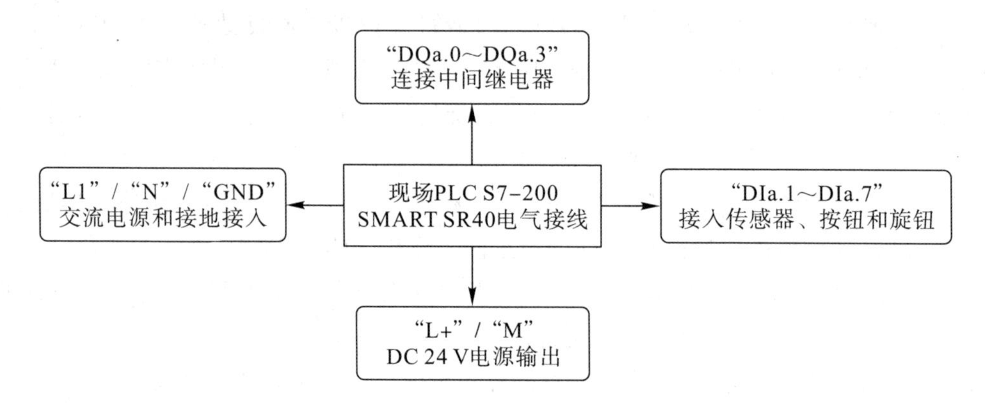

图 4-6 现场 PLC S7-200 SMART SR40 的 I/O 配置

1. S7-200 SMART SR40 输入端子的电气接线

技术人员按照如图 4-7 所示的电气接线图分别将 SA1(传送带启停)、SB1(去磁装置启动)、SB2(去磁装置停止)、OP1(1# 光纤漫反射传感器)、OP2(2# 光纤漫反射传感器)、

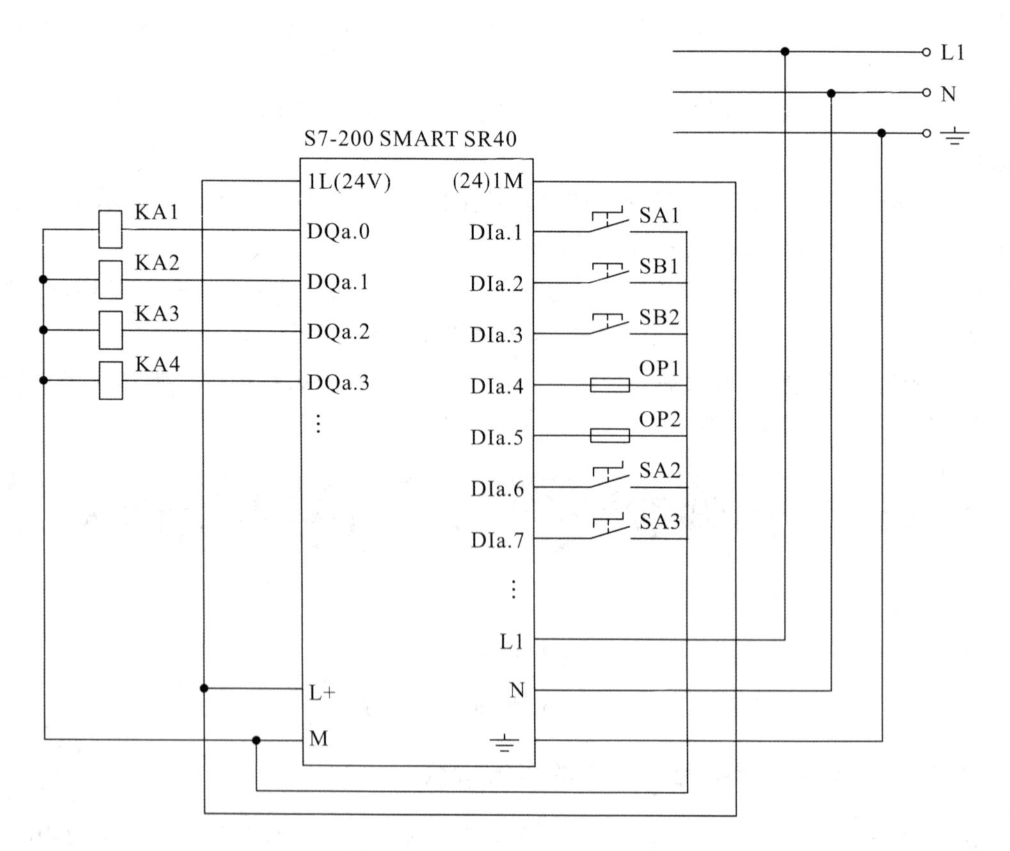

图 4-7 S7-200 SMART SR40 输入/输出端子的电气接线

SA2(水泵电机启停)和 SA3(旋转电机启停)共七个开关量外设接在 SR40 PLC 的七个输入端子(DIa. 1～DIa. 7)与公共端 M(0 V)之间，当其中某个输入端子 DIa. n=1(n∈Z[1, 7])时，表明系统输入侧对应的开关量外设输入有效。光纤传感器的输入可以启动去磁机和清洗机的自动运行，其余按钮和旋钮的输入用于轴承去磁与清洗生产过程的手动控制。

(1) 我们以旋钮 SA1(传送带启动)输入接通为例，按照如图 4-7 所示的电气接线图，分析 SR40 PLC 数字量输入端子 DIa. 1=1 输入有效的全过程。注意：DIa. 1 是 SR40 PLC 数字量输入端子的名称，该端子的有效编程地址是 I0. 1。

(2) 当去磁机控制面板上的旋钮 SA1(传送带启停)常开触点闭合时，控制电流由 SR40 的“L+”(1M)端子出发，流经电阻 R、发光二极管 LED 和旋钮 SA1 的触点机构，再回到公共端“M”(0 V)，此时输入映像寄存器中与 DIa. 1 对应的 I0. 1=1(手动启动传送带有效)，随后现场控制器 SR40 PLC 正式启动传送带单向运行，如图 4-8 所示。

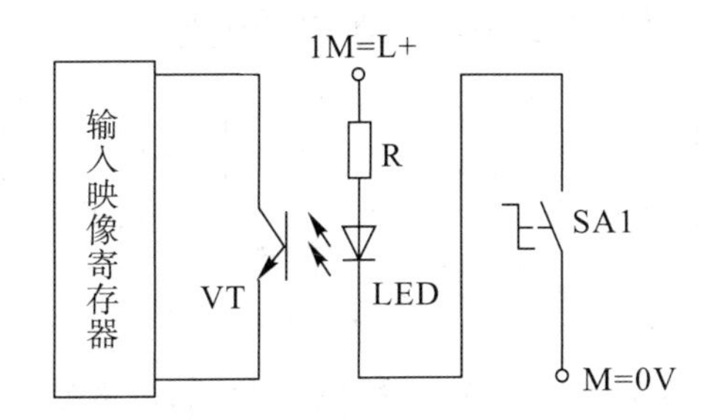

图 4-8　SR40 输入端子的内部接线图(传送带启动)

(3) 在实际生产过程中，SR40 常处于“自动状态”，当 SR40 的输入端子 I0. 4=1 时，轴承上料完成，当 I0. 5=1 时，轴承去磁到位。

2. S7-200 SMART SR40 输出端子的电气接线

技术人员按照如图 4-7 所示的电气接线图分别将 KA1(传送带启动)、KA2(去磁装置启动)、KA3(水泵电机启动)和 KA4(旋转电机启动)共四个中间继电器外设(线圈)接在 SR40 PLC 的四个输出端子(DQa. 0～DQa. 3)与公共端 M(0 V)之间。当其中某个输出端子 DQa. n=1(n∈Z[0, 3])时，表明系统输出侧对应的中间继电器线圈得电，随后当相应中间继电器常开触点闭合时，轴承去磁与清洗生产过程中对应的电气设备启动运行。

(1) 中间继电器 KA1 的常开触点接入如图 4-9 所示的传送带电机 M 的电气控制电路中，其常开触点闭合可以启动电机 M 的运行，我们以中间继电器 KA1(传送带启动)线圈得电为例，分析 SR40 PLC 数字量输出端子 DQa. 1=1 输出有效的全过程。

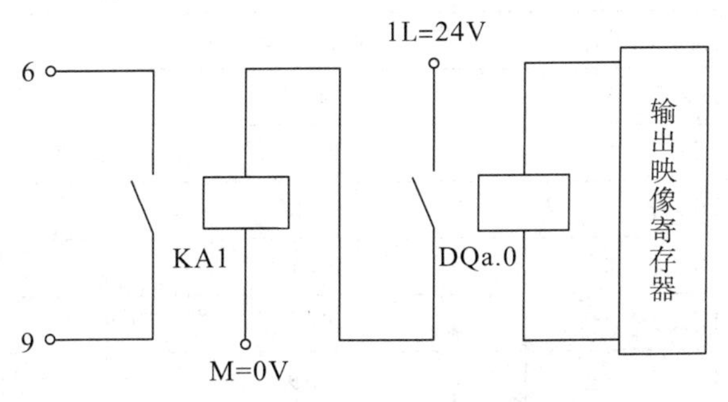

图 4-9　SR40 输出端子的内部接线图(传送带启动)

(2) 当 SR40 PLC 程序中 Q0.0=1(启动传送带有效)时，通过输出映像寄存器，输出继电器 DQa.0 线圈得电，其常开触点闭合，从而导致外部中间继电器 KA1 线圈得电，当 KA1 常开触点闭合时，驱动传送带电机 M 启动。

由于现场控制器 SR40 PLC 的输出驱动能力有限，因此需要在 SR40 驱动电机 M 启动的电气控制电路中加入中间继电器 KA1，KA1 一方面起到控制信号传递的作用，另一方面可以对 SR40 的输出信号“Q0.0=1”进行有效地放大。中间继电器 KA1 的常开触点工作在 AC 380 V/2 A 的传送电机电气控制电路中。

子任务 2 计算机控制系统下位机的 I/O 地址分配情况

技术人员利用以太网网线，通过交换机分别将主控 PLC S7-300 和现场 PLC SR40 接入如图 4-10 所示的轴承去磁与清洗自动化生产线的主控系统中。主控 PLC S7-300 的 IP 地址为 192.168.0.1，而现场 PLC SR40 的 IP 地址为 192.168.0.4。

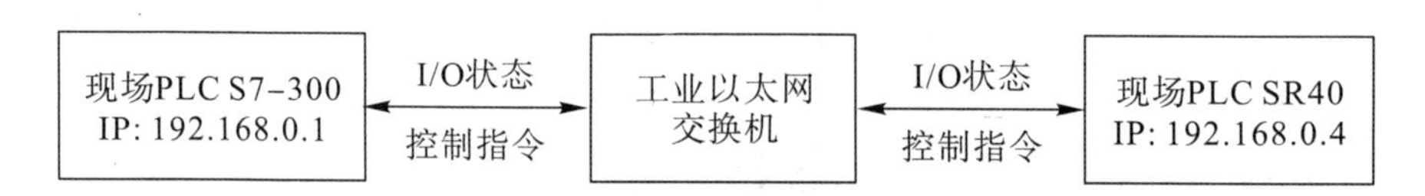

图 4-10 主控 PLC S7-300 和现场控制器 PLC SR40 之间的控制网络

在主控系统中，SR40 将采集到的光纤传感器信号和生产设备的工作状态(去磁机和清洗机的启停状态)反馈给主控 PLC S7-300，而 S7-300 则向 SR40 下达手动或自动运行轴承去磁与清洗自动化生产线的指令。在此，我们详细总结主控系统中现场 PLC SR40 输入输出变量的 I/O 地址分配情况。

1. 现场 PLC SR40 输入变量的 I/O 地址分配情况

现场 PLC SR40 的七个输入端子 DIa.1～DIa.7 的 I/O 地址分配情况见表 4-3，总计接入了两个光纤传感器的反馈信号——OP1(1# 光纤漫反射传感器)和 OP2(2# 光纤漫反射传感器)，用于自动检测轴承位置，以及五个手动控制信号——SA1(传送带启停)、SB1(去磁装置启动)、SB2(去磁装置停止)、SA2(水泵电机启停)和 SA3(旋转电机启停)，用于手动启动轴承去磁与清洗的生产过程。

注意：名称为 DIa.1～DIa.7 的输入端子在 S7-200 SR40 PLC 内部对应的编程地址为 I0.1～I0.7。

表 4-3 现场 PLC SR40 输入变量的 I/O 地址分配情况

序号	I/O 端子标号	I/O 端子编程地址	含义
1	DIa.1	I0.1	传送带启动
2	DIa.2	I0.2	去磁手动启动
3	DIa.3	I0.3	去磁手动停止
4	DIa.4	I0.4	轴承上料完成
5	DIa.5	I0.5	轴承去磁完毕
6	DIa.6	I0.6	水泵电机启动
7	DIa.7	I0.7	旋转电机启动

2. 现场 PLC SR40 输出变量的 I/O 地址分配情况

现场 PLC SR40 的四个输出端子 DQa. 0～DQa. 3 的 I/O 地址分配情况见表 4-4，总计接入了四个中间继电器线圈——KA1(传送带启动)、KA2(去磁装置启动)、KA3(水泵机构启动)和 KA4(旋转机构启动)，用于现场控制器 SR40 对传送带电机、去磁装置、水泵电机和旋转电机完成启/制动控制。

注意：名称为 DQa. 0～DQa. 3 的 PLC 输出端子在 SR40 内部对应的编程地址为 Q0. 0～Q0. 3。

表 4-4　现场 PLC SR40 输出变量的 I/O 地址分配情况

序号	I/O 端子标号	I/O 端子编程地址	含　义
1	DQa. 0	Q0. 0	传送带电机启动
2	DQa. 1	Q0. 1	去磁装置启动
3	DQa. 2	Q0. 2	水泵机构启动
4	DQa. 3	Q0. 3	旋转机构启动

任务三　计算机控制系统下位机的 I/O 配置与编程

任务目标

(1) 掌握计算机控制系统下位机内部寄存器的 I/O 配置；

(2) 掌握计算机控制系统下位机的编程与调试。

子任务 1　计算机控制系统下位机内部寄存器的 I/O 配置

如前所述，我们已经对 S7-200 SMART SR40 PLC 输入/输出变量的 I/O 地址分配情况进行了详细的讨论，在本项子任务中，我们继续对 SR40 PLC 完成轴承自动去磁与清洗任务进行变量寄存器(V 区寄存器)和中间继电器(M 区寄存器)的 I/O 地址分配，以便进一步实现轴承去磁与清洗程序的开发。

1. SR40 内部与 MCGS 触摸屏控制按钮对应的 V 区变量的设置

在自动化生产线中，工程技术人员可以通过 MCGS 触摸屏上的虚拟按钮(矩形按钮图像)，也可以通过安装在实际生产设备上的物理按钮，发出轴承去磁与清洗操作的手动控制指令。这样做的好处是可以实现自动化生产线的异地启停。

当技术人员通过 MCGS 触摸屏发出生产线手/自动切换或者手动控制指令时，主控 PLC S7-300 通过 S7 通信，将相关指令的有效赋值传递给 SR40 PLC 内部的变量寄存器(V 区寄存器)，形成由 MCGS 触摸屏到主控 PLC S7-300，再到现场控制器 SR40 PLC 之间有效的变量映射，如图 4-11 所示。

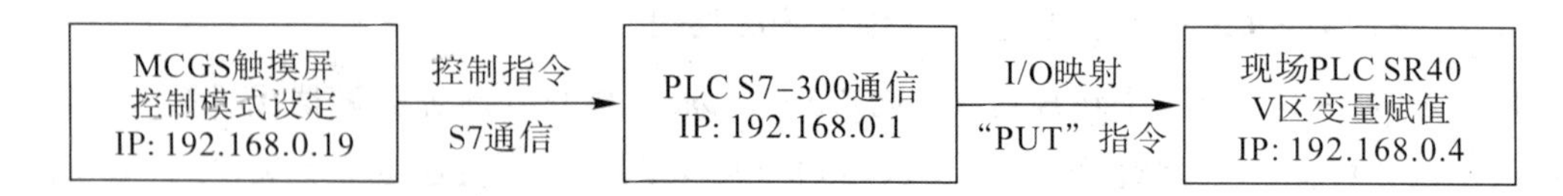

图 4-11 MCGS 触摸屏控制模式下 V 区变量映射的流程

当轴承去磁与清洗自动化生产线实施手动控制时，MCGS 触摸屏和主控 PLC S7-300 中应用输入变量 I0.0 表示“手/自动切换”，输入变量 I0.1～I0.4 分别表示“传送带启停”“去磁启停”“水泵启停”和“旋转电机启停”。

注意：操作人员在触摸屏上选择了“手动”控制模式后，轴承去磁与清洗自动化生产线将处于手动控制模式，上述触摸屏上的按钮方可用来控制轴承的去磁与清洗生产过程。SR40 内部与 MCGS 触摸屏控制按钮对应的 V 区变量设置见表 4-5。

表 4-5 SR40 内部与 MCGS 触摸屏控制按钮对应的 V 区变量的设置

序号	触摸屏 I/O	S7-300 DB10 映射地址	SR40 V 区	含义
1	I0.0	P＃DB10.DBX20.0	V0.0	手/自动切换
2	I0.1	P＃DB10.DBX20.1	V0.1	传送带启停
3	I0.2	P＃DB10.DBX20.2	V0.2	去磁装置启停
4	I0.3	P＃DB10.DBX20.3	V0.3	水泵电机启停
5	I0.4	P＃DB10.DBX20.4	V0.4	旋转电机启停
6	自动控制	P＃DB10.DBX20.5	V0.5	自动清洗启动

上述五个输入变量 I0.0～I0.4 经过 S7 通信，可以直接形成由 MCGS 触摸屏到主控 PLC S7-300，再到现场控制器 SR40 PLC 之间有效的变量映射，输入变量 I0.0～I0.4 直接映射的目标是 SR40 PLC 内部变量寄存器区的 V0.0～V0.4 位。

变量映射完成后，SR40 PLC 可以接收来自于主控柜 MCGS 触摸屏的手动控制指令，然后通过运行其程序存储器中的“手动控制子程序”，完成传送带、去磁机构、水泵电机与旋转电机的手动启停控制。

另外，SR40 PLC 内部变量寄存器区的 V0.5 位比较特殊，该位表示在生产线自动控制模式下，水泵电机 M2 和旋转电机 M3 的同步启动，即自动清洗过程的自动开启。相对而言，系统的自动控制节拍更为合理，因此变量寄存器区的 V0.5 位是常用变量。在表 4-5 中，变量寄存器区的 V0.5 位在触摸屏上对应的是自动控制模式。

注意：MCGS 触摸屏和主控 PLC S7-300 中所应用的输入变量 I0.0～I0.4，仅指在使用 MCGS 触摸屏发出手动控制指令时，对应设备的启停方式，在变量的名称与含义方面一定要与 SR40 PLC 所使用的输入端子 I0.0～I0.4 之间存在严格的区分。

2. SR40 内部与轴承自动去磁和清洗过程对应的 V 区变量的设置

当轴承工件进入去磁与清洗流程后，SR40 PLC 采用输入端子 I0.4 和 I0.5，采集轴承去磁过程中的位置反馈信息，即1[#]和2[#]光纤漫反射传感器的检测信号；同时，采用输出端子Q0.0～Q0.3的“得失电”状态表示“传送带启动”“去磁装置启动”“水泵电机启动”和“旋转电机启动”的工作状态。

主控PLC S7-300通过S7通信，按照如图4-12所示的变量映射流程，将上述生产过程中传感器的反馈信息和生产设备的状态信息，准确映射到MCGS触摸屏的监控程序中，以便实现现场工程技术人员对轴承去磁与清洗自动化生产过程的有效监控。

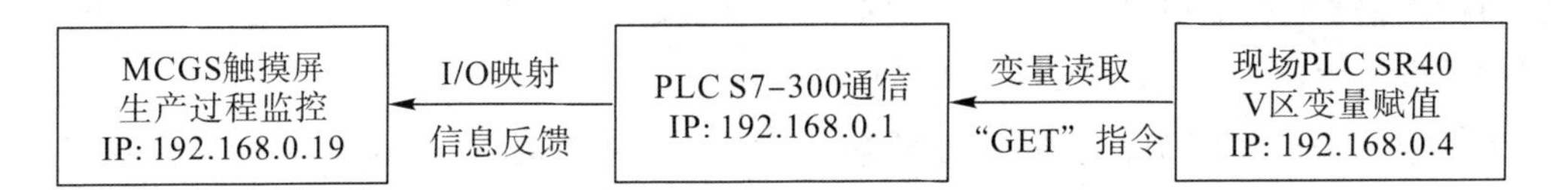

图4-12　生产线状态监控过程中V区变量映射的流程

当轴承进入去磁与清洗生产流程后，现场控制器SR40 PLC采用其内部变量寄存器区的V20.0和V20.1位，表示轴承的“上料完成”和“去磁到位”状态反馈。轴承去磁与清洗生产过程对应的V区变量的设置见表4-6。

表4-6　轴承去磁与清洗生产过程对应的V区变量的设置

序号	触摸屏I/O	S7-300 DB11映射地址	SR40 V区	含　义
1	Q0.0	P#DB11.DBX20.0	V20.0	轴承上料完毕
2	Q0.1	P#DB11.DBX20.1	V20.1	轴承去磁到位
3	Q0.2	P#DB11.DBX20.2	V20.2	传送电机启动
4	Q0.3	P#DB11.DBX20.3	V20.3	去磁线圈启动
5	Q0.4	P#DB11.DBX20.4	V20.4	水泵装置启动
6	Q0.5	P#DB11.DBX20.5	V20.5	旋转装置启动
7	针对机器人	P#DB11.DBX20.6	V20.6	轴承清洗完毕

其中，当1[#]光纤传感器检测到轴承时，SR40 PLC的输入端子I0.4=1，轴承“上料完成”有效；当2[#]光纤传感器检测到轴承时，SR40 PLC的输入端子I0.5=1，轴承“去磁完毕”有效。SR40 PLC可及时将轴承的位置信息反馈给S7-300 PLC。

SR40 PLC采用其内部变量寄存器区的V20.2～V20.5位，表示轴承去磁与清洗生产过程中“传送带启动”“去磁装置启动”“水泵电机启动”和“旋转电机启动”的工作状态。同时，V20.6位表示“轴承工件清洗完毕”。

主控PLC S7-300通过S7通信，借助“GET”指令，读取SR40 PLC内部变量寄存器区V20.0～V20.6位的状态，进而可以将轴承去磁与清洗生产过程的状态准确映射到MCGS触摸屏的监控组态界面中。

子任务 2 计算机控制系统下位机的编程与调试

在轴承去磁与清洗自动化生产线中，现场控制器 S7 - 200 SMART SR40 PLC 的程序主要包括三部分：主程序、手动控制子程序和自动控制子程序。其中，手动控制子程序常用于系统初始状态的调节或复位操作，而自动控制子程序常用于生产线的自动运行。

主程序用于确定自动化生产线的工作状态(手动控制或者自动控制模式)，并将光纤传感器的检测信号(I0.4 和 I0.5)与生产设备的运行状态(Q0.0～Q0.3)映射到 SR40 PLC 内部对应的变量寄存器位(V20.0～V20.5)中。

手动控制子程序用于轴承去磁与清洗生产过程的纯手动控制(通过触摸屏或者现场按钮发出手动控制指令)。

自动控制子程序则应用 ESTUN 工业机器人实现轴承工件的全自动去磁、清洗、搬运和放置。现场控制器 SR40 PLC 中主程序、手动控制子程序和自动控制子程序的整体布局，如图 4 - 13 所示。

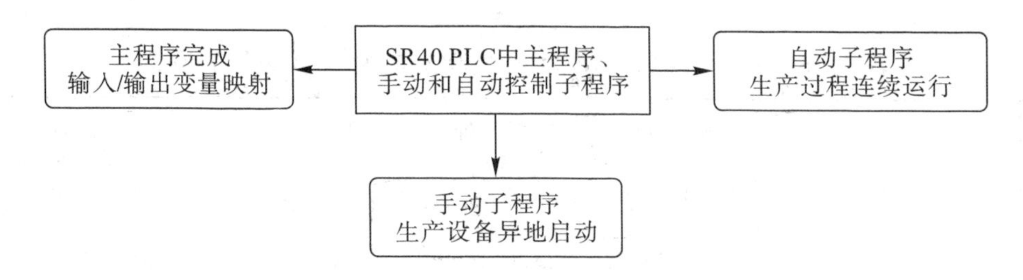

图 4 - 13 现场控制器 SR40 PLC 中程序的整体布局

当编程计算机与 SR40 PLC 建立网络通信后，按照图 4 - 14 和表 4 - 7 所示的编程与调试流程，我们可以在三个窗口内完成 SR40 PLC 主程序、手动和自动子程序的编辑与调试。

1. SR40 主程序的设计思路

在 SR40 PLC 主程序中，当变量寄存器区 V0.0=1 时，系统进入手动模式；当 V0.0=0 时，系统进入自动模式。我们应用变量寄存器区 V20.0 和 V20.1 位与 SR40 输入端子 I0.4 和 I0.5 发生映射，为轴承去磁进行定位；同时应用变量寄存器区 V20.2～V20.5 位与 SR40 输出端子 Q0.0～Q0.3 发生映射，反映生产过程的运行状态。

2. SR40 手动控制子程序的设计思路

在手动控制子程序中，旋钮 SA1(I0.1)与触摸屏按钮 V0.1 控制传送带启停；按钮 SB1、SB2(I0.2 和 I0.3)与触摸屏按钮 V0.2 控制去磁装置启停；旋钮 SA2(I0.6)与触摸屏按钮 V0.3 控制水泵电机启停；旋钮 SA3(I0.7)与触摸屏按钮 V0.4 控制旋转电机启停。

3. SR40 自动控制子程序的设计思路

在自动控制子程序中，光纤传感器的输入 I0.4 和 I0.5 控制传送带和去磁机构的启停；“水泵与旋转电机同时启动”信号 V0.5 和定时器 T37 联合启动轴承工件 10 s 的自动清洗；清洗完成时，“清洗完毕”信号 V20.6 将持续 2 s，并有效反馈至主控 PLC S7 - 300 的寄存器位 DB11.DBX20.6；主控 PLC 随后通知机器人轴承“清洗完毕”(DI18=1)，机器人将继续抓取、搬运轴承工件，并将其放置于半成品收集处。现场控制器 SR40 PLC 编程与调试的整体流程如图 4-14 所示。

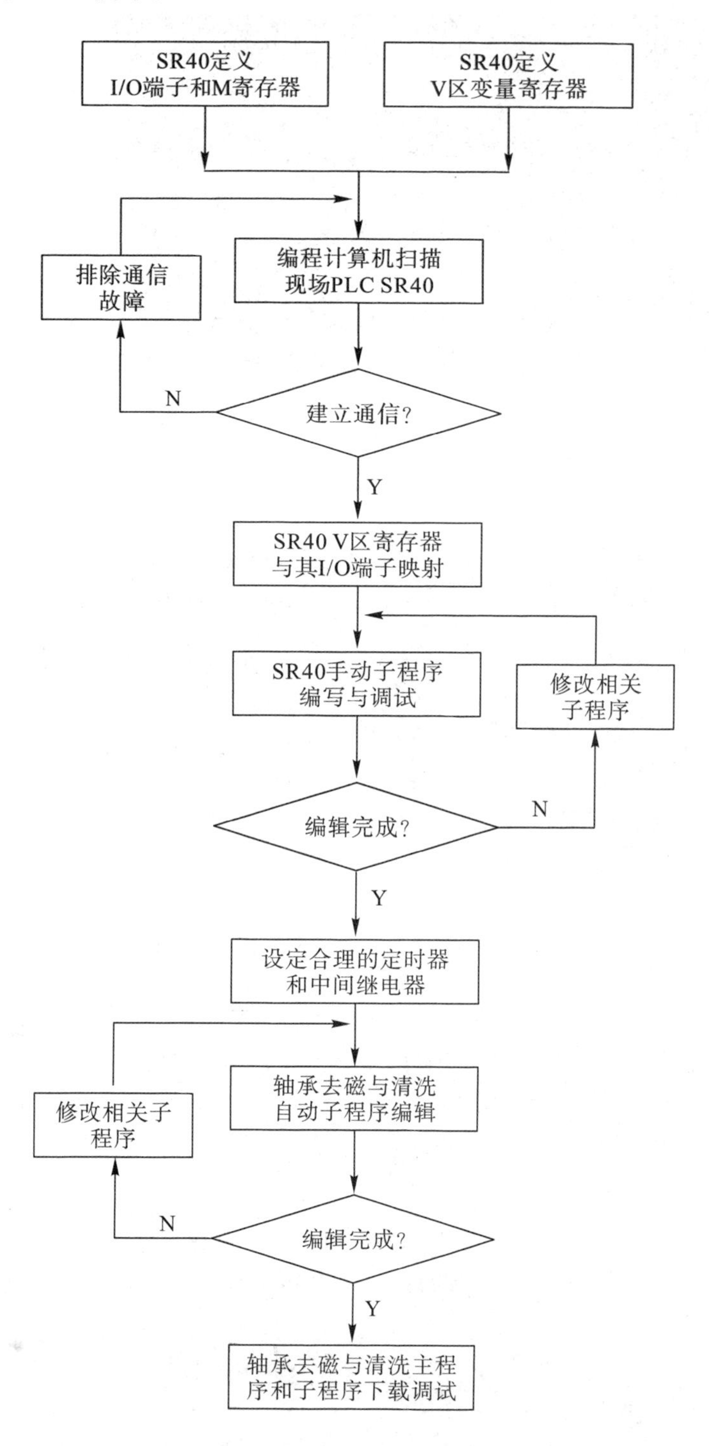

图 4-14　现场控制器 SR40 PLC 编程与调试的整体流程

表 4－7 现场 PLC S7－200 SMART SR40 控制程序的开发与调试流程

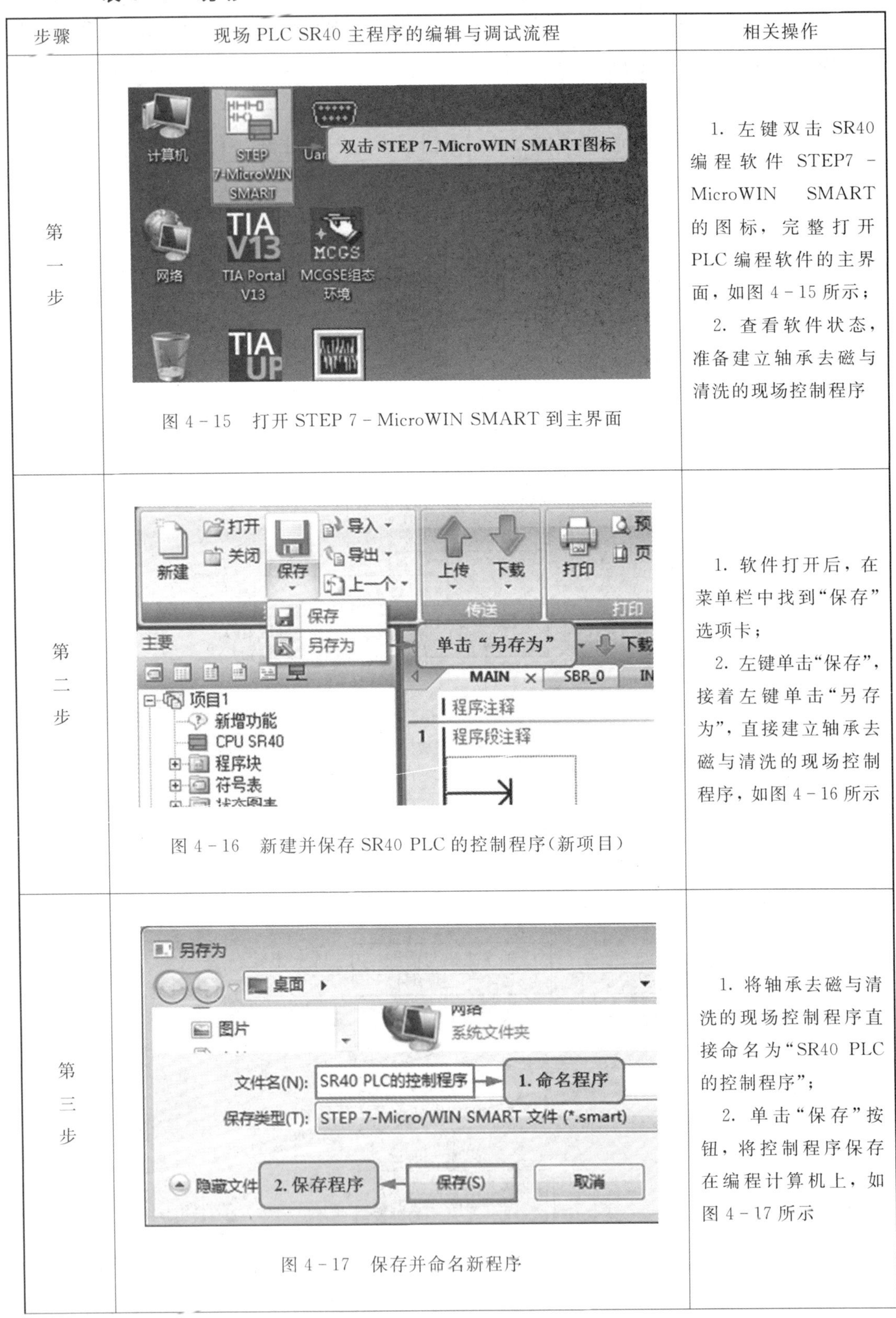

步骤	现场 PLC SR40 主程序的编辑与调试流程	相关操作
第一步	图 4－15 打开 STEP 7－MicroWIN SMART 到主界面	1. 左键双击 SR40 编程软件 STEP7－MicroWIN SMART 的图标，完整打开 PLC 编程软件的主界面，如图 4－15 所示； 2. 查看软件状态，准备建立轴承去磁与清洗的现场控制程序
第二步	图 4－16 新建并保存 SR40 PLC 的控制程序(新项目)	1. 软件打开后，在菜单栏中找到“保存”选项卡； 2. 左键单击“保存”，接着左键单击“另存为”，直接建立轴承去磁与清洗的现场控制程序，如图 4－16 所示
第三步	图 4－17 保存并命名新程序	1. 将轴承去磁与清洗的现场控制程序直接命名为“SR40 PLC 的控制程序”； 2. 单击“保存”按钮，将控制程序保存在编程计算机上，如图 4－17 所示

续表一

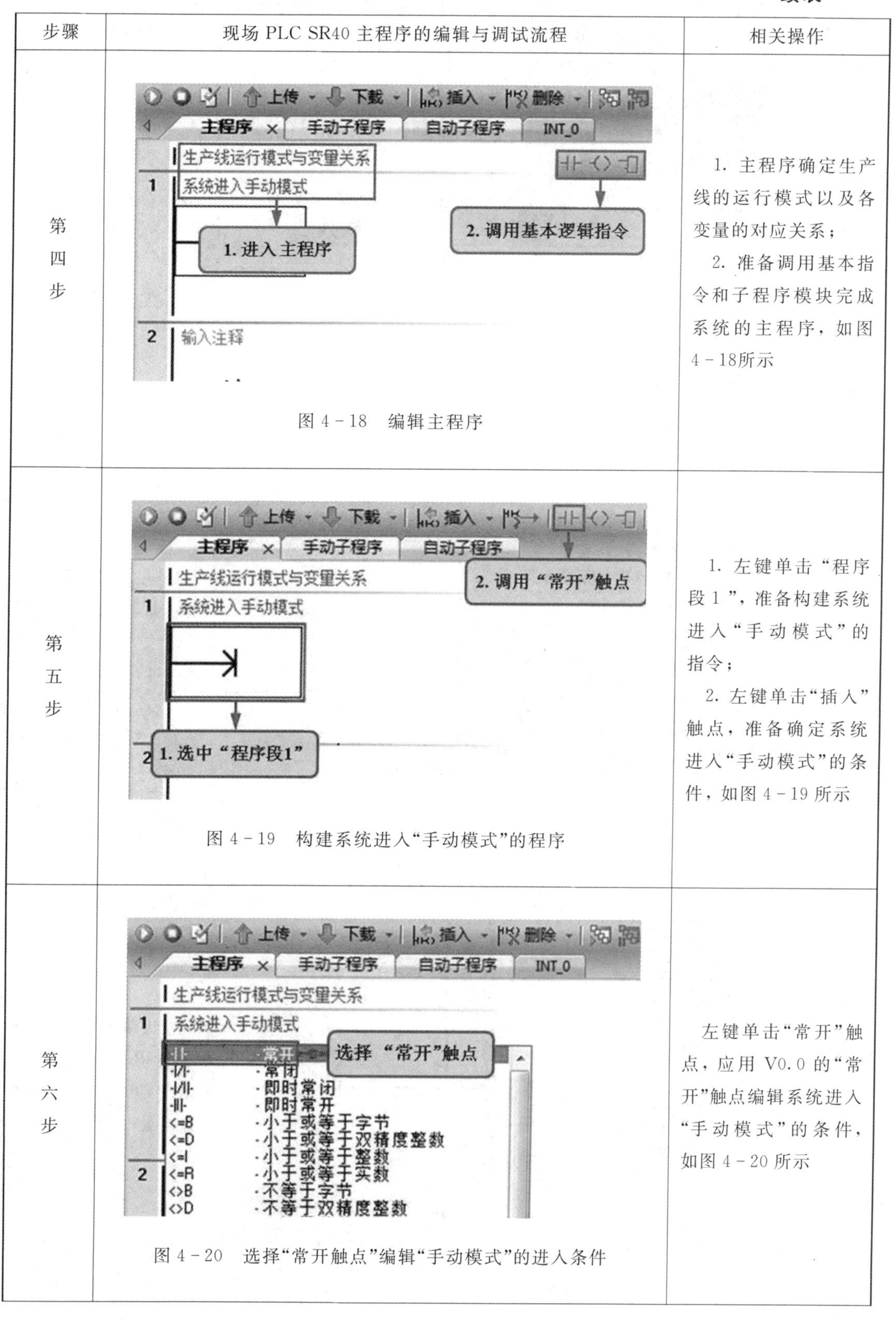

步骤	现场 PLC SR40 主程序的编辑与调试流程	相关操作
第四步	图 4－18　编辑主程序	1. 主程序确定生产线的运行模式以及各变量的对应关系； 2. 准备调用基本指令和子程序模块完成系统的主程序，如图 4－18所示
第五步	图 4－19　构建系统进入“手动模式”的程序	1. 左键单击“程序段 1 ”，准备构建系统进入“手动模式”的指令； 2. 左键单击“插入”触点，准备确定系统进入“手动模式”的条件，如图 4－19 所示
第六步	图 4－20　选择“常开触点”编辑“手动模式”的进入条件	左键单击“常开”触点，应用 V0.0 的“常开”触点编辑系统进入“手动模式”的条件，如图 4－20 所示

续表二

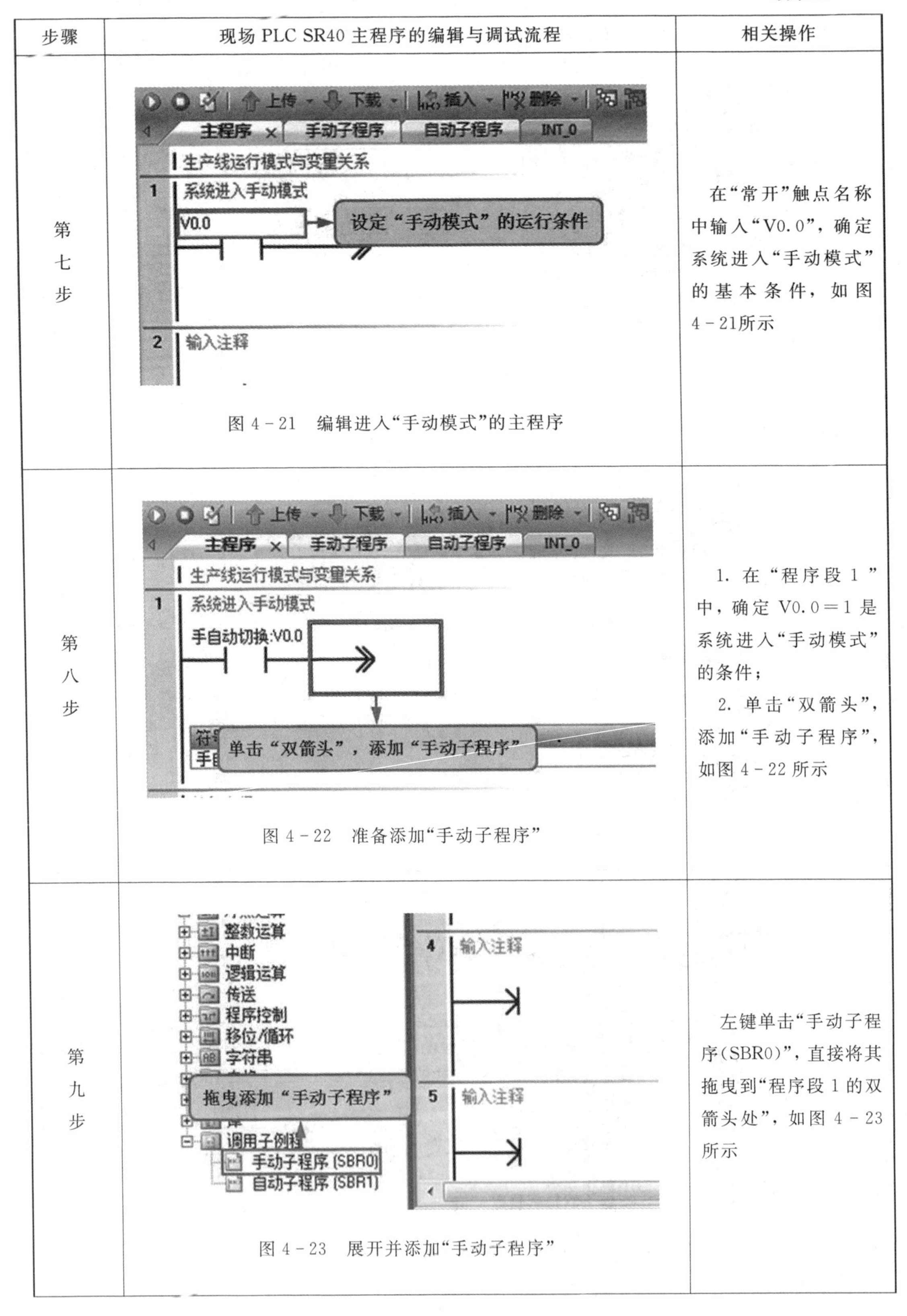

步骤	现场 PLC SR40 主程序的编辑与调试流程	相关操作
第七步	图 4-21　编辑进入“手动模式”的主程序	在“常开”触点名称中输入“V0.0”，确定系统进入“手动模式”的基本条件，如图 4-21所示
第八步	图 4-22　准备添加“手动子程序”	1. 在“程序段 1 ”中，确定 V0.0=1 是系统进入“手动模式”的条件； 2. 单击“双箭头”，添加“手动子程序”，如图 4-22 所示
第九步	图 4-23　展开并添加“手动子程序”	左键单击“手动子程序(SBR0)”，直接将其拖曳到“程序段 1 的双箭头处”，如图 4-23 所示

续表三

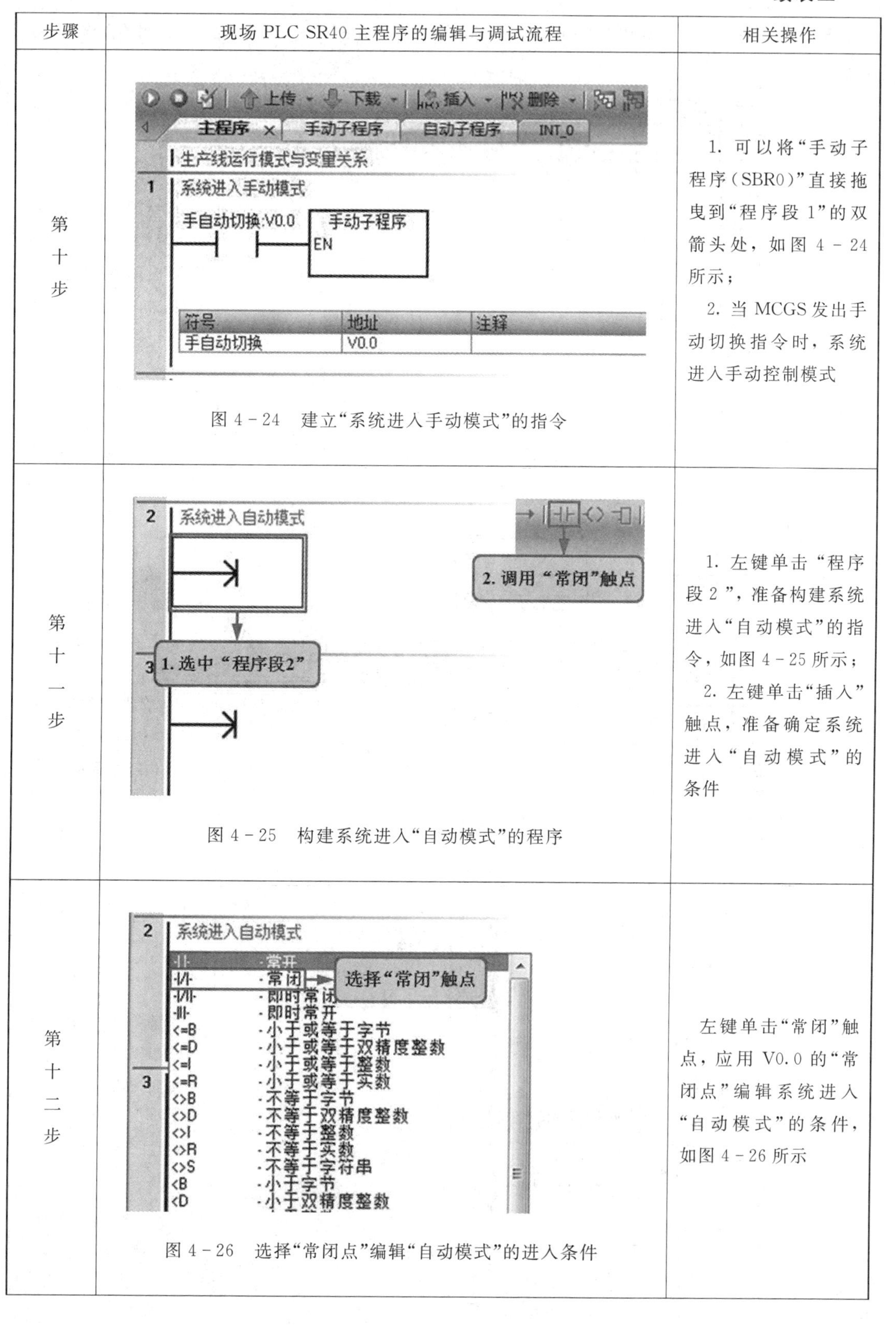

步骤	现场 PLC SR40 主程序的编辑与调试流程	相关操作
第十步	图 4-24　建立“系统进入手动模式”的指令	1. 可以将“手动子程序(SBR0)”直接拖曳到“程序段 1”的双箭头处，如图 4-24 所示； 2. 当 MCGS 发出手动切换指令时，系统进入手动控制模式
第十一步	图 4-25　构建系统进入“自动模式”的程序	1. 左键单击“程序段 2”，准备构建系统进入“自动模式”的指令，如图 4-25 所示； 2. 左键单击“插入”触点，准备确定系统进入“自动模式”的条件
第十二步	图 4-26　选择“常闭点”编辑“自动模式”的进入条件	左键单击“常闭”触点，应用 V0.0 的“常闭点”编辑系统进入“自动模式”的条件，如图 4-26 所示

续表四

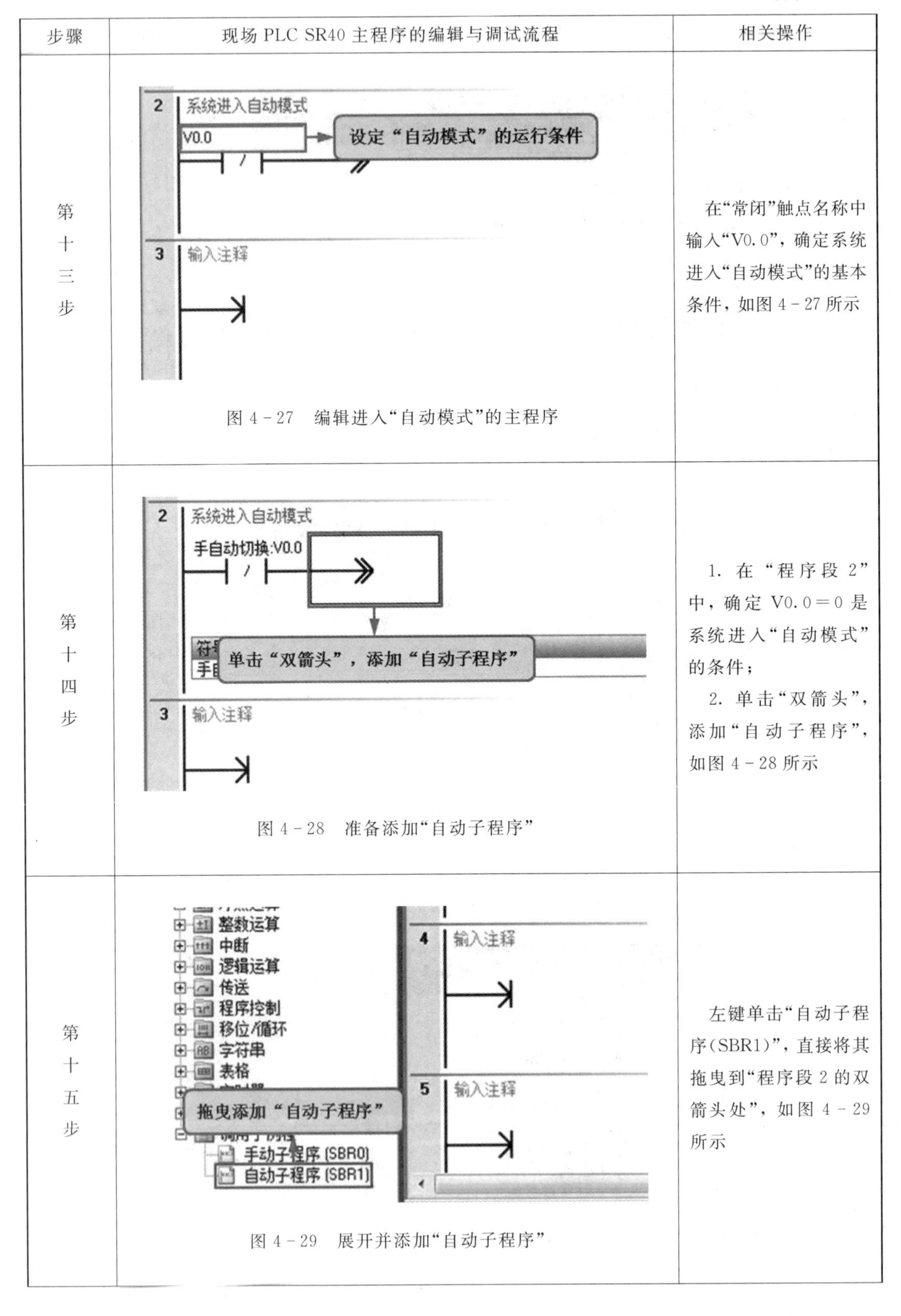

步骤	现场 PLC SR40 主程序的编辑与调试流程	相关操作
第十三步	图 4-27 编辑进入“自动模式”的主程序	在“常闭”触点名称中输入“V0.0”，确定系统进入“自动模式”的基本条件，如图 4-27 所示
第十四步	图 4-28 准备添加“自动子程序”	1. 在“程序段 2”中，确定 V0.0=0 是系统进入“自动模式”的条件； 2. 单击“双箭头”，添加“自动子程序”，如图 4-28 所示
第十五步	图 4-29 展开并添加“自动子程序”	左键单击“自动子程序(SBR1)”，直接将其拖曳到“程序段 2 的双箭头处”，如图 4-29 所示

续表五

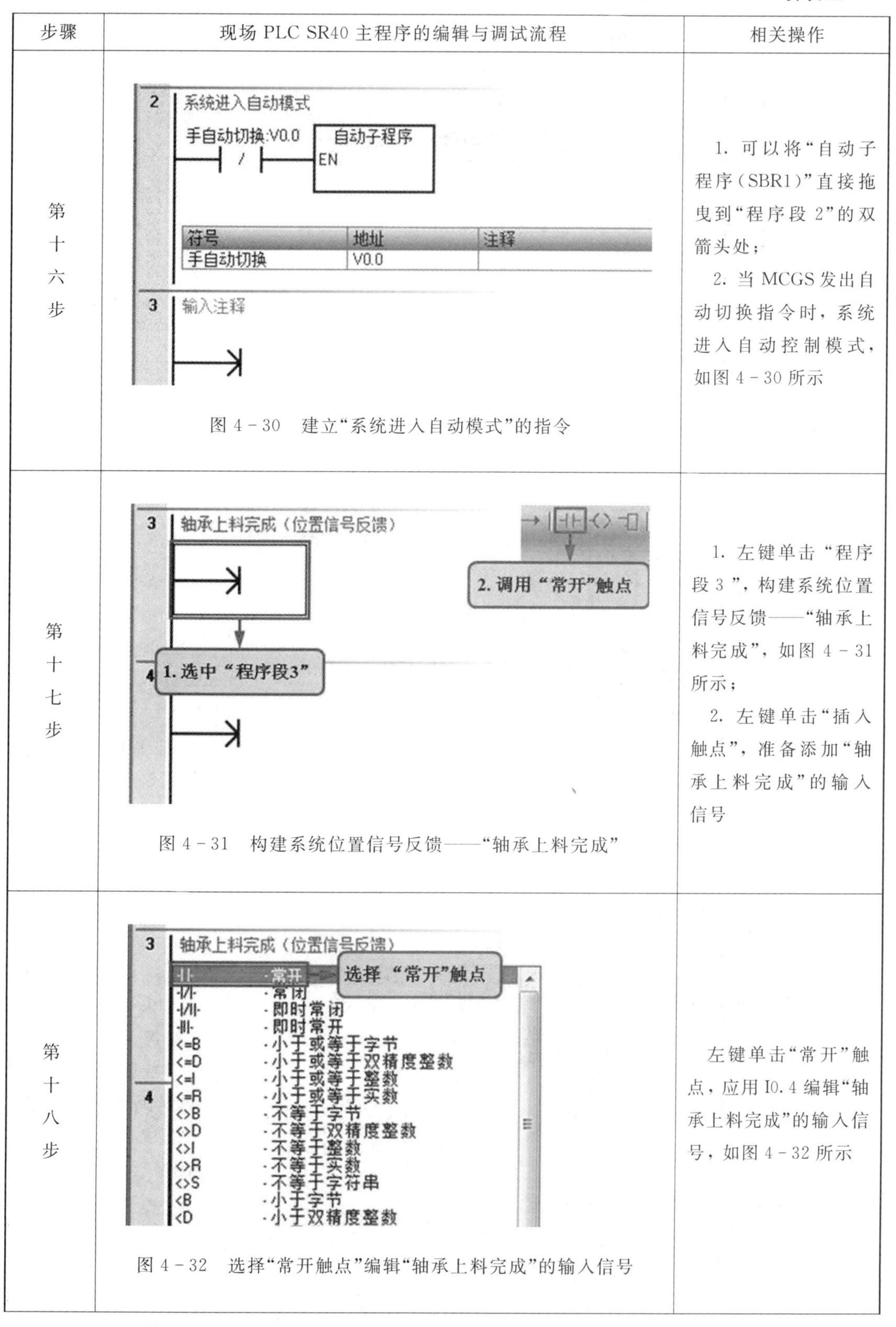

步骤	现场 PLC SR40 主程序的编辑与调试流程	相关操作
第十六步	图 4-30　建立“系统进入自动模式”的指令	1. 可以将“自动子程序(SBR1)”直接拖曳到“程序段 2”的双箭头处； 2. 当 MCGS 发出自动切换指令时，系统进入自动控制模式，如图 4-30 所示
第十七步	图 4-31　构建系统位置信号反馈——“轴承上料完成”	1. 左键单击“程序段 3”，构建系统位置信号反馈——“轴承上料完成”，如图 4-31 所示； 2. 左键单击“插入触点”，准备添加“轴承上料完成”的输入信号
第十八步	图 4-32　选择“常开触点”编辑“轴承上料完成”的输入信号	左键单击“常开”触点，应用 I0.4 编辑“轴承上料完成”的输入信号，如图 4-32 所示

续表六

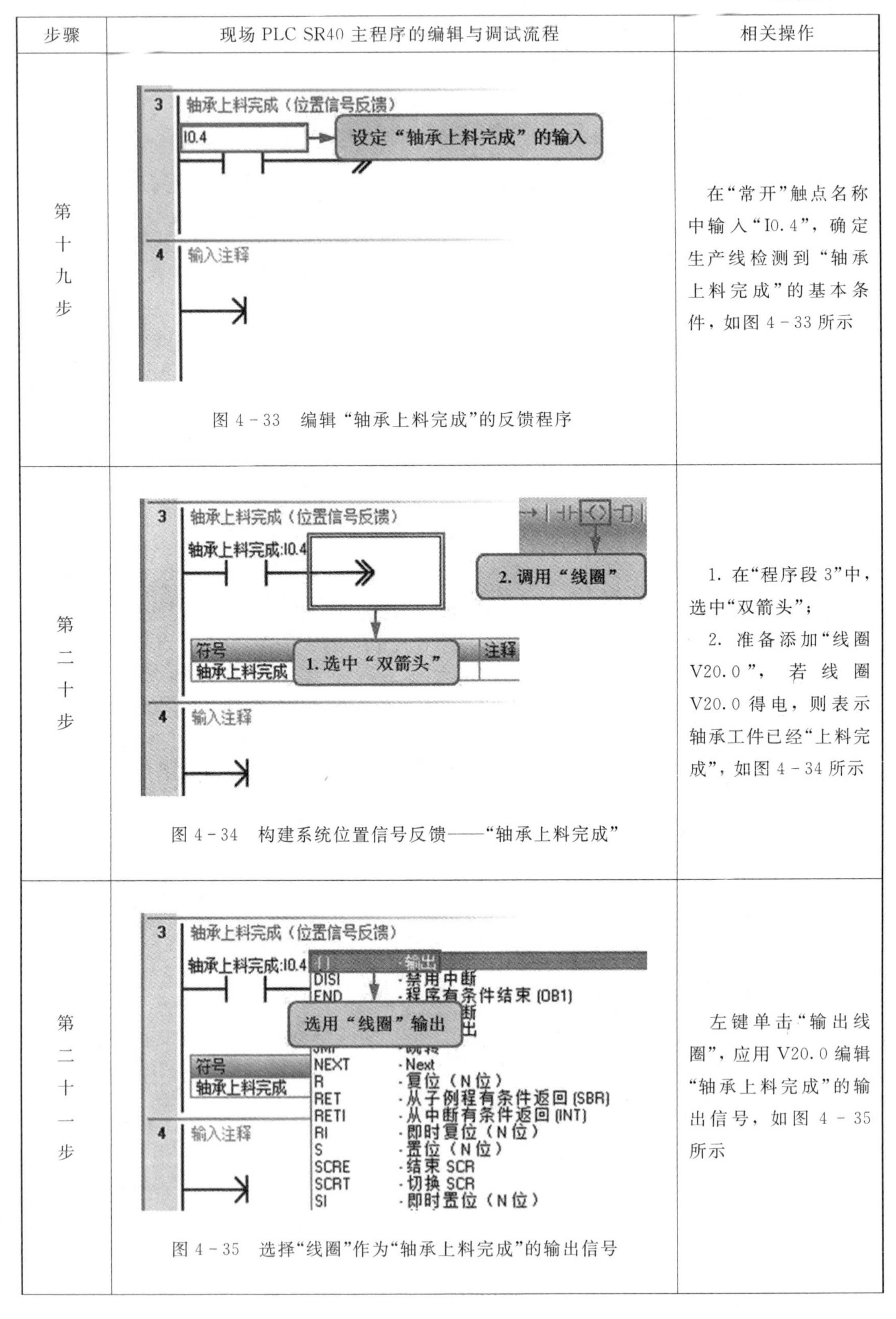

步骤	现场 PLC SR40 主程序的编辑与调试流程	相关操作
第十九步	图 4-33 编辑“轴承上料完成”的反馈程序	在“常开”触点名称中输入“I0.4”，确定生产线检测到“轴承上料完成”的基本条件，如图 4-33 所示
第二十步	图 4-34 构建系统位置信号反馈——“轴承上料完成”	1. 在“程序段 3”中，选中“双箭头”； 2. 准备添加“线圈 V20.0”，若线圈 V20.0 得电，则表示轴承工件已经“上料完成”，如图 4-34 所示
第二十一步	图 4-35 选择“线圈”作为“轴承上料完成”的输出信号	左键单击“输出线圈”，应用 V20.0 编辑“轴承上料完成”的输出信号，如图 4-35 所示

续表七

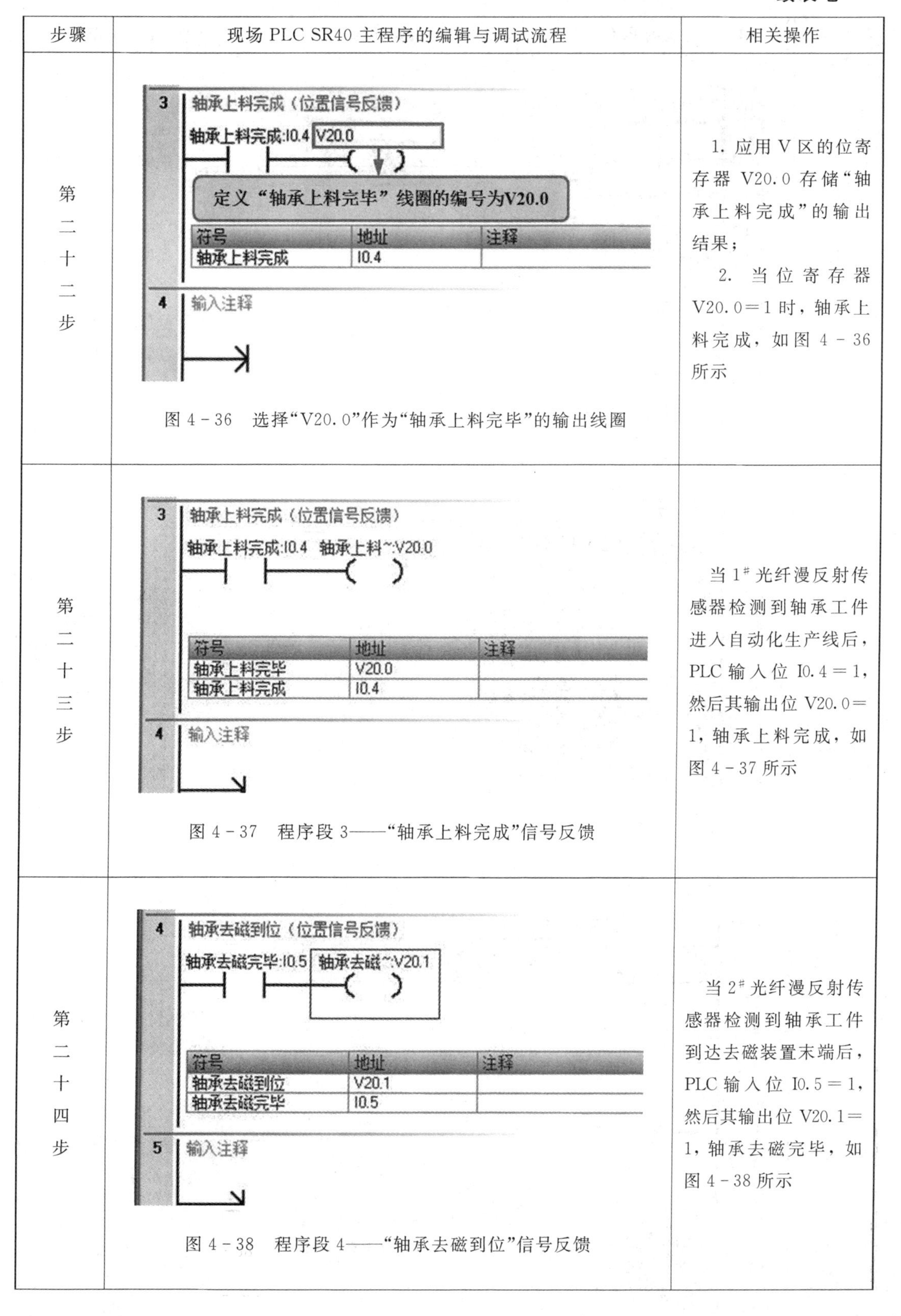

步骤	现场 PLC SR40 主程序的编辑与调试流程	相关操作
第二十二步	图 4－36　选择“V20.0”作为“轴承上料完毕”的输出线圈	1. 应用 V 区的位寄存器 V20.0 存储“轴承上料完成”的输出结果； 2. 当位寄存器 V20.0＝1 时，轴承上料完成，如图 4－36 所示
第二十三步	图 4－37　程序段 3——“轴承上料完成”信号反馈	当 1# 光纤漫反射传感器检测到轴承工件进入自动化生产线后，PLC 输入位 I0.4＝1，然后其输出位 V20.0＝1，轴承上料完成，如图 4－37 所示
第二十四步	图 4－38　程序段 4——“轴承去磁到位”信号反馈	当 2# 光纤漫反射传感器检测到轴承工件到达去磁装置末端后，PLC 输入位 I0.5＝1，然后其输出位 V20.1＝1，轴承去磁完毕，如图 4－38 所示

续表八

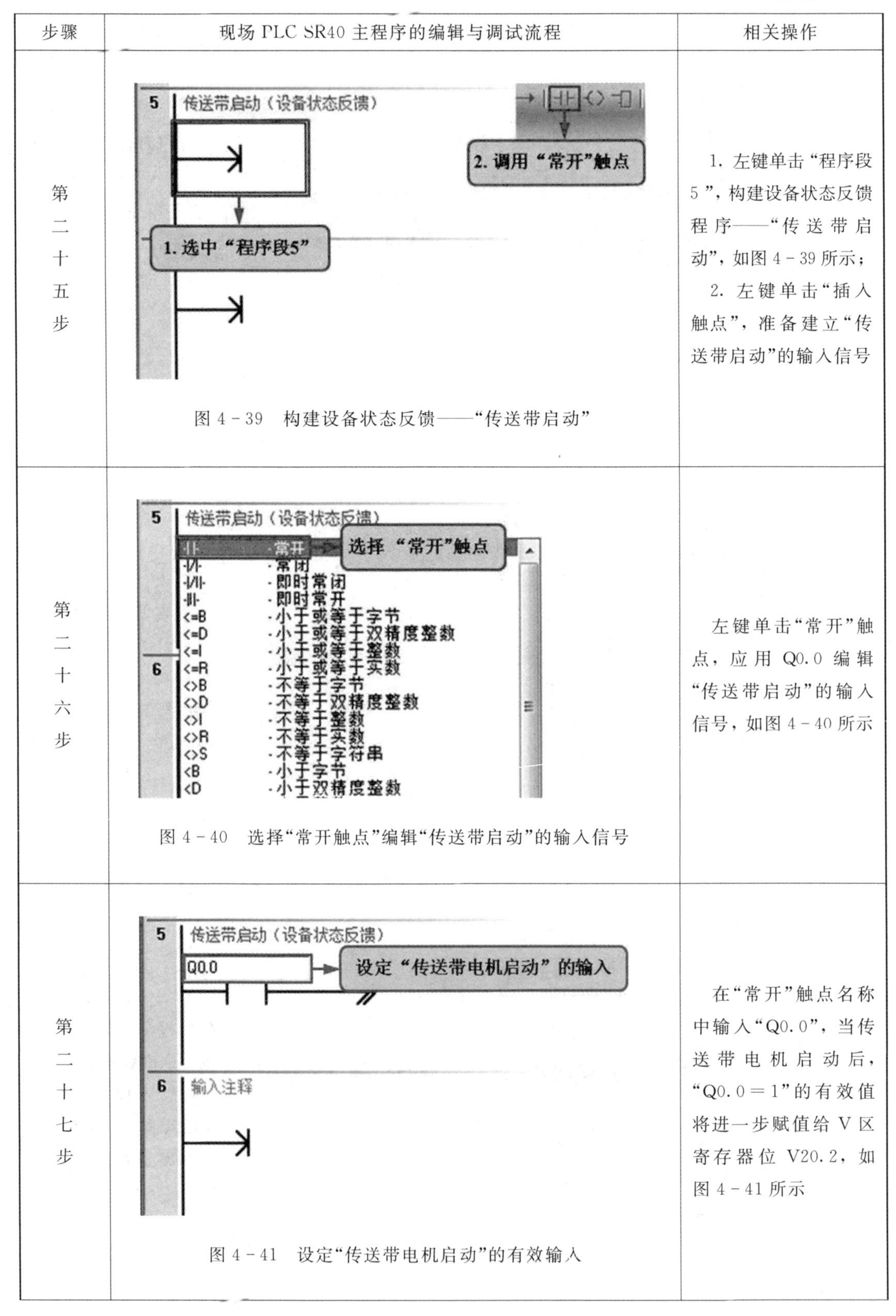

步骤	现场 PLC SR40 主程序的编辑与调试流程	相关操作
第二十五步	图 4-39 构建设备状态反馈——“传送带启动”	1. 左键单击“程序段 5”，构建设备状态反馈程序——“传送带启动”，如图 4-39 所示； 2. 左键单击“插入触点”，准备建立“传送带启动”的输入信号
第二十六步	图 4-40 选择“常开触点”编辑“传送带启动”的输入信号	左键单击“常开”触点，应用 Q0.0 编辑“传送带启动”的输入信号，如图 4-40 所示
第二十七步	图 4-41 设定“传送带电机启动”的有效输入	在“常开”触点名称中输入“Q0.0”，当传送带电机启动后，“Q0.0＝1”的有效值将进一步赋值给 V 区寄存器位 V20.2，如图 4-41 所示

续表九

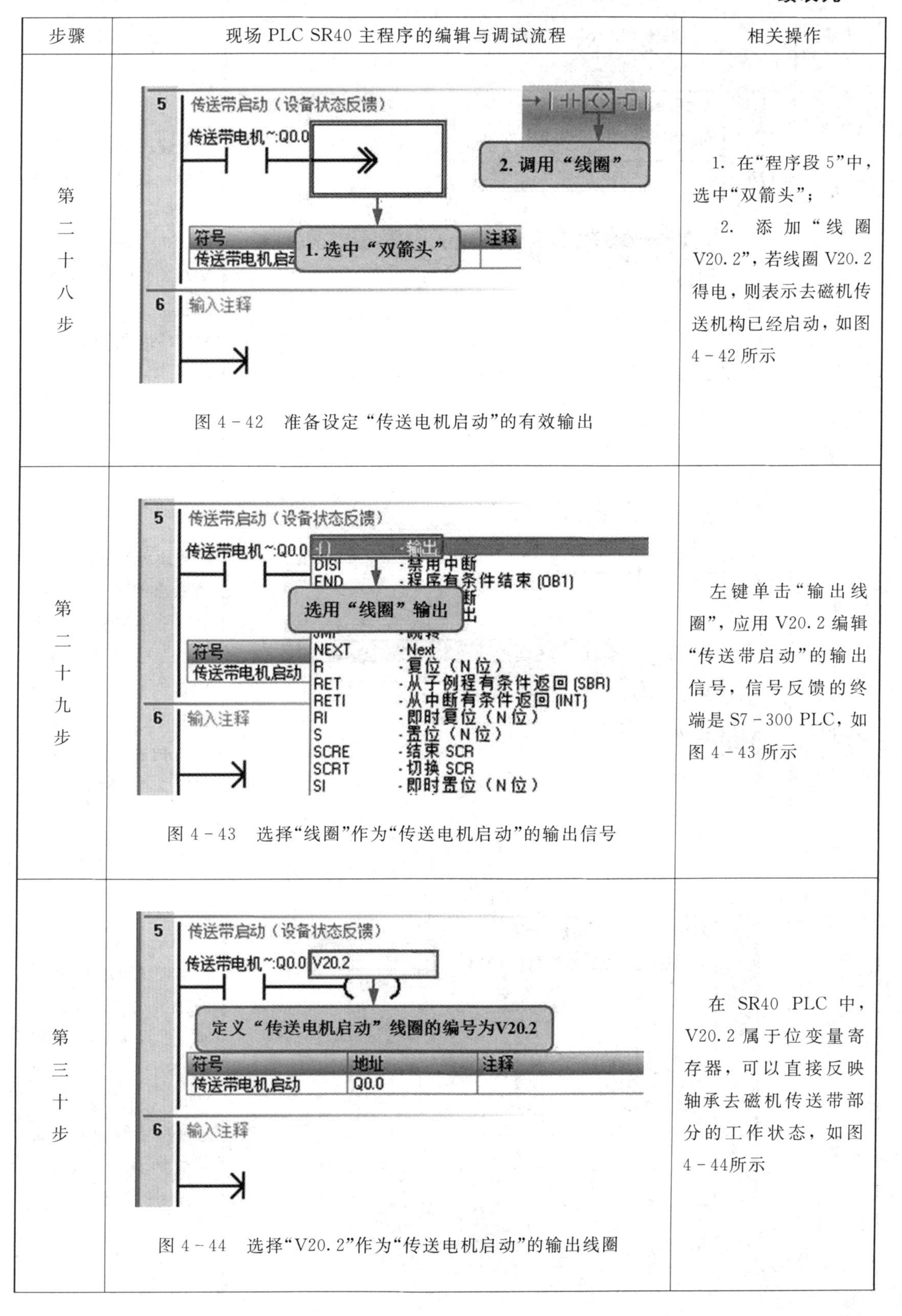

步骤	现场 PLC SR40 主程序的编辑与调试流程	相关操作
第二十八步	图 4-42　准备设定“传送电机启动”的有效输出	1. 在“程序段 5”中，选中“双箭头”； 2. 添加“线圈 V20.2”，若线圈 V20.2 得电，则表示去磁机传送机构已经启动，如图 4-42 所示
第二十九步	图 4-43　选择“线圈”作为“传送电机启动”的输出信号	左键单击“输出线圈”，应用 V20.2 编辑“传送带启动”的输出信号，信号反馈的终端是 S7-300 PLC，如图 4-43 所示
第三十步	图 4-44　选择“V20.2”作为“传送电机启动”的输出线圈	在 SR40 PLC 中，V20.2 属于位变量寄存器，可以直接反映轴承去磁机传送带部分的工作状态，如图 4-44所示

续表十

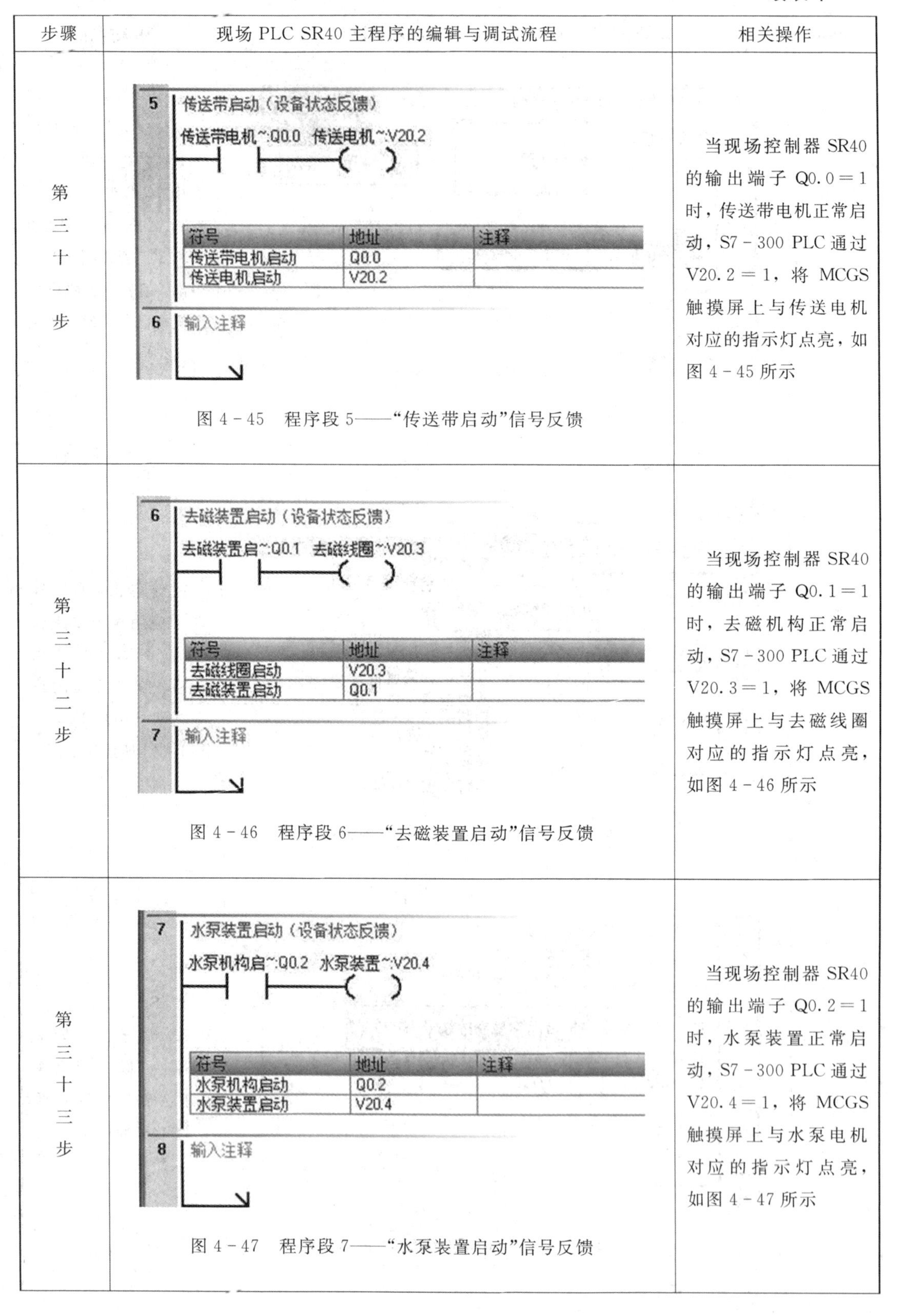

步骤	现场 PLC SR40 主程序的编辑与调试流程	相关操作
第三十一步	5 传送带启动（设备状态反馈） 传送带电机~:Q0.0 传送电机~:V20.2 符号 / 地址 / 注释 传送带电机启动 / Q0.0 传送电机启动 / V20.2 6 输入注释 图 4-45 程序段 5——“传送带启动”信号反馈	当现场控制器 SR40 的输出端子 Q0.0=1 时，传送带电机正常启动，S7-300 PLC 通过 V20.2=1，将 MCGS 触摸屏上与传送电机对应的指示灯点亮，如图 4-45 所示
第三十二步	6 去磁装置启动（设备状态反馈） 去磁装置启~:Q0.1 去磁线圈~:V20.3 符号 / 地址 / 注释 去磁线圈启动 / V20.3 去磁装置启动 / Q0.1 7 输入注释 图 4-46 程序段 6——“去磁装置启动”信号反馈	当现场控制器 SR40 的输出端子 Q0.1=1 时，去磁机构正常启动，S7-300 PLC 通过 V20.3=1，将 MCGS 触摸屏上与去磁线圈对应的指示灯点亮，如图 4-46 所示
第三十三步	7 水泵装置启动（设备状态反馈） 水泵机构启~:Q0.2 水泵装置~:V20.4 符号 / 地址 / 注释 水泵机构启动 / Q0.2 水泵装置启动 / V20.4 8 输入注释 图 4-47 程序段 7——“水泵装置启动”信号反馈	当现场控制器 SR40 的输出端子 Q0.2=1 时，水泵装置正常启动，S7-300 PLC 通过 V20.4=1，将 MCGS 触摸屏上与水泵电机对应的指示灯点亮，如图 4-47 所示

续表十一

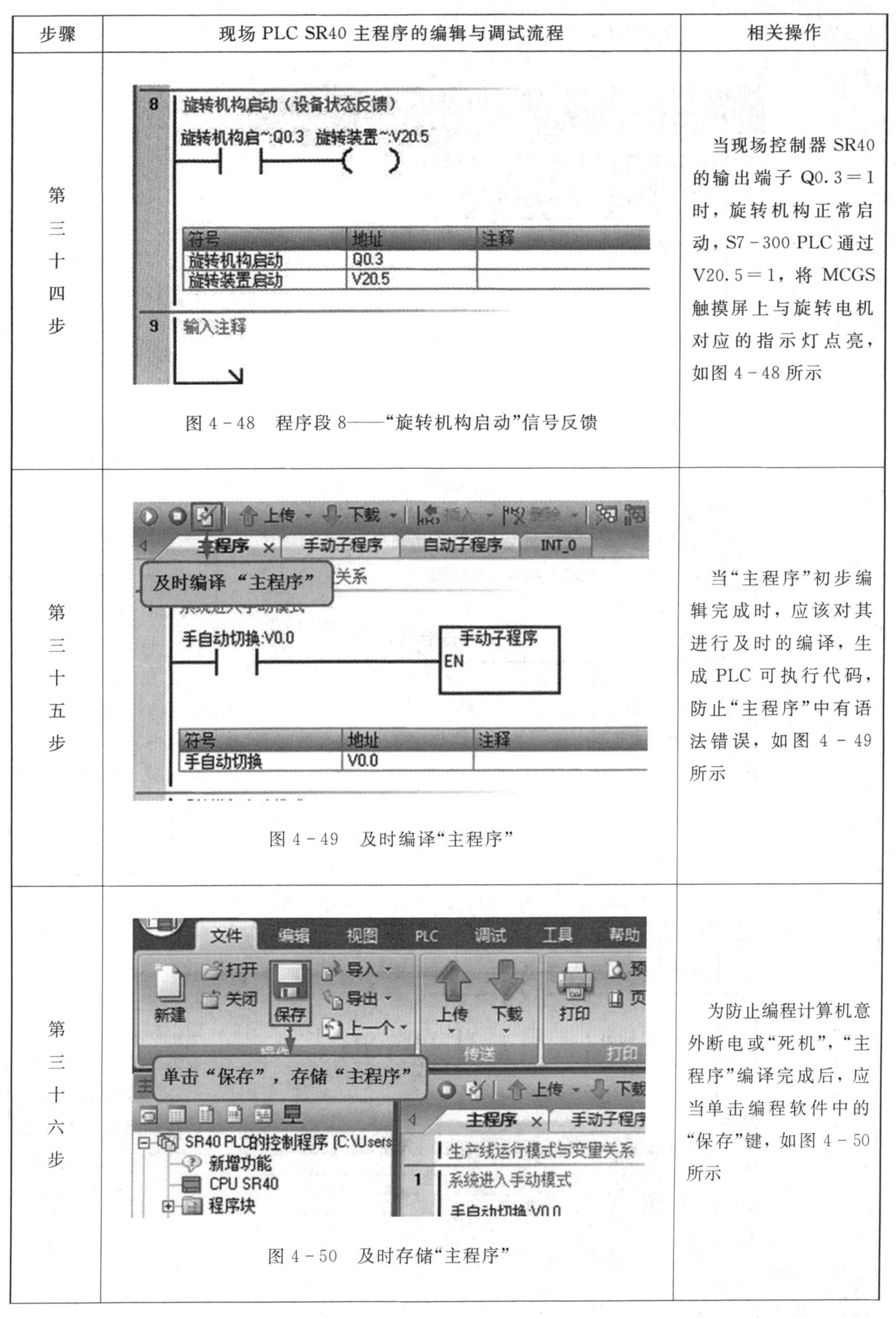

步骤	现场 PLC SR40 主程序的编辑与调试流程	相关操作
第三十四步	图 4-48　程序段 8——“旋转机构启动”信号反馈	当现场控制器 SR40 的输出端子 Q0.3=1 时，旋转机构正常启动，S7-300 PLC 通过 V20.5=1，将 MCGS 触摸屏上与旋转电机对应的指示灯点亮，如图 4-48 所示
第三十五步	图 4-49　及时编译“主程序”	当“主程序”初步编辑完成时，应该对其进行及时的编译，生成 PLC 可执行代码，防止“主程序”中有语法错误，如图 4-49 所示
第三十六步	图 4-50　及时存储“主程序”	为防止编程计算机意外断电或“死机”，“主程序”编译完成后，应当单击编程软件中的“保存”键，如图 4-50 所示

续表十二

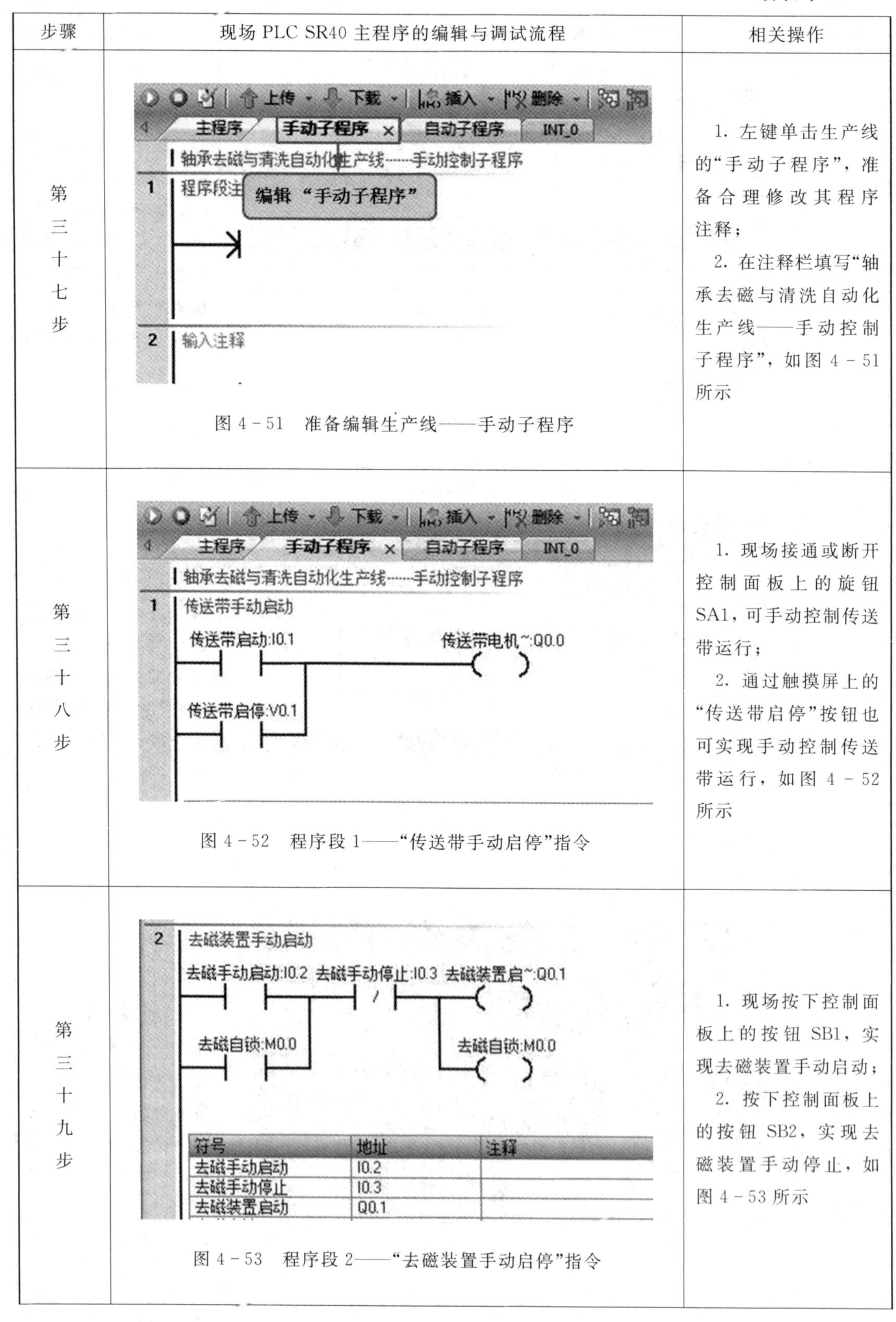

步骤	现场 PLC SR40 主程序的编辑与调试流程	相关操作
第三十七步	图 4-51　准备编辑生产线——手动子程序	1. 左键单击生产线的“手动子程序”，准备合理修改其程序注释； 2. 在注释栏填写“轴承去磁与清洗自动化生产线——手动控制子程序”，如图 4-51 所示
第三十八步	图 4-52　程序段 1——“传送带手动启停”指令	1. 现场接通或断开控制面板上的旋钮 SA1，可手动控制传送带运行； 2. 通过触摸屏上的“传送带启停”按钮也可实现手动控制传送带运行，如图 4-52 所示
第三十九步	图 4-53　程序段 2——“去磁装置手动启停”指令	1. 现场按下控制面板上的按钮 SB1，实现去磁装置手动启动； 2. 按下控制面板上的按钮 SB2，实现去磁装置手动停止，如图 4-53 所示

续表十三

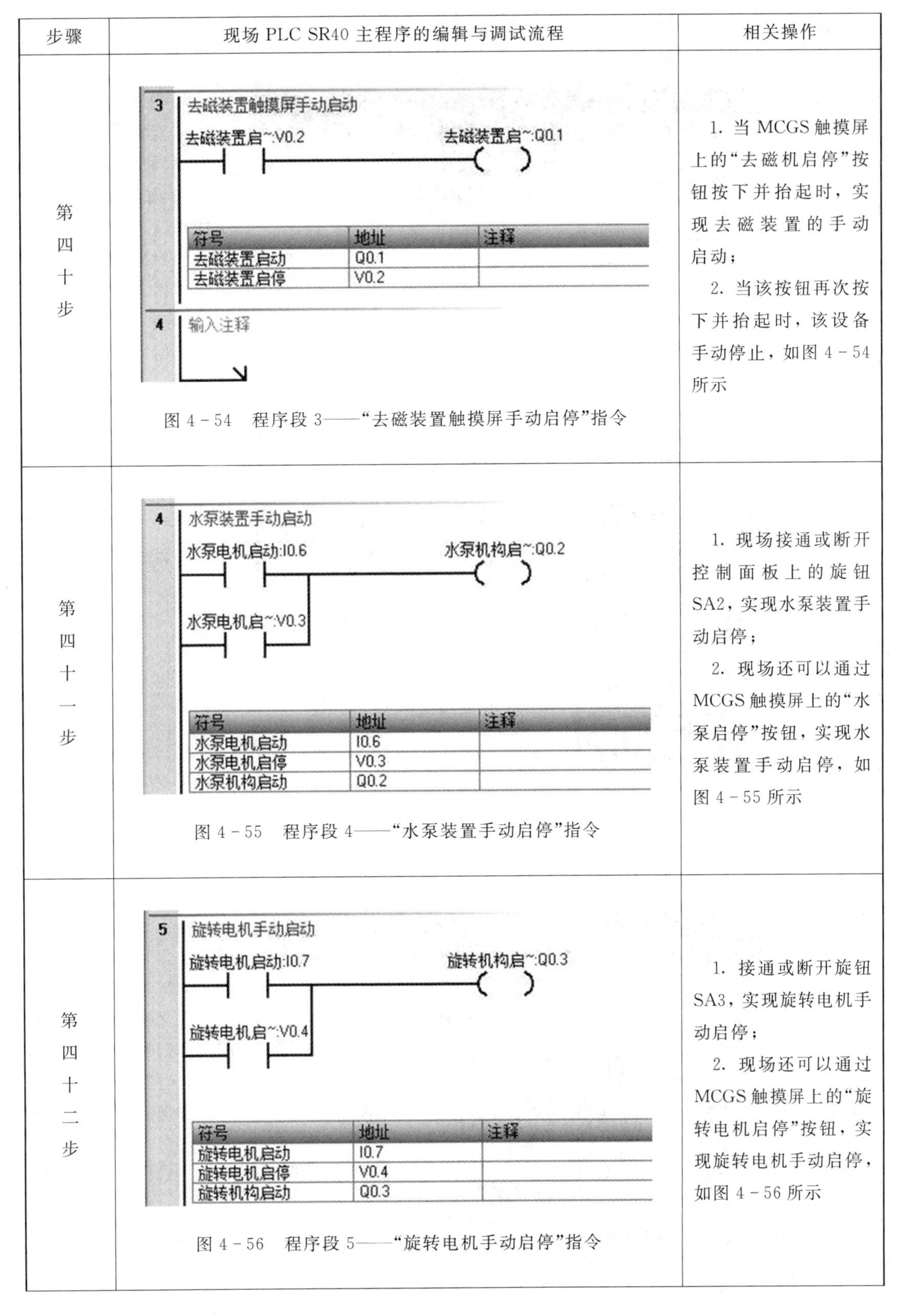

步骤	现场 PLC SR40 主程序的编辑与调试流程	相关操作
第四十步	图 4-54　程序段 3——“去磁装置触摸屏手动启停”指令	1. 当 MCGS 触摸屏上的“去磁机启停”按钮按下并抬起时，实现去磁装置的手动启动； 2. 当该按钮再次按下并抬起时，该设备手动停止，如图 4-54 所示
第四十一步	图 4-55　程序段 4——“水泵装置手动启停”指令	1. 现场接通或断开控制面板上的旋钮 SA2，实现水泵装置手动启停； 2. 现场还可以通过 MCGS 触摸屏上的“水泵启停”按钮，实现水泵装置手动启停，如图 4-55 所示
第四十二步	图 4-56　程序段 5——“旋转电机手动启停”指令	1. 接通或断开旋钮 SA3，实现旋转电机手动启停； 2. 现场还可以通过 MCGS 触摸屏上的“旋转电机启停”按钮，实现旋转电机手动启停，如图 4-56 所示

续表十四

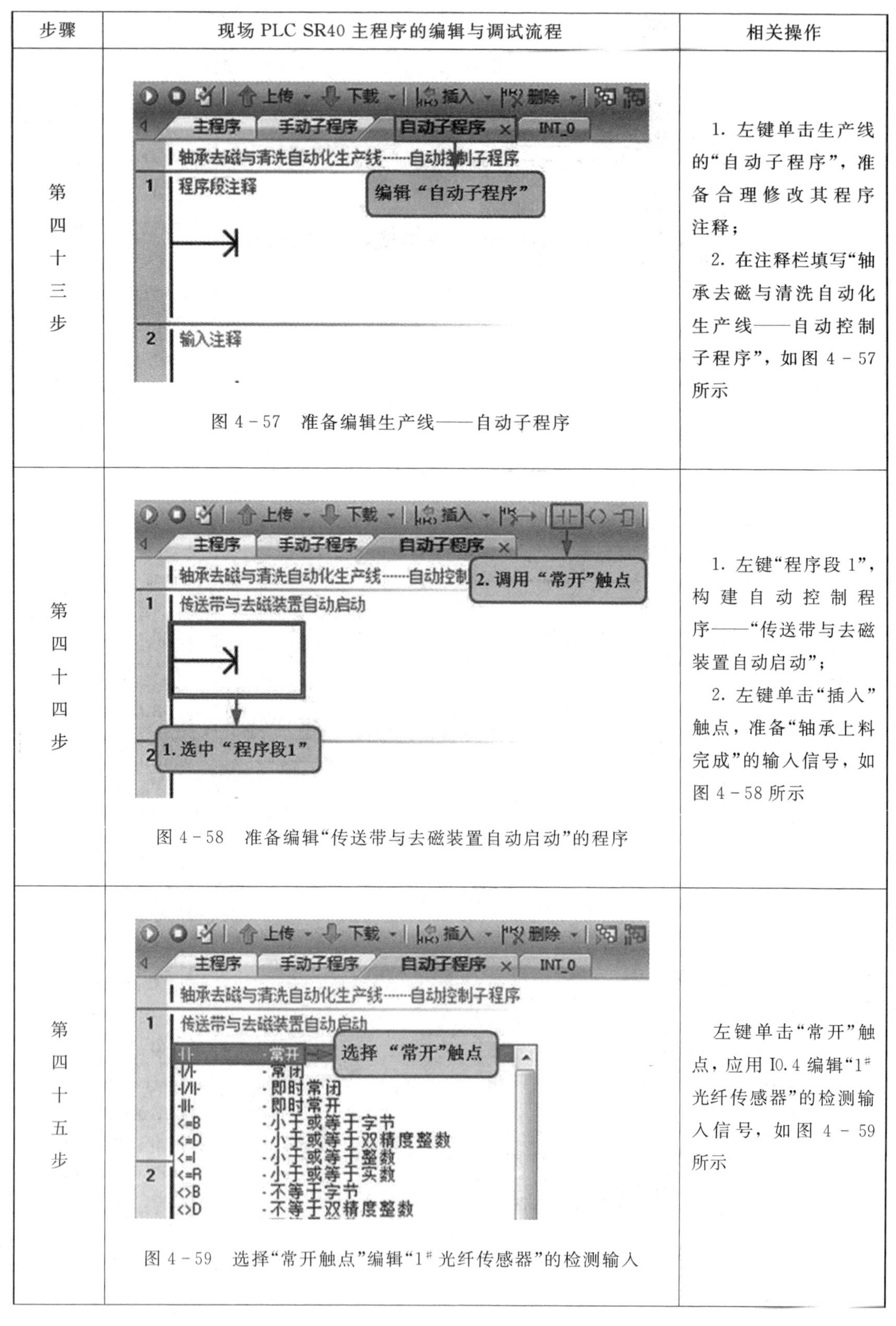

步骤	现场 PLC SR40 主程序的编辑与调试流程	相关操作
第四十三步	图 4－57　准备编辑生产线——自动子程序	1. 左键单击生产线的“自动子程序”，准备合理修改其程序注释； 2. 在注释栏填写“轴承去磁与清洗自动化生产线——自动控制子程序”，如图 4－57 所示
第四十四步	图 4－58　准备编辑“传送带与去磁装置自动启动”的程序	1. 左键“程序段 1”，构建自动控制程序——“传送带与去磁装置自动启动”； 2. 左键单击“插入”触点，准备“轴承上料完成”的输入信号，如图 4－58 所示
第四十五步	图 4－59　选择“常开触点”编辑“1# 光纤传感器”的检测输入	左键单击“常开”触点，应用 I0.4 编辑“1# 光纤传感器”的检测输入信号，如图 4－59 所示

续表十五

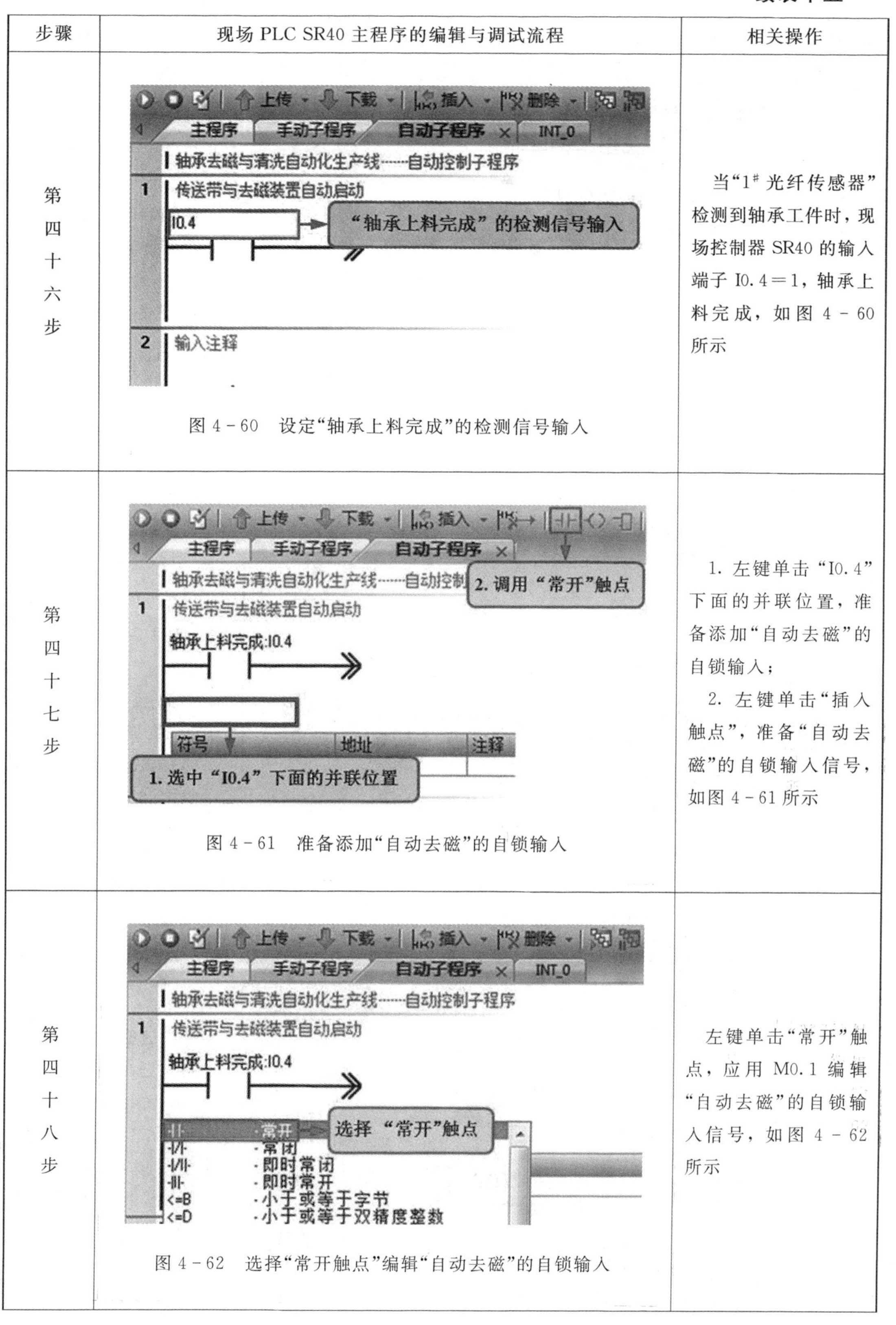

步骤	现场 PLC SR40 主程序的编辑与调试流程	相关操作
第四十六步	图 4-60　设定"轴承上料完成"的检测信号输入	当"1# 光纤传感器"检测到轴承工件时，现场控制器 SR40 的输入端子 I0.4＝1，轴承上料完成，如图 4-60 所示
第四十七步	图 4-61　准备添加"自动去磁"的自锁输入	1. 左键单击"I0.4"下面的并联位置，准备添加"自动去磁"的自锁输入； 2. 左键单击"插入触点"，准备"自动去磁"的自锁输入信号，如图 4-61 所示
第四十八步	图 4-62　选择"常开触点"编辑"自动去磁"的自锁输入	左键单击"常开"触点，应用 M0.1 编辑"自动去磁"的自锁输入信号，如图 4-62 所示

续表十六

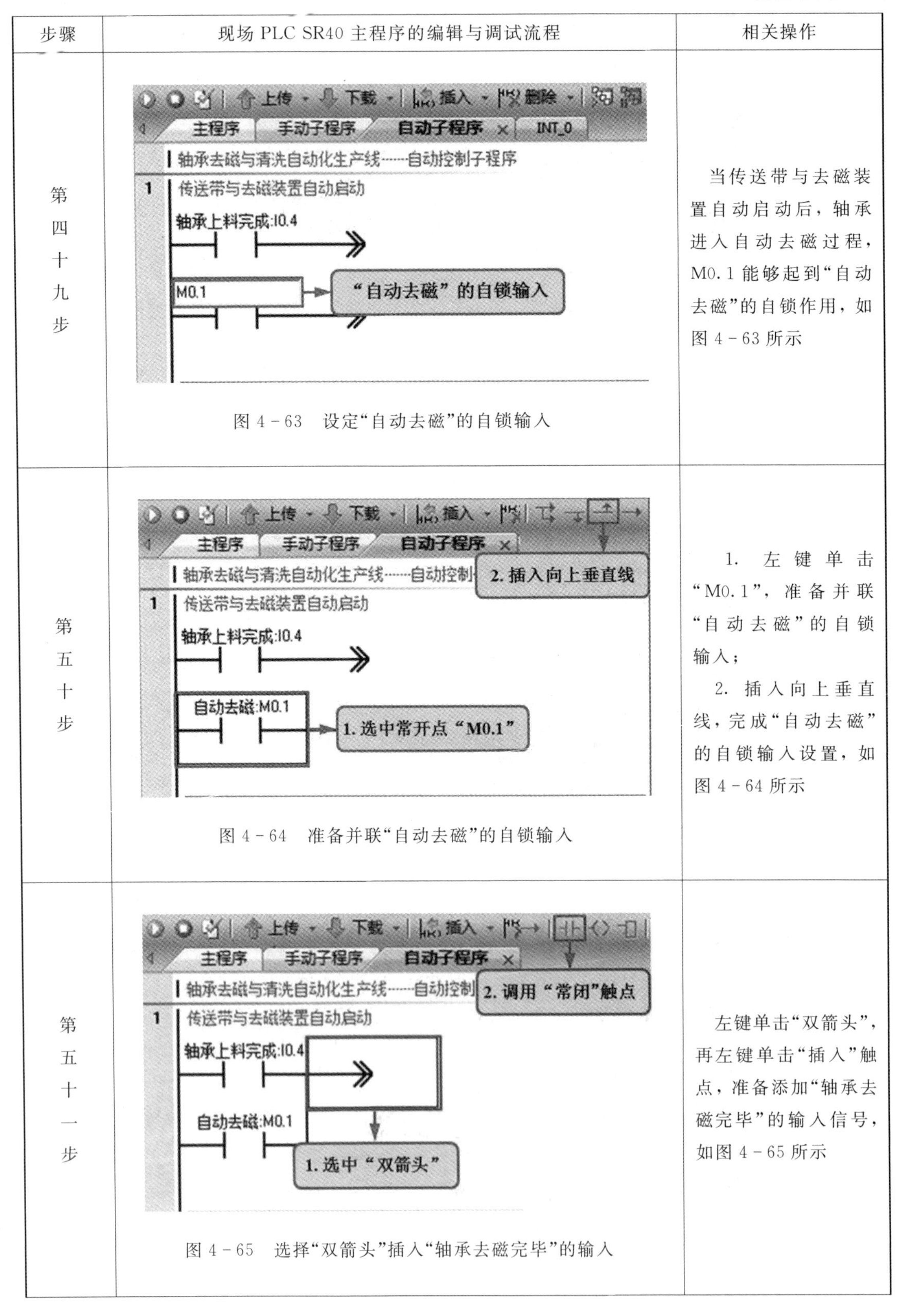

步骤	现场 PLC SR40 主程序的编辑与调试流程	相关操作
第四十九步	图 4-63 设定“自动去磁”的自锁输入	当传送带与去磁装置自动启动后，轴承进入自动去磁过程，M0.1 能够起到“自动去磁”的自锁作用，如图 4-63 所示
第五十步	图 4-64 准备并联“自动去磁”的自锁输入	1. 左键单击“M0.1”，准备并联“自动去磁”的自锁输入； 2. 插入向上垂直线，完成“自动去磁”的自锁输入设置，如图 4-64 所示
第五十一步	图 4-65 选择“双箭头”插入“轴承去磁完毕”的输入	左键单击“双箭头”，再左键单击“插入”触点，准备添加“轴承去磁完毕”的输入信号，如图 4-65 所示

续表十七

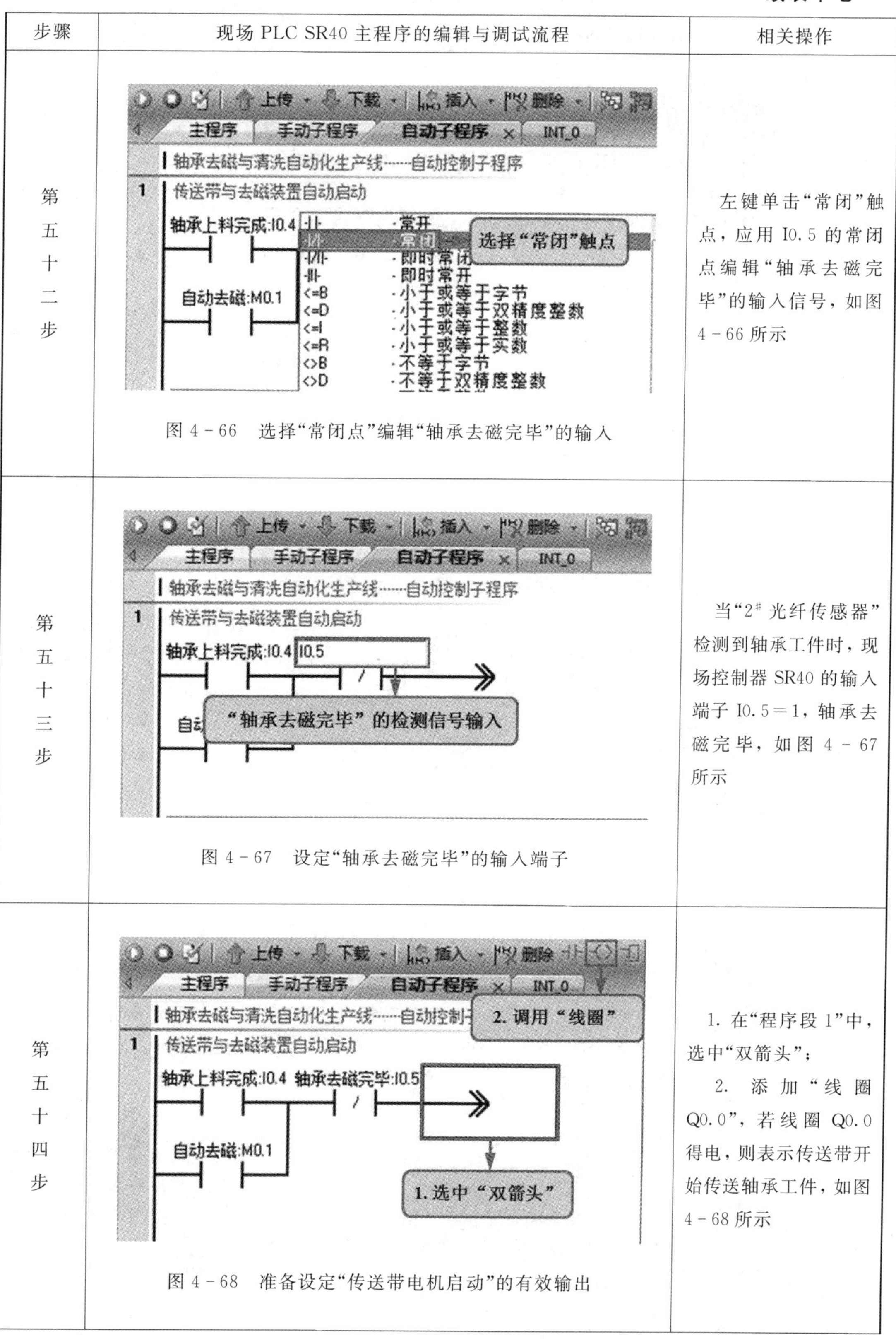

步骤	现场 PLC SR40 主程序的编辑与调试流程	相关操作
第五十二步	图 4-66　选择“常闭点”编辑“轴承去磁完毕”的输入	左键单击“常闭”触点，应用 I0.5 的常闭点编辑“轴承去磁完毕”的输入信号，如图 4-66 所示
第五十三步	图 4-67　设定“轴承去磁完毕”的输入端子	当“2# 光纤传感器”检测到轴承工件时，现场控制器 SR40 的输入端子 I0.5=1，轴承去磁完毕，如图 4-67 所示
第五十四步	图 4-68　准备设定“传送带电机启动”的有效输出	1. 在“程序段 1”中，选中“双箭头”； 2. 添加“线圈 Q0.0”，若线圈 Q0.0 得电，则表示传送带开始传送轴承工件，如图 4-68 所示

续表十八

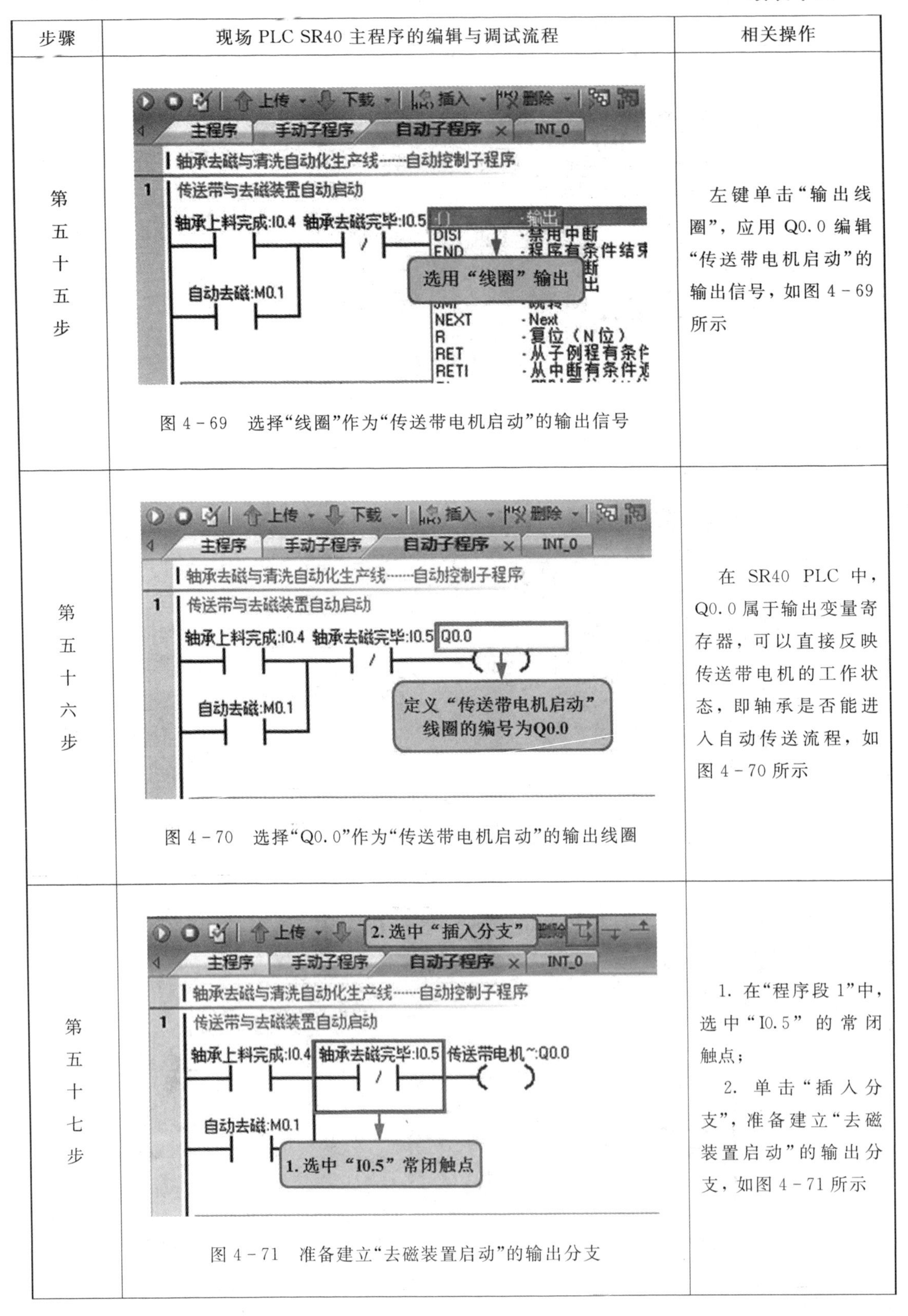

步骤	现场 PLC SR40 主程序的编辑与调试流程	相关操作
第五十五步	图 4－69　选择“线圈”作为“传送带电机启动”的输出信号	左键单击“输出线圈”，应用 Q0.0 编辑“传送带电机启动”的输出信号，如图 4－69 所示
第五十六步	图 4－70　选择“Q0.0”作为“传送带电机启动”的输出线圈	在 SR40 PLC 中，Q0.0 属于输出变量寄存器，可以直接反映传送带电机的工作状态，即轴承是否能进入自动传送流程，如图 4－70 所示
第五十七步	图 4－71　准备建立“去磁装置启动”的输出分支	1. 在“程序段 1”中，选中“I0.5”的常闭触点； 2. 单击“插入分支”，准备建立“去磁装置启动”的输出分支，如图 4－71 所示

续表十九

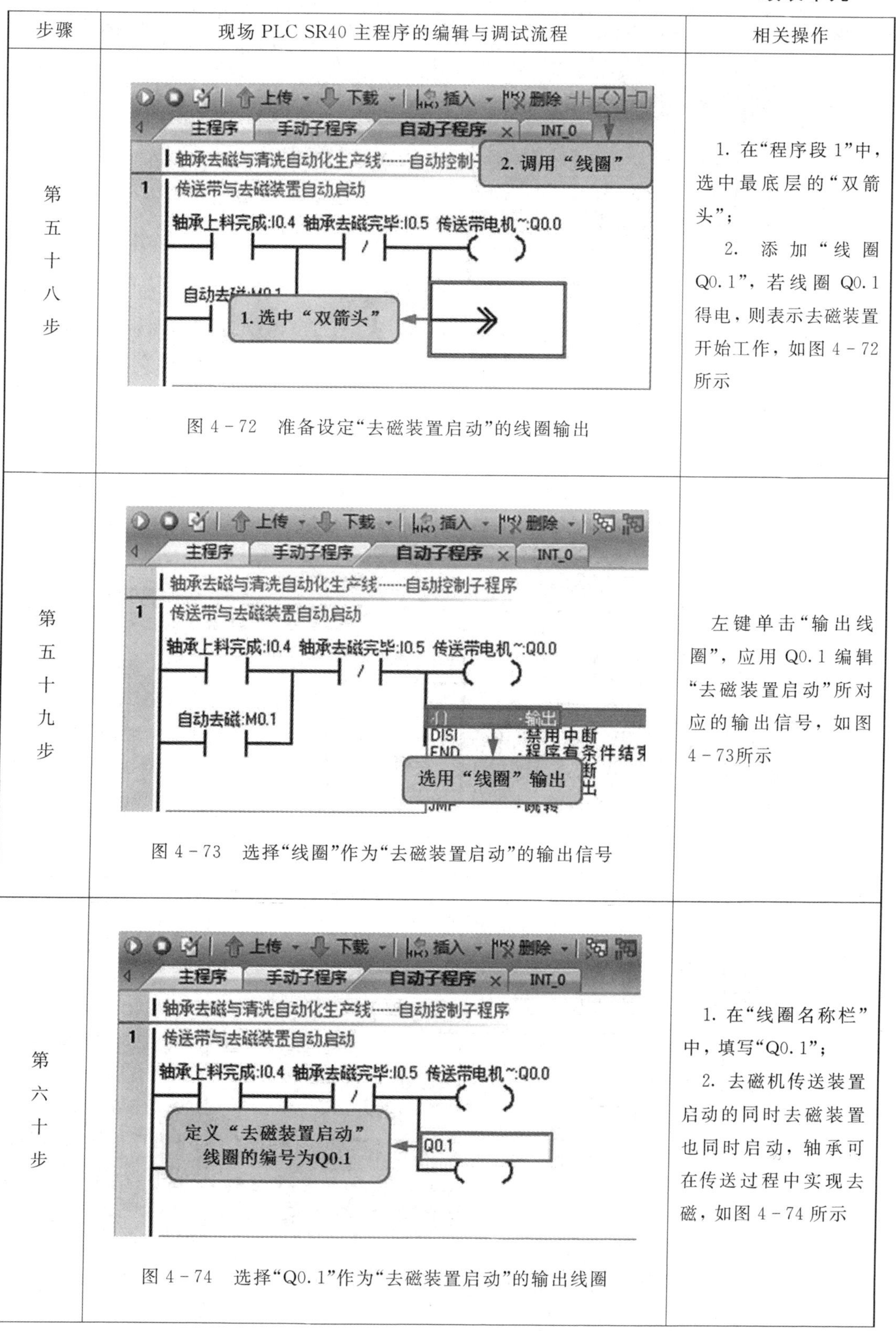

步骤	现场 PLC SR40 主程序的编辑与调试流程	相关操作
第五十八步	图 4-72　准备设定“去磁装置启动”的线圈输出	1. 在“程序段 1”中，选中最底层的“双箭头”； 2. 添加“线圈 Q0.1”，若线圈 Q0.1 得电，则表示去磁装置开始工作，如图 4-72 所示
第五十九步	图 4-73　选择“线圈”作为“去磁装置启动”的输出信号	左键单击“输出线圈”，应用 Q0.1 编辑“去磁装置启动”所对应的输出信号，如图 4-73所示
第六十步	图 4-74　选择“Q0.1”作为“去磁装置启动”的输出线圈	1. 在“线圈名称栏”中，填写“Q0.1”； 2. 去磁机传送装置启动的同时去磁装置也同时启动，轴承可在传送过程中实现去磁，如图 4-74 所示

续表二十

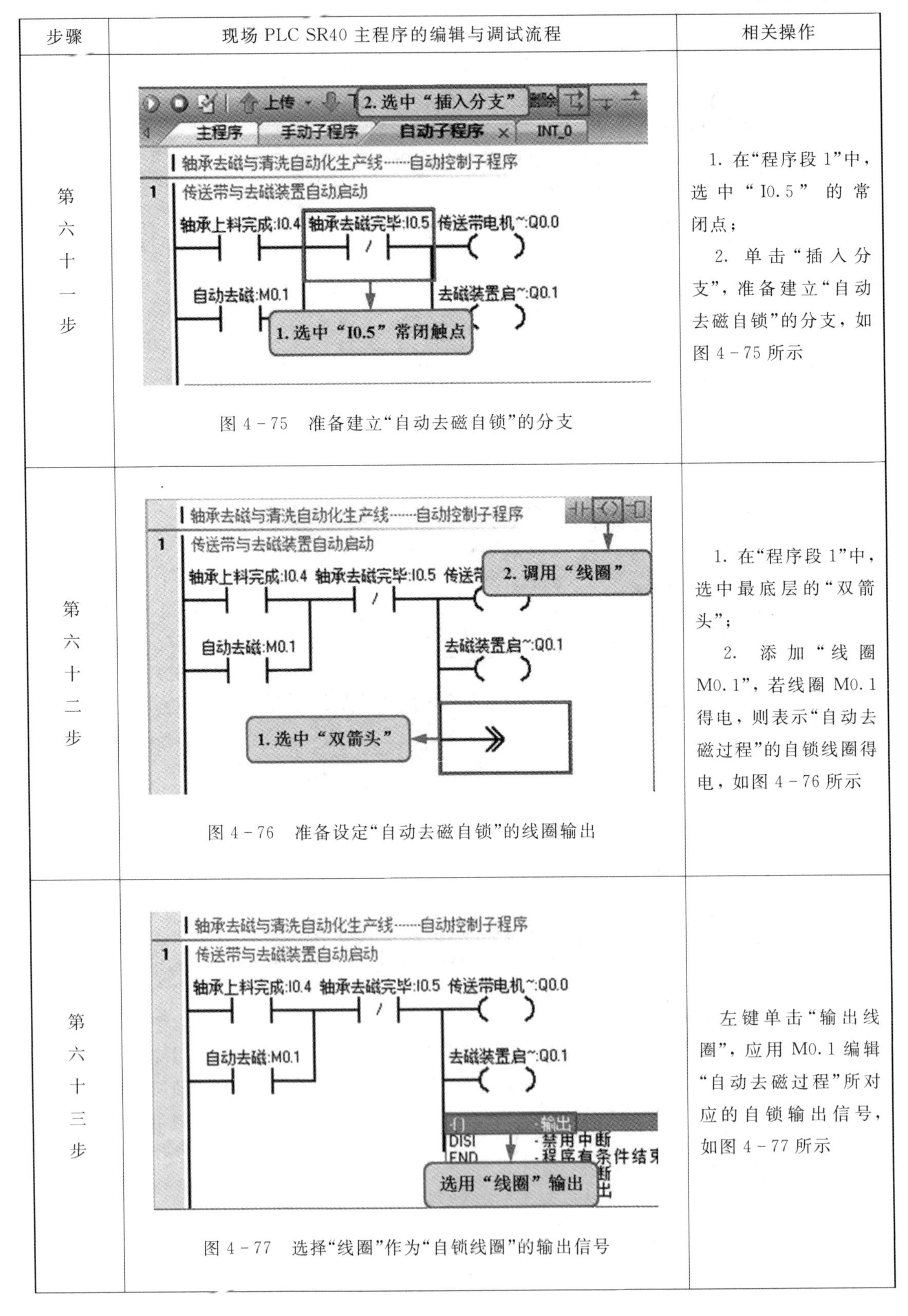

步骤	现场 PLC SR40 主程序的编辑与调试流程	相关操作
第六十一步	图 4-75 准备建立“自动去磁自锁”的分支	1. 在“程序段 1”中，选中“I0.5”的常闭点； 2. 单击“插入分支”，准备建立“自动去磁自锁”的分支，如图 4-75 所示
第六十二步	图 4-76 准备设定“自动去磁自锁”的线圈输出	1. 在“程序段 1”中，选中最底层的“双箭头”； 2. 添加“线圈 M0.1”，若线圈 M0.1 得电，则表示“自动去磁过程”的自锁线圈得电，如图 4-76 所示
第六十三步	图 4-77 选择“线圈”作为“自锁线圈”的输出信号	左键单击“输出线圈”，应用 M0.1 编辑“自动去磁过程”所对应的自锁输出信号，如图 4-77 所示

续表二十一

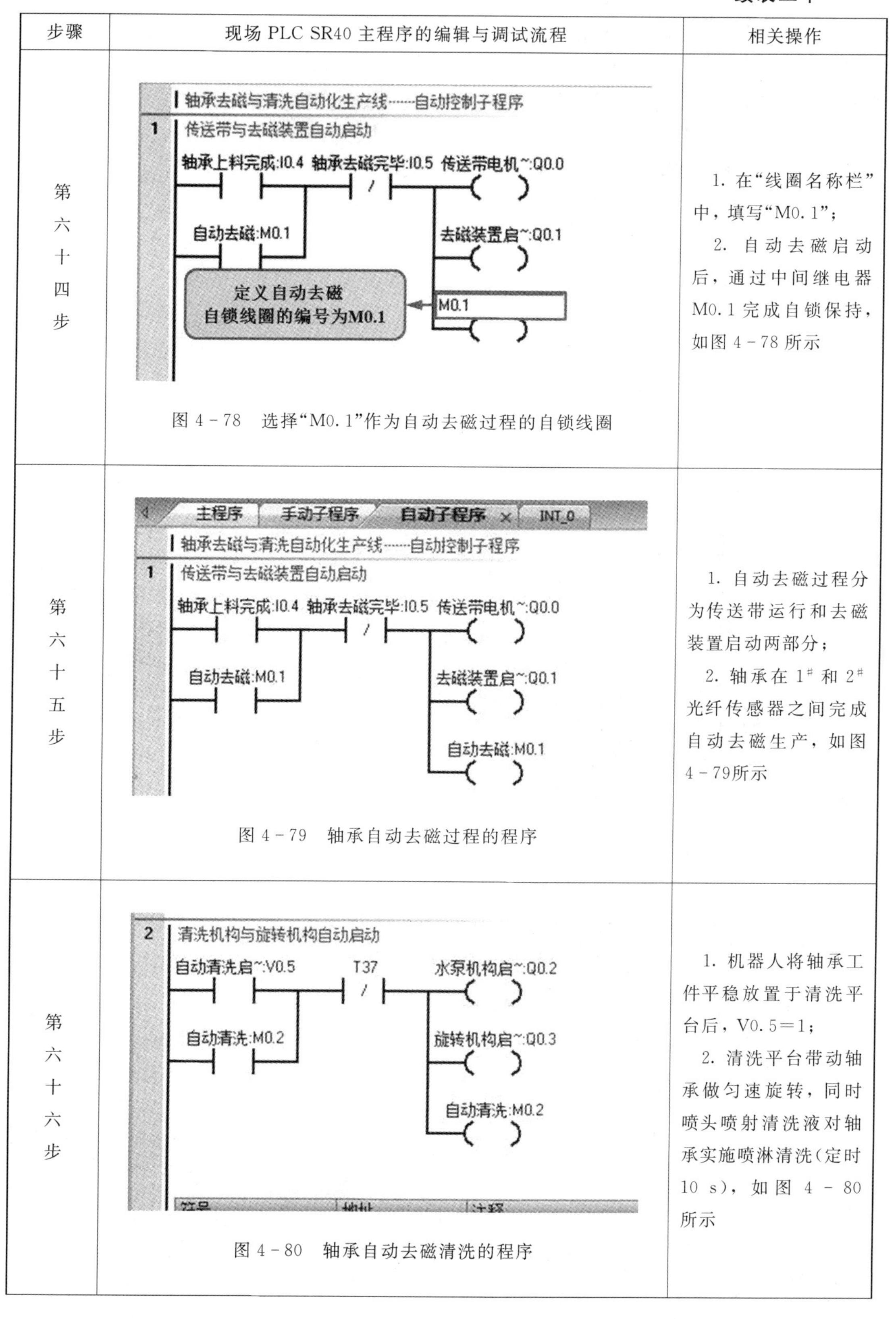

步骤	现场 PLC SR40 主程序的编辑与调试流程	相关操作
第六十四步	图 4-78　选择“M0.1”作为自动去磁过程的自锁线圈	1. 在“线圈名称栏”中，填写“M0.1”； 2. 自动去磁启动后，通过中间继电器 M0.1 完成自锁保持，如图 4-78 所示
第六十五步	图 4-79　轴承自动去磁过程的程序	1. 自动去磁过程分为传送带运行和去磁装置启动两部分； 2. 轴承在 1# 和 2# 光纤传感器之间完成自动去磁生产，如图 4-79所示
第六十六步	图 4-80　轴承自动去磁清洗的程序	1. 机器人将轴承工件平稳放置于清洗平台后，V0.5=1； 2. 清洗平台带动轴承做匀速旋转，同时喷头喷射清洗液对轴承实施喷淋清洗(定时 10 s)，如图 4-80 所示

续表二十二

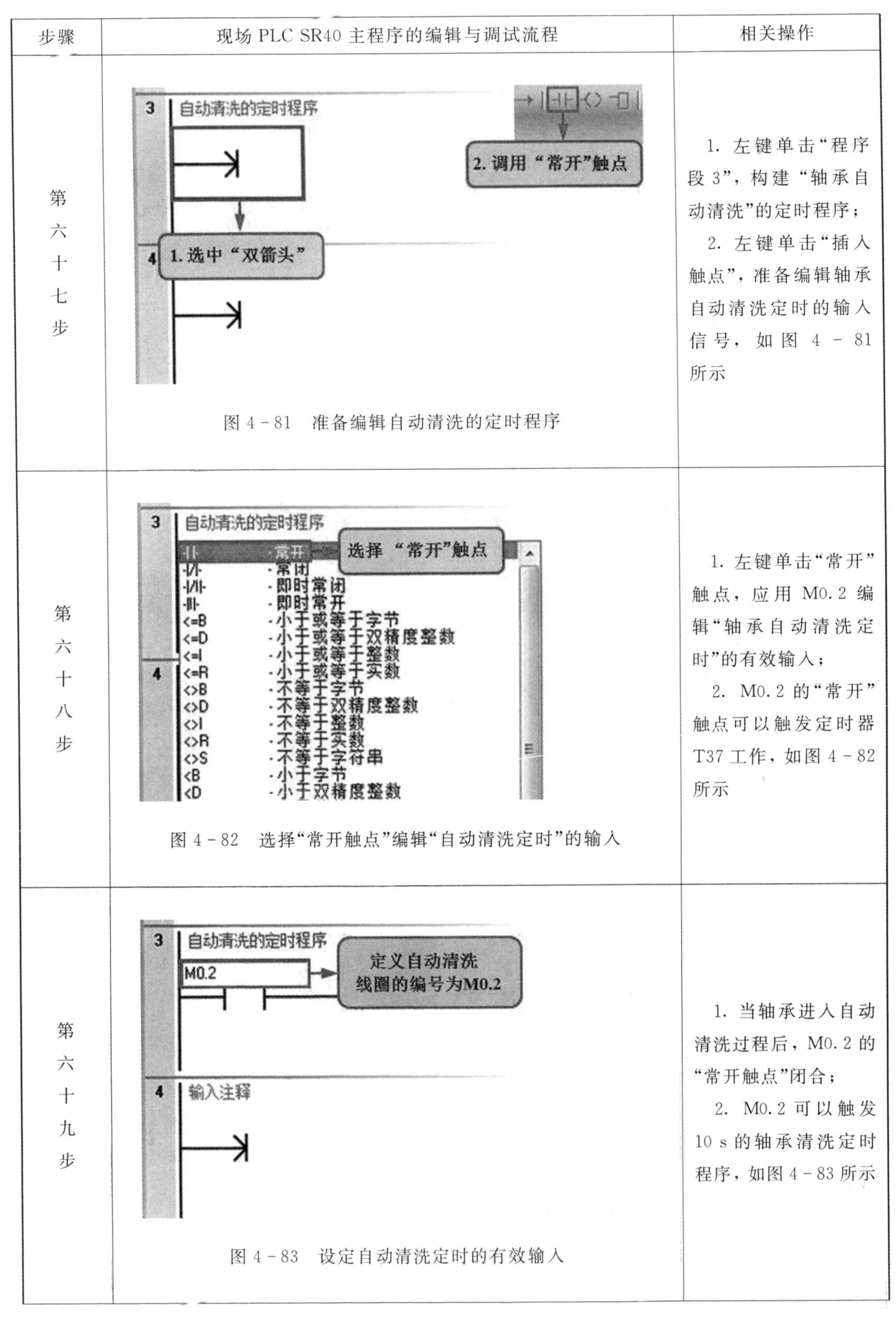

步骤	现场 PLC SR40 主程序的编辑与调试流程	相关操作
第六十七步	图 4-81 准备编辑自动清洗的定时程序	1. 左键单击“程序段 3”，构建“轴承自动清洗”的定时程序； 2. 左键单击“插入触点”，准备编辑轴承自动清洗定时的输入信号，如图 4-81 所示
第六十八步	图 4-82 选择“常开触点”编辑“自动清洗定时”的输入	1. 左键单击“常开”触点，应用 M0.2 编辑“轴承自动清洗定时”的有效输入； 2. M0.2 的“常开”触点可以触发定时器 T37 工作，如图 4-82 所示
第六十九步	图 4-83 设定自动清洗定时的有效输入	1. 当轴承进入自动清洗过程后，M0.2 的“常开触点”闭合； 2. M0.2 可以触发 10 s 的轴承清洗定时程序，如图 4-83 所示

续表二十三

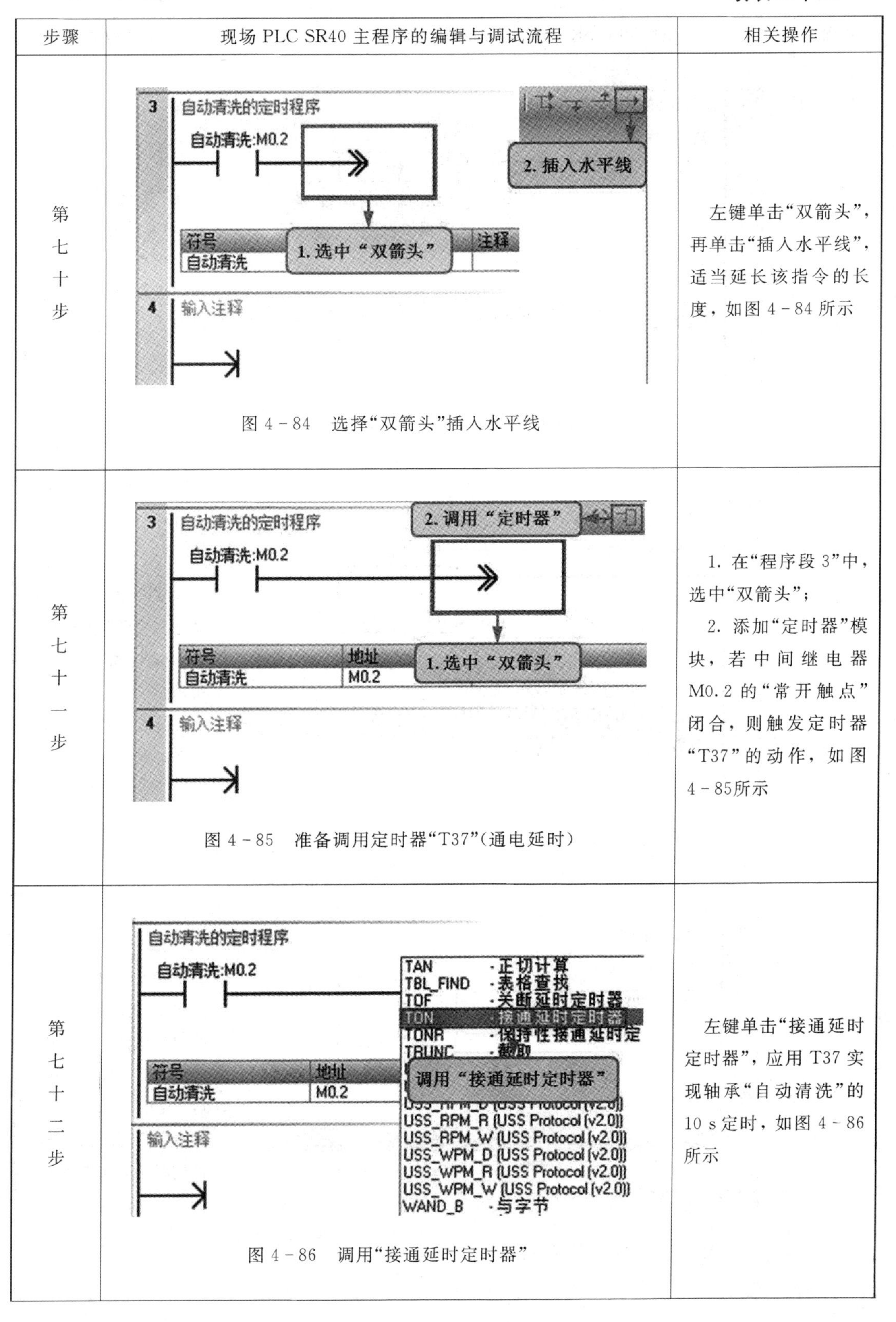

步骤	现场 PLC SR40 主程序的编辑与调试流程	相关操作
第七十步	图 4-84　选择“双箭头”插入水平线	左键单击“双箭头”，再单击“插入水平线”，适当延长该指令的长度，如图 4-84 所示
第七十一步	图 4-85　准备调用定时器“T37”(通电延时)	1. 在“程序段 3”中，选中“双箭头”； 2. 添加“定时器”模块，若中间继电器 M0.2 的“常开触点”闭合，则触发定时器“T37”的动作，如图 4-85所示
第七十二步	图 4-86　调用“接通延时定时器”	左键单击“接通延时定时器”，应用 T37 实现轴承“自动清洗”的 10 s 定时，如图 4-86 所示

续表二十四

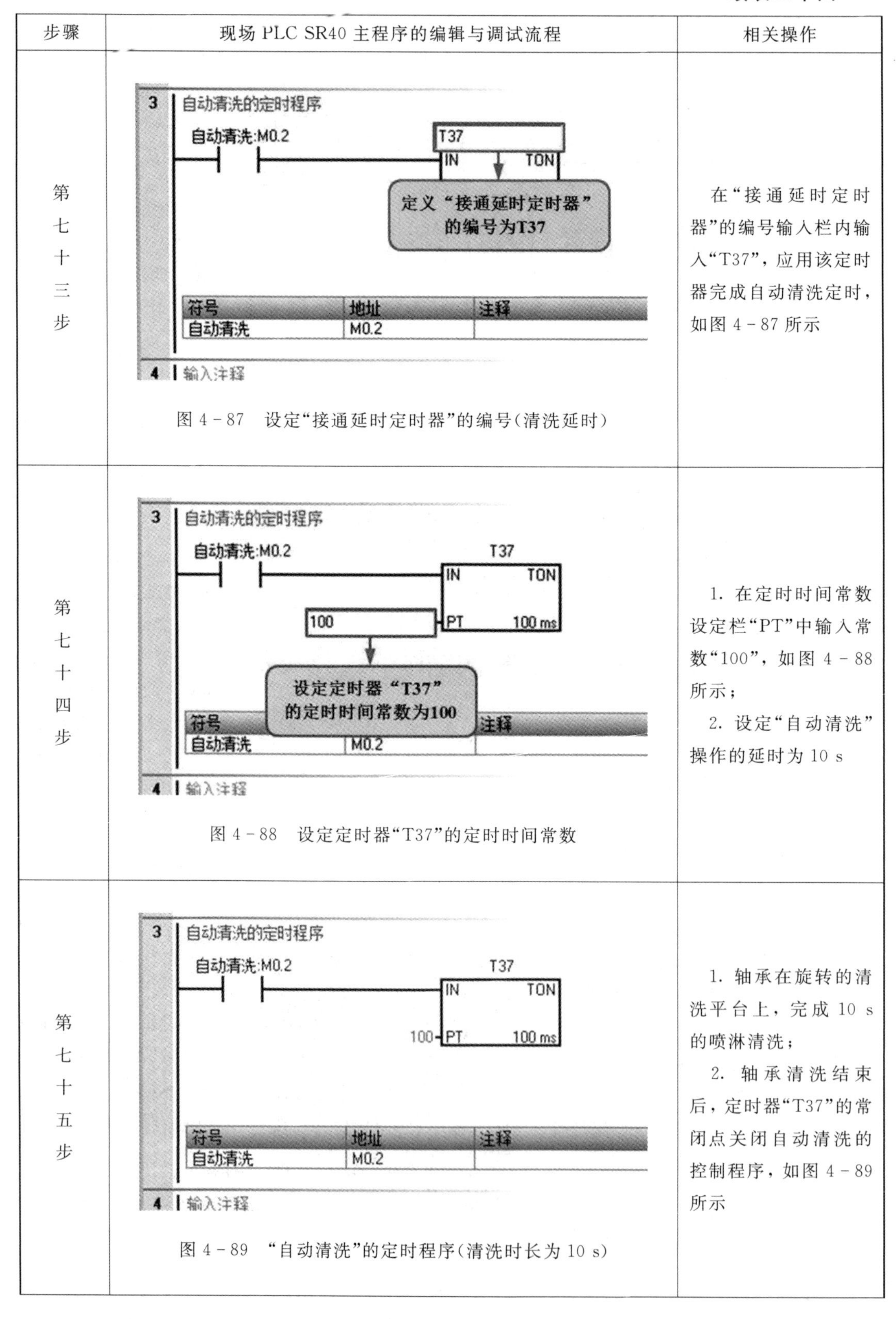

步骤	现场 PLC SR40 主程序的编辑与调试流程	相关操作
第七十三步	图 4-87　设定“接通延时定时器”的编号(清洗延时)	在“接通延时定时器”的编号输入栏内输入“T37”，应用该定时器完成自动清洗定时，如图 4-87 所示
第七十四步	图 4-88　设定定时器“T37”的定时时间常数	1. 在定时时间常数设定栏“PT”中输入常数“100”，如图 4-88 所示； 2. 设定“自动清洗”操作的延时为 10 s
第七十五步	图 4-89　“自动清洗”的定时程序(清洗时长为 10 s)	1. 轴承在旋转的清洗平台上，完成 10 s 的喷淋清洗； 2. 轴承清洗结束后，定时器“T37”的常闭点关闭自动清洗的控制程序，如图 4-89 所示

续表二十五

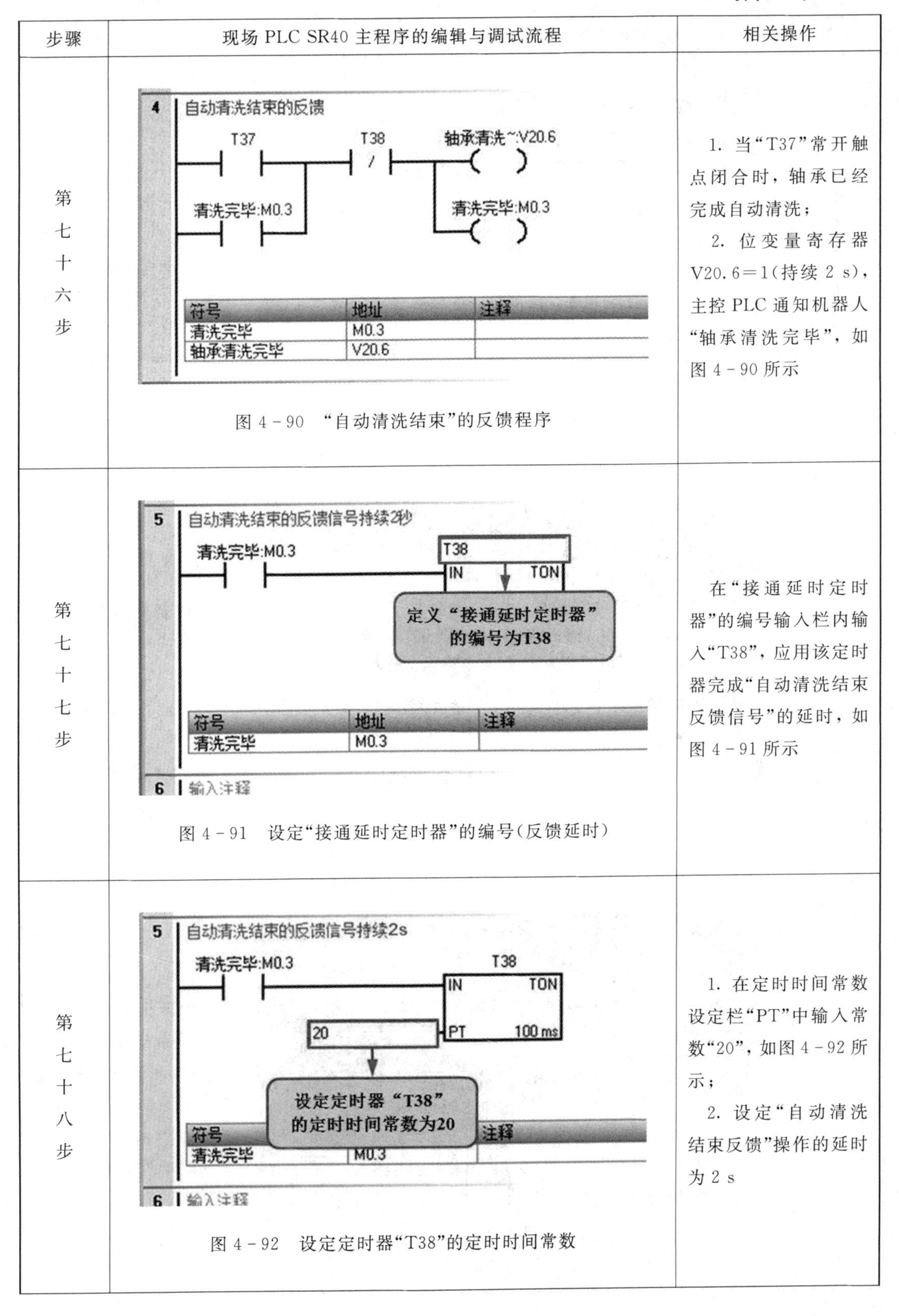

步骤	现场 PLC SR40 主程序的编辑与调试流程	相关操作
第七十六步	图 4-90　“自动清洗结束”的反馈程序	1. 当“T37”常开触点闭合时，轴承已经完成自动清洗； 2. 位变量寄存器 V20.6=1(持续 2 s)，主控 PLC 通知机器人“轴承清洗完毕”，如图 4-90 所示
第七十七步	图 4-91　设定“接通延时定时器”的编号(反馈延时)	在“接通延时定时器”的编号输入栏内输入“T38”，应用该定时器完成“自动清洗结束反馈信号”的延时，如图 4-91 所示
第七十八步	图 4-92　设定定时器“T38”的定时时间常数	1. 在定时时间常数设定栏“PT”中输入常数“20”，如图 4-92 所示； 2. 设定“自动清洗结束反馈”操作的延时为 2 s

续表二十六

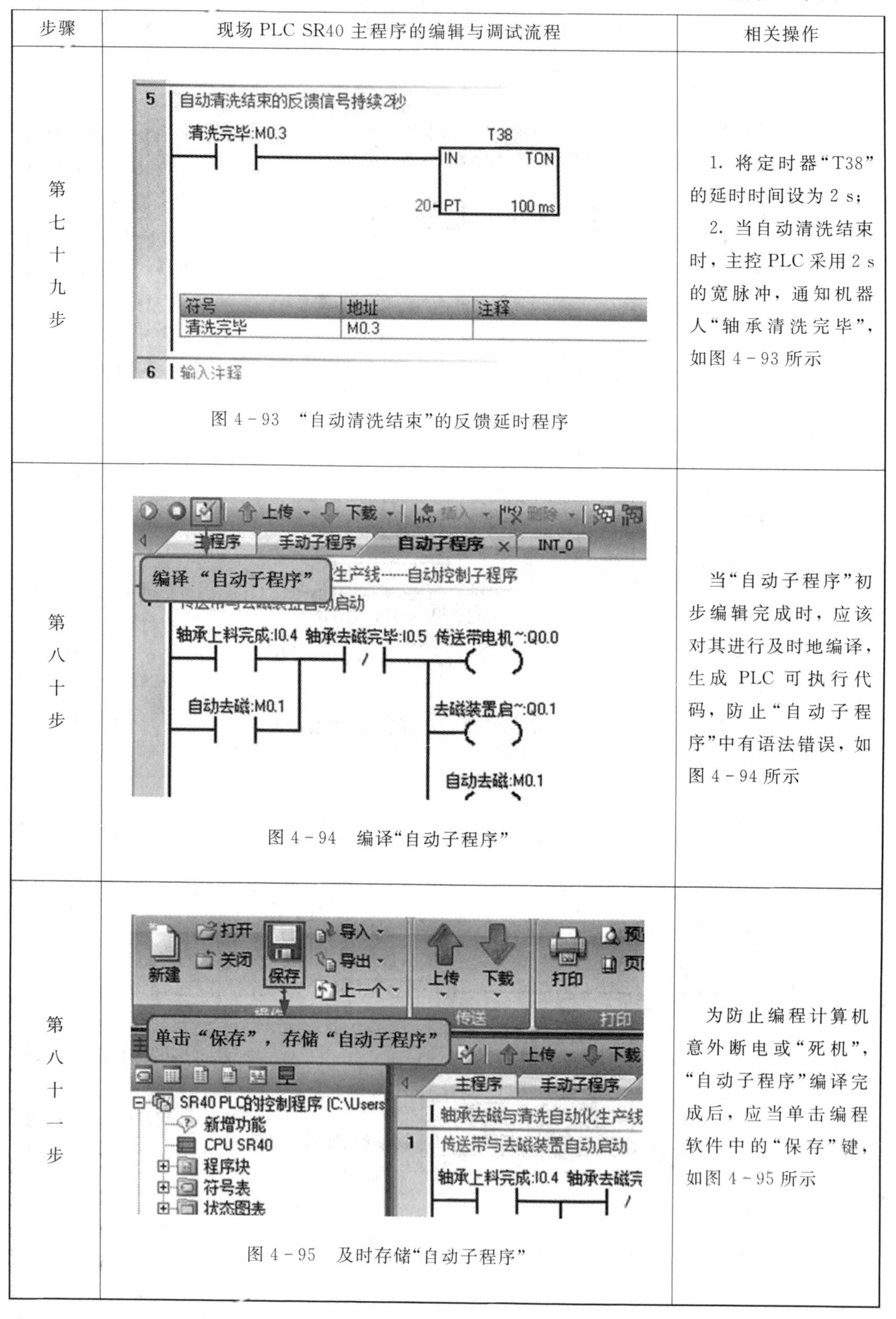

步骤	现场 PLC SR40 主程序的编辑与调试流程	相关操作
第七十九步	图 4－93 “自动清洗结束”的反馈延时程序	1. 将定时器“T38”的延时时间设为 2 s； 2. 当自动清洗结束时，主控 PLC 采用 2 s 的宽脉冲，通知机器人“轴承清洗完毕”，如图 4－93 所示
第八十步	图 4－94 编译“自动子程序”	当“自动子程序”初步编辑完成时，应该对其进行及时地编译，生成 PLC 可执行代码，防止“自动子程序”中有语法错误，如图 4－94 所示
第八十一步	图 4－95 及时存储“自动子程序”	为防止编程计算机意外断电或“死机”，“自动子程序”编译完成后，应当单击编程软件中的“保存”键，如图 4－95 所示

习　题　四

1. 现场控制器 S7 - 200 SMART SR40 输入/输出端子的电气接线如图 4 - 7 所示，结合该电气接线图回答下列问题：

(1) 分析光纤漫反射传感器 OP1 和 OP2 的 I/O 分配及主要作用。

(2) 分析旋钮 SA1～SA3 和按钮 SB1～SB2 的 I/O 分配及主要作用。

(3) KA1～KA4 分别表示什么器件？它们具备怎样的 I/O 分配及主要作用？

2. 分析现场控制器 SR40 自动子程序和手动子程序的编程思路。

3. 在 STEP 7 - MicroWIN SMART 编程环境中，如何将 SR40 的状态由 STOP 模式切换为 RUN 模式？

参 考 文 献

[1] 郁琰. PLC 应用技术与项目实践(西门子 S7-300)[M]. 北京：电子工业出版社，2016.

[2] 郑长山. PLC 应用技术图解项目化教程(西门子 S7-300)[M]. 北京：电子工业出版社，2018.

[3] 廖常初. S7-300/400 PLC 应用技术[M]. 北京：机械工业出版社，2016.

[4] 刘华波，何文雪. 西门子 S7-300/400 PLC 编程与应用[M]. 2 版. 北京：化学工业出版社，2015.

[5] 陈贵银. 工程案例化西门子 S7-300/400 PLC 编程技术及应用[M]. 北京：电子工业出版社，2018.

[6] 曹小燕. 实例讲解西门子 S7-300/400 PLC 编程与应用[M]. 北京：电子工业出版社，2017.

[7] 向晓汉. 西门子 S7-300/400 PLC 完全精通教程[M]. 北京：化学工业出版社，2015.

[8] 范国伟. 电气控制与 PLC 应用技术[M]. 北京：人民邮电出版社，2013.

[9] 盖晓华. 西门子 S7-300 PLC 编程入门及工程实践[M]. 北京：化学工业出版社，2014.

[10] 廖常初. S7-200 SMART PLC 编程及应用[M]. 3 版. 北京：机械工业出版社，2019.

[11] 韩相争. 西门子 S7-200 SMART PLC 编程技巧与案例[M]. 北京：化学工业出版社，2017.

[12] 章祥炜. 触摸屏应用技术从入门到精通[M]. 北京：化学工业出版社，2018.

[13] 兰虎. 工业机器人技术及应用[M]. 北京：机械工业出版社，2014.

[14] 黄风. 工业机器人编程指令详解[M]. 北京：化学工业出版社，2017.

[15] 徐德，谭民，李原. 机器人视觉测量与控制[M]. 3 版. 北京：国防工业出版社，2016.

[16] 余明洪，余永洪. 工业机器人实操与编程[M]. 北京：机械工业出版社，2017.

[17] 韩建海. 工业机器人[M]. 3 版. 武汉：华中科技大学出版社，2009.

[18] 张爱红. 工业机器人应用与编程技术[M]. 北京：电子工业出版社，2016.

[19] 管小清. 工业机器人：产品包装典型应用精析[M]. 北京：电子工业出版社，2016.

[20] 罗兵，甘俊英. 智能控制技术[M]. 北京：清华大学出版社，2016.

[21] 韦巍. 智能控制技术[M]. 2 版. 北京：机械工业出版社，2016.

[22] 孙增圻，邓志东，张再兴. 智能控制理论与技术[M]. 2 版. 北京：清华大学出版社，2016.

[23] 班华. 运动控制系统[M]. 2 版. 北京：电子工业出版社，2016.

[24] 余文勇，石绘. 机器视觉自动检测技术 [M]. 北京：化学工业出版社，2013.